T0222197

Mathematik Primarstufe und Sekundarstufe I + II

Reihe herausgegeben von

Friedhelm Padberg, Universität Bielefeld, Bielefeld, Deutschland

Andreas Büchter, Universität Duisburg-Essen, Essen, Deutschland

Die Reihe „Mathematik Primarstufe und Sekundarstufe I + II“ (MPS I + II), herausgegeben von Prof. Dr. Friedhelm Padberg und Prof. Dr. Andreas Büchter, ist die führende Reihe im Bereich „Mathematik und Didaktik der Mathematik“. Sie ist schon lange auf dem Markt und mit aktuell rund 60 bislang erschienenen oder in konkreter Planung befindlichen Bänden breit aufgestellt. Zielgruppen sind Lehrende und Studierende an Universitäten und Pädagogischen Hochschulen sowie Lehrkräfte, die nach neuen Ideen für ihren täglichen Unterricht suchen.
Die Reihe MPS I + II enthält eine größere Anzahl weit verbreiteter und bekannter Klassiker sowohl bei den speziell für die Lehrerausbildung konzipierten Mathematikwerken für Studierende aller Schulstufen als auch bei den Werken zur Didaktik der Mathematik für die Primarstufe (einschließlich der frühen mathematischen Bildung), der Sekundarstufe I und der Sekundarstufe II.
Die schon langjährige Position als Marktführer wird durch in regelmäßigen Abständen erscheinende, gründlich überarbeitete Neuauflagen ständig neu erarbeitet und ausgebaut. Ferner wird durch die Einbindung jüngerer Koautorinnen und Koautoren bei schon lange laufenden Titeln gleichermaßen für Kontinuität und Aktualität der Reihe gesorgt. Die Reihe wächst seit Jahren dynamisch und behält dabei die sich ständig verändernden Anforderungen an den Mathematikunterricht und die Lehrerausbildung im Auge.
Konkrete Hinweise auf weitere Bände dieser Reihe finden Sie am Ende dieses Buches und unter http://www.springer.com/series/8296

Weitere Bände in der Reihe http://www.springer.com/series/8296

Axel Schulz · Sebastian Wartha

Zahlen und Operationen am Übergang Primar-/Sekundarstufe

Grundvorstellungen aufbauen, festigen, vernetzen

Axel Schulz
Fakultät für Mathematik, Universität Bielefeld
Bielefeld, Nordrhein-Westfalen, Deutschland

Sebastian Wartha
Institut für Mathematik
Pädagogische Hochschule Karlsruhe
Karlsruhe, Baden-Württemberg, Deutschland

Abbildungen von V. Fragapane
Photos von S. Wartha

ISSN 2628-7412 ISSN 2628-7439 (electronic)
Mathematik Primarstufe und Sekundarstufe I + II
ISBN 978-3-662-62095-3 ISBN 978-3-662-62096-0 (eBook)
https://doi.org/10.1007/978-3-662-62096-0

Die Deutsche Nationalbibliothek verzeichnet diese Publikation in der Deutschen Nationalbibliografie; detaillierte bibliografische Daten sind im Internet über http://dnb.d-nb.de abrufbar.

© Der/die Herausgeber bzw. der/die Autor(en), exklusiv lizenziert durch Springer-Verlag GmbH, DE, ein Teil von Springer Nature 2021
Das Werk einschließlich aller seiner Teile ist urheberrechtlich geschützt. Jede Verwertung, die nicht ausdrücklich vom Urheberrechtsgesetz zugelassen ist, bedarf der vorherigen Zustimmung des Verlags. Das gilt insbesondere für Vervielfältigungen, Bearbeitungen, Übersetzungen, Mikroverfilmungen und die Einspeicherung und Verarbeitung in elektronischen Systemen.
Die Wiedergabe von allgemein beschreibenden Bezeichnungen, Marken, Unternehmensnamen etc. in diesem Werk bedeutet nicht, dass diese frei durch jedermann benutzt werden dürfen. Die Berechtigung zur Benutzung unterliegt, auch ohne gesonderten Hinweis hierzu, den Regeln des Markenrechts. Die Rechte des jeweiligen Zeicheninhabers sind zu beachten.
Der Verlag, die Autoren und die Herausgeber gehen davon aus, dass die Angaben und Informationen in diesem Werk zum Zeitpunkt der Veröffentlichung vollständig und korrekt sind. Weder der Verlag, noch die Autoren oder die Herausgeber übernehmen, ausdrücklich oder implizit, Gewähr für den Inhalt des Werkes, etwaige Fehler oder Äußerungen. Der Verlag bleibt im Hinblick auf geografische Zuordnungen und Gebietsbezeichnungen in veröffentlichten Karten und Institutionsadressen neutral.

Planung/Lektorat: Annika Denkert
Springer Spektrum ist ein Imprint der eingetragenen Gesellschaft Springer-Verlag GmbH, DE und ist ein Teil von Springer Nature.
Die Anschrift der Gesellschaft ist: Heidelberger Platz 3, 14197 Berlin, Germany

Vorwort

Stets Gewohntes nur magst du versteh'n,
doch, was noch nie sich traf, danach trachtet mein Sinn!
(Richard Wagner, Wotan in „Die Walküre", 2. Aufzug)

Über den Tellerrand zu blicken, ist nicht nur bildend und informativ, sondern in der Regel auch erfrischend und spannend. In zahlreichen Weiterbildungs- und Lehrveranstaltungen haben die Autoren die Erfahrung gemacht, dass die mathematischen Inhalte der Primar- und Sekundarstufe häufig eher neben- als miteinander gedacht und praktiziert werden. Viele der durchgeführten Qualifizierungen richten sich an praktizierende oder angehende Lehrpersonen der Primar- und Sekundarstufe zusammen. Diese Öffnung des Teilnehmerkreises wird von vielen Beteiligten als große Bereicherung empfunden.

In diesen gemeinsamen Veranstaltungen sind Leitfragen immer wieder besonders relevant:

- Wie groß ist die Schnittmenge der arithmetischen Inhalte am „Übergang"?
- Gibt es verschleppte Schwierigkeiten „aus der Primarstufe" und wann werden sie offenkundig?
- Welche Inhalte der Primarstufe sind so unverzichtbar, dass ohne sie ein Weiterlernen in der Sekundarstufe unmöglich ist?
- Wie können diese Inhalte in der Primarstufe so besprochen werden, dass ein Weiterlernen bestmöglich angeregt werden kann?
- Wie können Inhalte in der Sekundarstufe so aufgegriffen werden, dass Lernende an Bekanntes anknüpfen und dieses nutzen können?
- Welche Inhalte der Sekundarstufe können bereits in der Primarstufe angebahnt werden?
- In welchen Bereichen können didaktische Konzepte und unterrichtliche Ideen gewinnbringend aus der jeweils anderen Schulstufe übernommen werden?

Die vielen positiven Rückmeldungen der Teilnehmenden und die Tatsache, dass sie sehr interessiert sind, etwas über die Inhalte, Konzepte und konkreten Umsetzungsmöglichkeiten der jeweils anderen Schulstufe zu lernen, hat uns motiviert, das vorliegende Buch zu schreiben.

Es richtet sich an Lehrkräfte der Primar- und Sekundarstufe, an Studierende und Referendare, die sich in diesen Bereichen bilden, an interessierte Eltern sowie an Kolleginnen und Kollegen in der Lehramtsausbildung. In allen Kapiteln befinden sich Aktivierungsimpulse, die sich mit „Stopp – Aktivität!" direkt an die Lesenden richten. Wir laden Sie herzlich ein, diese Impulse wirklich auszuprobieren und nicht nur kurz innezuhalten oder sie gar zu überlesen – auch wenn einige dieser Aktivitäten etwas Zeit erfordern. Mögliche Hürden und Erkenntnisse werden so deutlich intensiver erfahrbar. Der inhaltliche Aufbau des Buchs ist so gestaltet, dass jedes Kapitel für sich thematisiert werden kann, obgleich einige Bezüge zwischen den Kapiteln hergestellt sind. Eine Ausnahme bildet Kap. 1, das versucht, die inhaltsübergreifenden Rahmenbedingungen eines aus unserer Sicht gelungenen Mathematikunterrichts zu umreißen. Folgende Inhalte werden thematisiert:

In Kap. 1 wird die Bedeutung von Bearbeitungsprozessen gegenüber richtigen Ergebnissen herausgestrichen und es werden die curricular verankerten prozessbezogenen Kompetenzen in Bezug auf Kommunizieren, Darstellen und Argumentieren begründet. Inhaltsübergreifend wird ausgeführt, wie das Versprachlichen mathematischer Prozesse unterstützt und Verständnis aufgebaut werden kann. Diese Ideen werden in den anderen Kapiteln auf die jeweiligen Inhalte konkretisiert.

In Kap. 2 werden Grundvorstellungen zu Zahlen thematisiert. Natürliche Zahlen können als Angabe der Anzahl einer Menge („kardinal") und als Positionsangabe („ordinal") interpretiert werden. Die Unterscheidung dieser Zahlvorstellungen ist nicht nur für die Auswahl von Arbeitsmitteln zur Zahldarstellung und -auffassung zentral, sondern auch für die Kommunikation über und die Darstellung von Rechenstrategien.

In Kap. 3 werden „große" Zahlen thematisiert, wie sie verstanden und mit ihnen gearbeitet werden kann. In diesem Zusammenhang werden verschiedene Möglichkeiten vorgestellt, wie immer größere Zahlenräume erarbeitet und vor allem veranschaulicht werden können. Dabei spielt das Stellenwertsystem eine besonders wichtige Rolle und somit auch die Entwicklung eines tragfähigen Stellenwertverständnisses.

In Kap. 4 werden die Grundvorstellungen zur Addition und vor allem zur Subtraktion diskutiert. Die Erarbeitung und Diskussion von Rechenstrategien greift sowohl auf diese Operationsvorstellungen als auch auf Zahlvorstellungen zurück. Es werden konkrete Vorschläge entwickelt, wie die Additions- und Subtraktionsstrategien nicht nur gelernt, sondern auch dargestellt und kommuniziert werden können. Schriftliche Rechenverfahren werden häufig „rezeptartig" ohne Verständnis durchgeführt, was jedoch im Widerspruch zu curricularen Vorgaben und didaktischen Ansprüchen steht. Daher wird ausgeführt, wie die Erarbeitung und Wiederholung der schriftlichen Algorithmen anschaulich und durch Aktivierung des Stellenwertverständnisses unterrichtet werden kann.

In Kap. 5 werden Grundvorstellungen und Rechenstrategien zur Multiplikation und Division thematisiert. Dabei wird der enge Zusammenhang zwischen beiden Operationen herausgearbeitet und genutzt. Für ein Verständnis der Operationen sowie der Rechenstrategien ist der Einsatz tragfähiger Modelle zentral, an denen die Vorgehensweisen beim Multiplizieren und Dividieren (auch großer Zahlen) anschaulich dargestellt und kommuniziert werden können. Wie in Kap. 4 wird ausführlich auf eine verständnisbasierte Thematisierung der schriftlichen Rechenverfahren eingegangen.

In Kap. 6 wird der Zahlbereich der Brüche betrachtet, der in der Grundschule eine größere Rolle spielt, als es auf den ersten Blick scheint. Insbesondere Brüche in Dezimalschreibweise werden in Bezug auf Größen bereits verwendet, wenn auch nicht unbedingt als solche interpretiert. Gerade auch in diesem Inhaltsgebiet ist es besonders lohnend, ausgehend von der Primarstufe zu diskutieren, welche Inhalte für den „eigentlichen Bruchlehrgang" bereits vorbereitet werden und damit fortsetzbar sein sollen. Ausgehend von der Sekundarstufe gilt es zu untersuchen, welche Vorkenntnisse erhoben und wie an diese angeknüpft werden kann.

Die Autoren möchten sich herzlich bei allen Kolleginnen und Kollegen bedanken, die mit großer Sorgfalt die Manuskripte gelesen und zahlreiche produktive Rückmeldungen gegeben haben. Die Anmerkungen und Vorschläge von Prof. Christiane Benz, Prof. Rudolf vom Hofe, Prof. Miriam Lüken, Prof. Friedhelm Padberg, Prof. Charlotte Rechtsteiner, Dr. Cordula Schülke, Prof. Kerstin Tiedemann, Annika Umierski und Tobias Wollenweber sind eine große Bereicherung für dieses Buch. Ebenfalls danken wir herzlich für die technische Unterstützung durch Julian Ebentheur und das Erstellen der Grafiken von Vincenzo Fragapane.

Die Autoren wünschen Ihnen eine informative und anregende Lektüre und freuen sich, wenn sich auch für Sie der Übergang zwischen den Schulstufen in Bezug auf den Arithmetikunterricht als herausforderndes, spannendes und innovatives Gebiet erweist. Wir hoffen, dass Sie mit Freude und Neugierde einige der Anregungen ausprobieren und umsetzen können.

Bielefeld und Karlsruhe
im Juni 2020

Hinweis der Herausgeber

Dieser Band „Zahlen und Operationen am Übergang Primar-Sekundarstufe – Grundvorstellungen aufbauen, festigen, vernetzen“ von Sebastian Wartha und Axel Schulz erscheint in der Reihe Mathematik Primarstufe und Sekundarstufe I + II. In dieser Reihe eignen sich insbesondere die folgenden Bände zur Ergänzung und Vertiefung unter mathematischen sowie mathematikdidaktischen Gesichtspunkten.

Büchter/F. Padberg: Einführung in die Arithmetik
Büchter/F. Padberg: Arithmetik und Zahlentheorie
M. Franke/S. Ruwisch: Didaktik des Sachrechnens in der Grundschule
G. Greefrath: Anwendungen und Modellieren im Mathematikunterricht
K. Hasemann/H. Gasteiger: Anfangsunterricht Mathematik
F. Käpnick/R. Benölken: Mathematiklernen in der Grundschule
G. Krauthausen: Einführung in die Mathematikdidaktik – Grundschule
T. Leuders: Erlebnis Arithmetik
T. Leuders: Erlebnis Algebra
F. Padberg/C. Benz: Didaktik der Arithmetik
F. Padberg/A. Büchter: Elementare Zahlentheorie
F. Padberg/R. Danckwerts/M. Stein: Zahlbereiche – eine elementare Einführung
F. Padberg/S. Wartha: Didaktik der Bruchrechnung
E. Rathgeb-Schnierer/C. Rechtsteiner: Rechnen lernen und Flexibilität entwickeln
P. Scherer/E. Moser Opitz: Fördern im Mathematikunterricht der Primarstufe

Bielefeld
Essen
Juni 2020

Friedhelm Padberg
Andreas Büchter

Inhaltsverzeichnis

Leitgedanken zum Mathematikunterricht

1

1.1 Keine neue Arithmetikwelt in der Sekundarstufe

Für viele Lernende ist der Übergang von der Primarstufe zur Sekundarstufe geprägt von grundsätzlichen Veränderungen in Bezug auf die Lehrpersonen, die Schule und den Freundeskreis. Oftmals gibt es neue Schulfächer und an der neuen Schule herrscht eine andere Kultur in Bezug auf Regeln, Gemeinsames und Selbstverständliches. Damit diese spannende Zeit für die Lernenden nicht nur angespannt wird, ist es sicher stabilisierend, wenn in Bezug auf Arithmetik keine völlig neuen Welten geschaffen werden. In Abb. 1.1 ist stark vereinfacht und überblicksartig dargestellt, welche Inhalte in Bezug auf Zahlen und Operationen in den ersten und zweiten vier Jahren Arithmetikunterricht zentral sind.

Im arithmetischen Anfangsunterricht (Jahrgangsstufen 1 und 2) werden in der Regel die Grundlagen in Bezug auf Zahl- und Operationsvorstellungen gelegt. Natürliche Zahlen können als Mengenangaben und als Positionsangaben interpretiert werden, die Grundvorstellungen zur Addition, Subtraktion (Jahrgangsstufe 1) sowie zur Multiplikation und Division (Jahrgangsstufe 2) werden aufgebaut. Grundaufgaben (Addition und Subtraktion: Jahrgangsstufe 1; Multiplikation und Division: Jahrgangsstufe 2) werden automatisiert und beim Rechnen eingesetzt. Ab der dritten Jahrgangsstufe wird der Zahlenraum (ZR) über 100 eingeführt und es werden Rechenstrategien und -verfahren thematisiert. In der Regel sind das die Inhalte, die auch in der fünften Jahrgangsstufe wiederholt und vertieft werden: „große" Zahlen und die vier Grundrechenarten mit ihnen. Hierbei stehen nicht nur die schriftlichen Verfahren (ab etwa der Mitte des dritten Schuljahres), sondern auch das Rechnen mit Zahlen, also reine oder gestützte Kopfrechenstrategien, im Mittelpunkt. Darüber hinaus werden in der Primarstufe ebenfalls bereits Zahlen in Bruch- (Jahrgangsstufe 4) und Dezimalschreibweise (Jahrgangsstufe 2 oder 3) in Bezug auf Größen thematisiert.

© Der/die Autor(en), exklusiv lizenziert durch Springer-Verlag GmbH, DE, ein Teil von Springer Nature 2021

A. Schulz und S. Wartha, *Zahlen und Operationen am Übergang Primar-/Sekundarstufe,* Mathematik Primarstufe und Sekundarstufe I + II,
https://doi.org/10.1007/978-3-662-62096-0_1

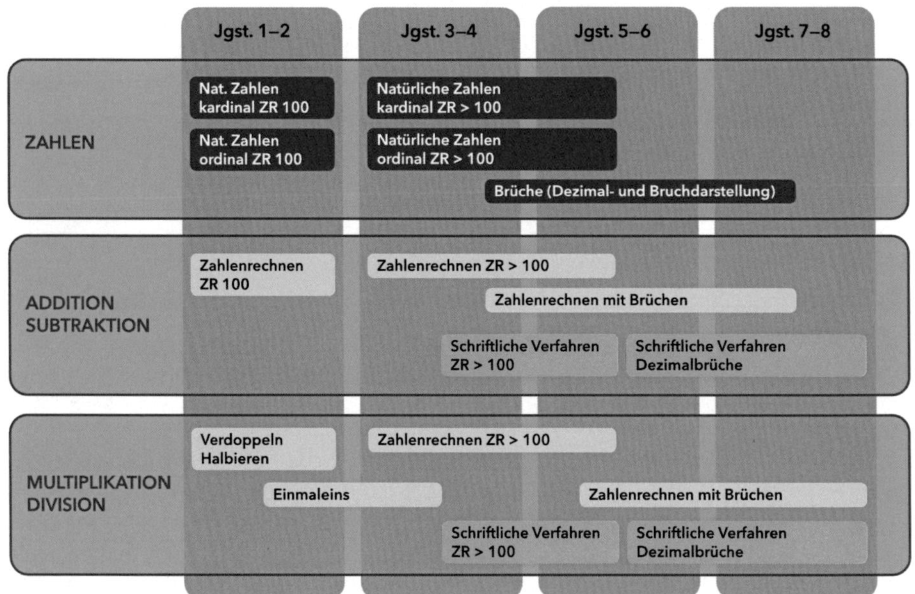

Abb. 1.1 Übersicht über arithmetische Inhalte der Jahrgangsstufen 1 bis 8

Der Übergang von Jahrgangsstufe 4 zu 5 ist daher in Bezug auf diese Inhalte besonders spannend:

- Wie kann an die Vorkenntnisse der Kinder angeknüpft werden?
- Wie werden die Inhalte in der Primar- und in der Sekundarstufe besprochen?
- Wie kann ein Unterricht aussehen, der Kinder bestmöglich auf die Sekundarstufe vorbereitet?
- Wie kann ein Unterricht aussehen, der Kinder bestmöglich aus der Primarstufe abholt und an die dort erworbenen Kenntnisse anknüpft?

Im vorliegenden Buch werden die genannten Inhalte ausführlich diskutiert. Die Umsetzung dieser Inhalte in einem kompetenz- und prozessorientierten Unterricht ist dabei wesentlich. Daher werden stufenübergreifend in diesem Kapitel Vorschläge für eine didaktisch-methodische Rahmung entwickelt. Es will sozusagen eine wünschenswerte und pragmatische Philosophie des Unterrichtens in beiden Schularten beschreiben.

1.2 Richtig oder falsch: wenig aufschlussreich

Richtige oder falsche Lösungen von Aufgaben können schnell identifiziert werden, geben aber nicht unbedingt Aufschluss über den Lernstand und den Förderbedarf von Lernenden.

Stopp – Aktivität!
Mit welchen Lösungswegen können Sie die Aufgabe 663 – 9 lösen? Welche Wege würden Sie am Ende des vierten Schuljahres als problematisch einschätzen?

In Tab. 1.1 werden sechs verschiedene Lösungswege der Aufgabe 663 – 9 im Hinblick auf möglichen Förderbedarf diskutiert:

Tab. 1.1 Sechs Bearbeitungen zur Aufgabe 663 – 9

Kind	Lösung	Richtig?	Lösungsweg	Förderbedarf?
Armgard	654	Ja	663 – 10 + 1 = 654	Nein
Botho	654	Ja	662, 661, 660, 659, 658, 657, 656, 655, 654	Ja: Überwinden von Zählstrategien
Cecile	654	Ja	662, 661, **650,** 659, 658, 657, 656, 655, 654	Ja: Klärung Zahlwortreihe (Vorgänger von 61) und Überwinden von Zählstrategien
Dubslav	655	Nein	663, 662, 661, 660, 659, 658, 657, 656, 655	Ja: Überwinden von Zählstrategien, da Zählfehler
Effi	627	Nein	636 – 6 = 630, 630 – 3 = 627	Ja: Stellenwertverständnis aufbauen, da Zahlendreher bei der Startzahl
Fritz	645	Nein	663 – 3 – 6 = 645	Ja: Stellenwertverständnis aufbauen, da Zahlendreher beim Ergebnis

Drei Kinder haben die Aufgabe richtig und drei haben sie falsch gelöst. Armgard löst die Aufgabe über eine operative Rechenstrategie; das ist in diesem Zahlenraum erwartungskonform ab dem dritten Schuljahr. Botho und Cecile lösen die Aufgabe ebenfalls richtig, jedoch über Zählstrategien. Während Botho die Zahlwortreihe rückwärts richtig aufsagen kann, nennt Cecile die falsche Zehnerzahl, was auf ein nicht sicher ausgebildetes Stellenwertverständnis hinweisen kann. Ab dem zweiten Schuljahr sind Zählstrategien als problematisch einzustufen. Neben dem Aufbau operativer Rechenstrategien müssten mit Cecile Aspekte des Stellenwertsystems besprochen werden.

Auch Dubslav bedarf einer Unterstützung. Wie Botho und Cecile löst er die Aufgabe über eine Zählstrategie, wobei er die Startzahl 663 mitzählt und einen +1-Fehler macht. Seine Förderschwerpunkte wären mit denen von Botho vergleichbar.

Effi und Fritz lösen die Aufgabe auch falsch. Auch sie müssten unterstützt werden, jedoch mit anderen Inhalten als Botho, Cecile und Dubslav: Da sie die Aufgabe schrittweise lösen und hierbei die richtige Zerlegung der 9 einsetzen, wäre die Überwindung von Zählstrategien kein Schwerpunkt der Förderarbeit. Die Zahlendreher von Effi und Fritz können jedoch auf ein unzureichend entwickeltes Stellenwertverständnis hinweisen.

Eine produktorientierte Diagnostik würde zwei Schülergruppen identifizieren: Armgard, Botho und Cecile lösen die Aufgabe richtig, Dubslav, Effi und Fritz lösen die Aufgabe falsch.

Eine prozessorientierte Diagnostik hingegen zeigt auf, dass nur bei Armgard kein Förderbedarf besteht. Für die anderen Kinder sind zwei verschiedene Arten von Unterstützung naheliegend: Botho, Cecile und Dubslav lernen die Zahlzerlegungen und deren passenden Einsatz beim Rechnen, Effi und Fritz beschäftigen sich mit der Identifikation von Stellenwerten und dem Zuordnen der Stellenwerte beim Hören, Lesen, Schreiben, Darstellen und Auffassen von Zahlen (Gaidoschik 2003; Scherer und Moser Opitz 2010; Wartha et al. 2019).

Nicht nur bei der Diagnose, sondern auch bei der Förderung und im Unterricht stehen ebenfalls die Lösungs*prozesse* im Vordergrund. Eine bewusste Abkehr von der Einschränkung auf richtige Ergebnisse und die Fokussierung auf die Bearbeitungswege ermöglichen die Beschäftigung mit mathematischen Inhalten und Zusammenhängen. Es sei angeregt, bereits bei der Fragestellung den Fokus nicht auf das Ergebnis, sondern auf den Bearbeitungsprozess zu legen. Beispiele sind in Tab. 1.2 aufgeführt.

Tab. 1.2 Produkt- und prozessorientierte Fragen

Produktorientierte Frage	Prozessorientierte Frage
Was ist $654-8$?	Wie rechnest du $654-8$?
Berechne $0{,}99+1{,}98$	Wie rechnest du $0{,}99+1{,}98$?
Welche Zahl ist größer: 403 oder 600?	Wie kannst du entscheiden, welche Zahl größer ist?
Welche Zahl ist kleiner: $\frac{2}{3}$ oder $\frac{5}{13}$?	Wie kannst du die Zahlen $\frac{2}{3}$ und $\frac{5}{13}$ vergleichen?
Wie viele Zehner hat 743?	Wie bestimmst du, wie viele Zehner 743 hat? Wie kannst du das im Zahlwort hören?
Was ist $17\cdot 9$?	Wie rechnest du $17\cdot 9$?
Welche Zahl ist am Material dargestellt?	Wie kannst du herausfinden, welche Zahl am Material dargestellt ist?
Lege 709 mit Zehnersystem-Material.	Beschreibe, wie du die Zahl 709 legst.
Wo ist 5,4 am Zahlenstrahl?	Wie findest du 5,4 am Zahlenstrahl?

Stopp – Aktivität!
Schlagen Sie ein Mathematiklehrbuch auf einer beliebigen Seite auf und lesen Sie die ersten vier Arbeitsaufträge an die Kinder.

- Sind diese prozess- oder produktorientiert?
- Falls produktorientiert: Wie würden Sie die Aufträge umformulieren, sodass die Prozesse, insbesondere das Kommunizieren und Darstellen, im Vordergrund stehen?

In allen curricularen Vorgaben ist die Prozessorientierung deutlich hervorgehoben. Ein konsequentes Umdenken in Richtung „mehr Prozesse" eröffnet nicht nur Möglichkeiten, der breiten Leistungsstreuung gerecht zu werden (vgl. Abschn. 1.3), sondern zeigt auch das Wesen der Mathematik besser auf als eine Fokussierung auf Rechenergebnisse: Mathematikbetreiben bedeutet Ordnen, Systematisieren, Ausprobieren, Kommunizieren, Darstellen und vor allem Argumentieren (Beweisen).

1.3 Prozesse: lehrreich und aufschlussreich

Wird der Blick vor allem auf die Prozesse im Mathematikunterricht gelenkt, dann kann Folgendes sichtbar werden:

Mathematik zu treiben bedeutet im Bereich Arithmetik nicht automatisierendes Rechnen, sondern den Aufbau von Zahl- und Operationsvorstellungen.

Mathematik zu lehren bedeutet daher nicht das Vorgeben von Regeln und Merksätzen, sondern das Schaffen von Angeboten, konstruktiven Konflikten und Gesprächsanlässen, die eine aktive Auseinandersetzung mit den Inhalten ermöglichen.

Mathematik zu lernen bedeutet dann nicht das unverstandene Nachmachen von „Tricks", sondern das Begründen von Zusammenhängen, das Darstellen von Zahlen, Zahlzusammenhängen und Rechenoperationen und das Kommunizieren darüber. Vielen Kindern – nicht nur leistungsschwachen, sondern häufig auch besonders begabten – fällt die Kommunikation über Lösungswege, das Argumentieren und Begründen von Zusammenhängen sowie das (anschauliche) Darstellen von mathematischen Sachverhalten schwer.

Die in diesem Buch vorgestellten Förder- und Diagnoseformate haben somit nicht nur das Ziel, Grundvorstellungen zu den Inhalten aufzubauen, sondern wollen immer auch Anlässe für Kommunikation, Argumentation und Darstellungen sein.

In Tab. 1.3 werden Beispiele für prozessorientierte Impulse im Unterricht der Jahrgangsstufen 4 und 5 in Bezug auf die Zahlauffassung einer vierstelligen Zahl (vgl. Abb. 1.2) vorgestellt.

Tab. 1.3 Produkt- und prozessorientierte Fragen zur Zahl 2 123

Welche Zahl ist gelegt?	2 123 (ergebnisorientiert)
Wie findest du heraus, welche Zahl dargestellt ist? Stell dir vor, du sollst die Zahl 2 123 hinlegen. Beschreibe, was du brauchst.	– 2 Z, 1 H, 3 E und 2 T – 2 T, 1 H, 2 Z und 3 E – 2 123 – $2\,000+100+20+3$ – Mehr als 2 000, weil 2 T-Würfel da sind. – Weniger als 3 000, weil zu wenige Hunderter da sind.
Finde Rechenaufgaben zur dargestellten Zahl. Erkläre am Bild (am Material), wie du die Rechenaufgabe siehst.	– $120+2\,003$ – $20+103+2\,000$ – $1\,120+1\,003$ – $120+3+2\,000$ – $23+21\cdot 100$ – $12\cdot 10+3+200\cdot 10$
Erkläre am Bild (am Material), warum die dargestellte Zahl *nicht* durch fünf teilbar sein kann. Was müsstest du am Bild (am Material) verändern, damit die Zahl durch fünf teilbar wird?	– Tausender, Hunderter und Zehner sind durch fünf teilbar. Deswegen bleiben die Einer als Rest übrig. – Die drei Einer wegnehmen. – Zwei Einer dazulegen.

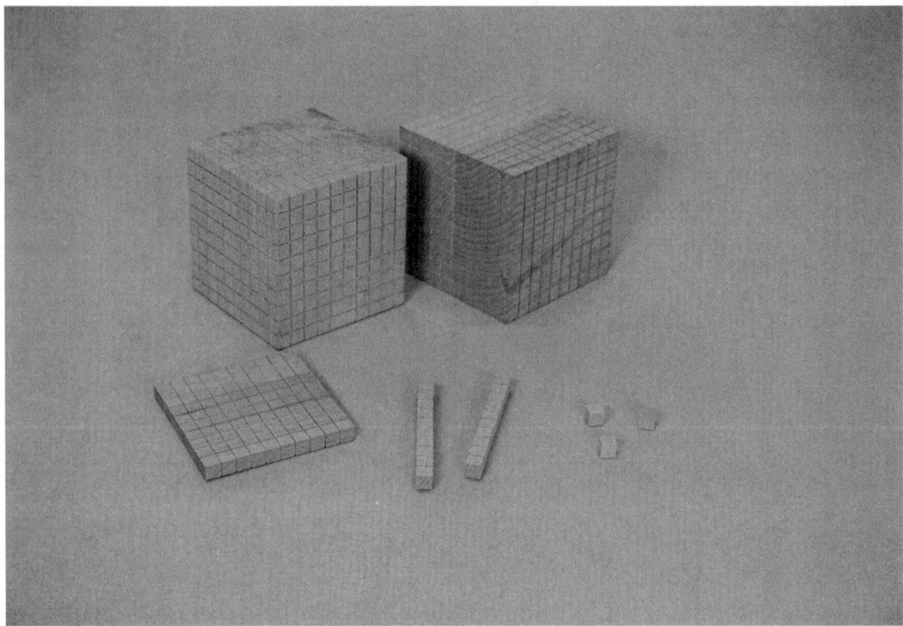

Abb. 1.2 Die Frage „Welche Zahl ist das?“ ist produktorientiert und daher wenig interessant.

Stopp – Aktivität!
Formulieren Sie Impulse für eine entsprechend prozessorientierte Diskussion einer markierten Zahl am Zahlenstrahl (vgl. Abb. 1.3) und für eine Darstellung der Zahl 0,98.

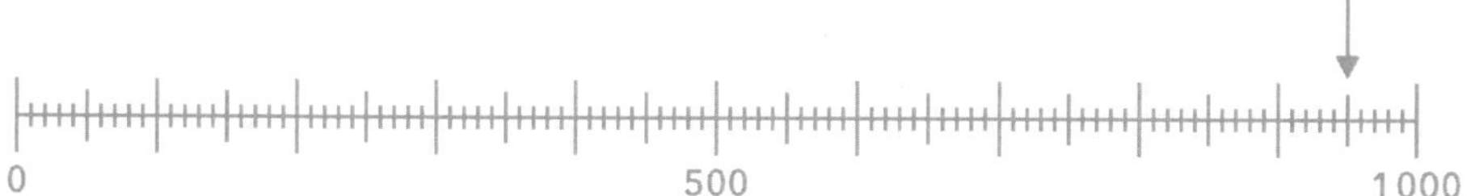

Abb. 1.3 950 am Zahlenstrahl

Durch diese prozessorientierten Impulse können verschiedene mathematische Inhalte und Ideen geklärt und gefestigt werden, zum Beispiel:

- der Aufbau und die Bedeutung des Stellenwertsystems,
- Beziehungen zwischen Zahlen und „Nachbarschaften“ zwischen Zahlen,
- Grundlagen für verschiedene Rechenstrategien,
- die Bedeutung und Anwendung der vier Grundrechenarten,
- verschiedene Zahleigenschaften.

Darüber hinaus können durch diese Art von Besprechung weitere grundlegende Erfahrungen gemacht werden, die über den mathematischen Inhalt deutlich hinausgehen:

- Verschiedene Beschreibungen und Sichtweisen zu einer Darstellung können richtig sein.
- Heterogenität und Vielfalt sind ein Gewinn: Sie werden nicht nur in Kauf genommen, sondern sogar genutzt, wenn möglichst viele Beschreibungen gefunden werden sollen.
- Durch Beschreiben, Zuhören, Darstellen und gemeinsames Interpretieren kann eine konstruktive Gesprächskultur etabliert werden.
- Mathematik ist ein Prozess und nicht ein fest vorgegebenes Regelwerk.

1.4 Unterschiede: ganz normal

Kinder kommen mit unterschiedlichen Vorkenntnissen in die Schule, und während der ersten Schuljahre werden die Unterschiede eher noch größer (Hasemann und Gasteiger 2014). Je umfangreicher die Vorkenntnisse, desto schneller scheinen die Kinder zu lernen und Fortschritte zu machen. Mit der großen Spannbreite an Kompetenzen umzugehen, ist nicht erst seit dem Thema Inklusion eine große Herausforderung (Peter-Koop et al. 2015). Ein häufiger Ausweg ist, dass unterschiedlichen Leistungsgruppen unterschiedliche Inhalte angeboten werden. Während leistungsschwache Lernende wenige „einfache“ Aufgaben bearbeiten, sollen leistungsstarke Kinder mehr und kompliziertere Fragestellungen bearbeiten („Sternchenaufgaben“). Diese Idee ist nicht besonders zielführend, da …

- die Unterschiede im Lernstand weiter vergrößert werden,
- die Kommunikation erschwert bis unmöglich wird, wenn nicht alle Lernenden an der gleichen Fragestellung arbeiten,
- Darstellungen nicht von allen Kindern der Klasse genutzt und versprachlicht werden können,
- es einen deutlichen Mehraufwand für die Lehrkraft in Bezug auf Vorbereitung und Nachbereitung bedeutet: Besprechung der Lösungswege, Angebot von Unterstützungen.

Ein Ausweg besteht darin, dass keine Differenzierung in Bezug auf die Inhalte, sondern in Bezug auf die Prozesse angestrebt wird. Auch für leistungsstarke Lernende kann es ein herausfordernder Lerngegenstand sein, einen Rechenweg oder eine Begründung in Worte zu fassen und so darzustellen, dass es auch andere Kinder in der Klasse verstehen können. Ein typisches Beispiel für prozessorientierte Differenzierungen sind die im vorangegangenen Abschn. 1.2 beschriebenen Aufgaben. Die Fragestellung ist für alle Lernenden die gleiche: Begründe, welche Zahl dargestellt ist. Während leistungsschwächere Kinder eine oder zwei Begründungen finden, können leistungsstarke Kinder deutlich mehr Bearbeitungswege zur gleichen Aufgabe überlegen. Diese Wege werden von allen Kindern dargestellt und über ausgewählte Darstellungen wird kommuniziert.

Eine weitere Möglichkeit für eine prozessorientierte Differenzierung ist die Methode der „Zielumkehr“ (Büchter und Leuders 2014). Bei dieser Methode wird die übliche Bearbeitungsrichtung einer Aufgabe umgedreht und das „klassische Ergebnis“ zur Aufgabenstellung. Dies bewirkt eine Öffnung der Aufgabe und damit verschiedene Bearbeitungswege. Beispiele sind in Tab. 1.4 aufgeführt.

Tab. 1.4 Differenzierung mit Zielumkehr

Klassische Bearbeitung	Zielumkehr	Weitere Impulse
950+50=? 0,75+0,4=?	Finde Plusaufgaben mit dem Ergebnis 1 000 Finde Plusaufgaben mit dem Ergebnis 1,15.	– Finde Plusaufgaben, bei denen ein Summand kleiner als 9 ist. – Finde alle Plusaufgaben, bei denen beide Summanden ganze Hunderter sind: Schreibe auf Kärtchen und sortiere. – Finde Plusaufgaben, bei denen alle Summanden gleich groß sind. – Wie viele Plusaufgaben mit drei Summanden gibt es, wenn diese ganze Hunderter sind? – Gibt es Plusaufgaben mit fünf Summanden? Finde mindestens drei. – Stelle deine Rechnungen mit Zehnersystem-Material/am Rechenstrich dar. – Beschreibe deiner Nachbarin, was sie mit dem Zehnersystem-Material/am Rechenstrich einzeichnen soll, um eine deiner Rechnungen darzustellen.
Welche Zahl ist größer: 873 oder 856? 0,6 oder 0,55?	Finde Zahlen, die kleiner als 873 (und größer als 856) sind. Finde Zahlen, die kleiner als 0,6 (und größer als 0,55) sind.	– Beschreibe, wie die Zahlen am Zahlenstrahl eingezeichnet werden. – Begründe, welche Zahl zwischen den Zahlen liegen kann.
Runde auf Hunderter: 6 349 Runde auf Zehntel: 0,448	Finde Zahlen, die auf Hunderter gerundet 6 300 ergeben. Finde Zahlen, die auf Zehntel gerundet 0,4 ergeben.	– Finde die kleinste/größte Zahl. – Wie viele Zahlen gibt es? – Markiere den Bereich am Zahlenstrahl.

Stopp – Aktivität!
Formulieren Sie zielumgekehrte Aufgaben zum Term 2 400 : 600 sowie zu den Zahldarstellungen von 56 020 und 0,0304 in der Stellenwerttafel, die viele Bearbeitungen auf unterschiedlichen Niveaus ermöglichen.

1.5 Verstehen, keine „Tricks"

Auf die Frage, was „verstehen" in Mathematik bedeuten kann, werden häufig diese Antworten gegeben:

1. „Etwas gut können“. Doch ist „etwas gut können“ gleichbedeutend mit „verstehen“? Können Sie die Divisionsaufgabe $\frac{2}{3} : \frac{4}{7}$ gut rechnen? Erinnern Sie sich an einen „Trick“ (statt $:\frac{4}{7}$ wird $\cdot\frac{7}{4}$ gerechnet)? Mit einem weiteren „Trick“ (Zähler mal Zähler und Nenner mal Nenner) wird das Ergebnis technisch sicher bestimmt. Aber wirklich auch verstanden? Warum funktioniert das mit dem Kehrbruch? Warum werden die Zahleinträge oben und die Zahleinträge unten jeweils multipliziert? Wenn $23 \cdot 47$ gerechnet wird, dann genügt es nicht, $2 \cdot 4$ in den Zehnern und $3 \cdot 7$ in den Einern zu multiplizieren (Kap. 5).
2. „Etwas erklären können“. Hiermit wird der Kern der Sache vielleicht schon näher getroffen. Doch Vorsicht! Eine Erklärung kann auch völlig technisch ablaufen. Vielleicht können Sie gut erklären, wie der „Divisionstrick“ aus (1.) funktioniert: „Man nehme die zweite Zahl, bilde den Kehrbruch und multipliziere anschließend die oberen Zahlen und die unteren.“ Von Verständnis kann aber dennoch nicht gesprochen werden.

Ein zielführender Vorschlag kann sein, dass „verstehen“ übersetzt wird in „Grundvorstellungen aktivieren können“. „Zahlverständnis“ bedeutet in diesem Sinne „Grundvorstellungen zu Zahlen“ und „Operationsverständnis“ wird hier als „Grundvorstellungen zu Operationen“ beschrieben. Im Gegensatz zu „Verständnis“ ist bei Grundvorstellungen theoretisch geklärt, was gemeint ist (Hefendehl-Hebeker et al. 2019; Vom Hofe 1995).

Grundvorstellungen sind gedankliche Modelle, die das *Übersetzen zwischen unterschiedlichen Darstellungsebenen* ermöglichen (vgl. Abb. 1.4). Gegenstand dieser Übersetzungen sind dabei mathematische Objekte und Beziehungen. Grundvorstellungen können den Zusammenhang zwischen Symbolen oder Zeichen („$\frac{4}{7}$“) und anderen Darstellungen (Bildern, konkreten Repräsentanten) herstellen (Wartha und Schulz 2012).

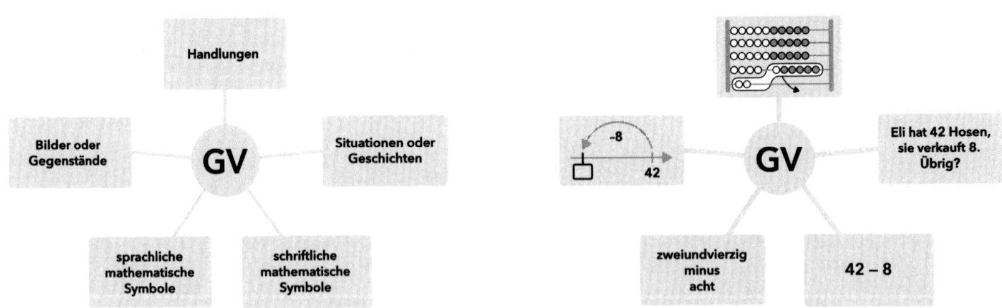

Abb. 1.4 Grundvorstellungen ermöglichen Darstellungswechsel

In Bezug auf Zahlen bedeutet dies, dass Zahlsymbole wie „831“ oder „achthunderteinunddreißig“ auch in andere Darstellungsebenen (ikonisch z. B. mit Zehnersystem-Material oder am Zahlenstrahl) übersetzt werden können. Die Übersetzung in der Gegenrichtung wird ebenfalls über Grundvorstellungen zu den Zahlen ermöglicht.

Grundvorstellungen zu Zahlen können eine Voraussetzung dafür sein, dass Zahlen in Beziehung gebracht werden können: Oberflächlich betrachtet haben die Zahlen 799 und 801 auf symbolischer Ebene nicht viel gemein – keine der beteiligten Ziffern ist gleich (7, 9, 8, 0, 1), wohl aber deren Anzahl (drei Ziffern pro Zahl). Werden die Zahlen jedoch durch die Grundvorstellung an einen (vorgestellten) Zahlenstrahl übersetzt, so wird deutlich, dass kein großer Abstand zwischen ihnen ist. Die Zahlen 431 und 134 sehen hingegen auf symbolischer Ebene sehr ähnlich aus. Werden die Zahlen jedoch mit Hilfe einer Grundvorstellung als Mengenangabe (z. B. Zehnersystem-Material) interpretiert, dann wird deutlich, dass ein großer Unterschied zwischen ihnen besteht (vgl. Abb. 1.5).

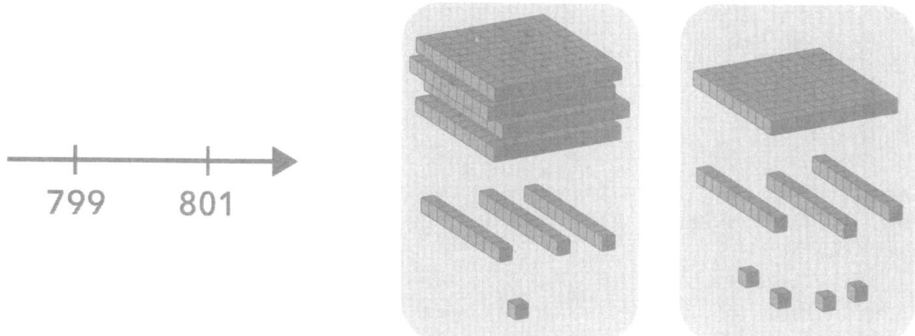

Abb. 1.5 Grundvorstellungen zu Zahlen: Voraussetzung für das Nutzen von Zahlbeziehungen

Auch die Operationszeichen zu den vier Grundrechenarten können mit Hilfe von Grundvorstellungen interpretiert werden (vom Hofe 1992), und auch hierbei geht es um Wechsel zwischen Darstellungsebenen. Beispielsweise kann ein Zusammenhang zwischen Rechenausdruck und Textaufgabe hergestellt werden: „Thomas hat 9 €. Das sind 3 € mehr als Christian hat. Wie viel hat Christian?" (vgl. Abb. 1.6). Diese Situation kann im Sinne der Subtraktion als Differenzbildung gedeutet und somit in den Rechenausdruck $9-3$ übersetzt werden (aber auch eine Übersetzung in eine Platzhalteraufgabe $x+3=9$ wäre denkbar). Eine Orientierung ausschließlich an Oberflächenmerkmalen, z. B. dem Signalwort „mehr", ermöglicht diese Übersetzung nicht – oder eher in einen falschen Rechenausdruck (Schulz et al. 2019a). Mit Grundvorstellungen kann auch zu einem Rechenausdruck eine passende Textaufgabe oder bildliche Darstellung bestimmt werden. Wenn die Übersetzung der Terme $9-3$ oder $\frac{1}{2}:\frac{1}{4}$ in eine Rechengeschichte oder ein Bild gelingt (vgl. Abb. 1.6), kann auf die Aktivierung von Grundvorstellungen geschlossen werden. Damit kann angenommen werden, dass die Division „verstanden" ist.

Auch zu Rechenwegen können Grundvorstellungen aufgebaut und aktiviert werden. Rechenwege (z. B. bei der Bruchdivision) können technisch ablaufen. Eine Übersetzung

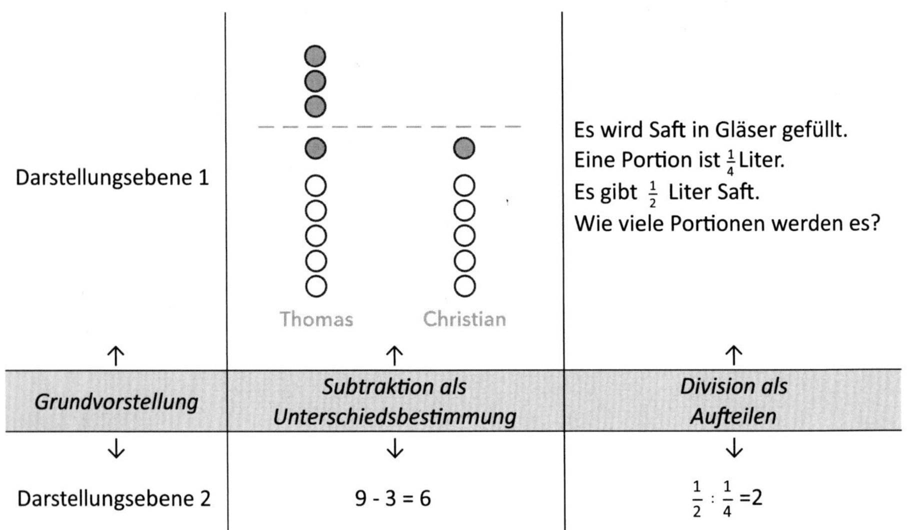

Abb. 1.6 Grundvorstellungen zu Operationen ermöglichen den Zusammenhang zwischen Situation und Term

in eine bildliche oder handelnde Darstellungsebene wäre dabei nicht nötig – vielleicht aber auch gar nicht möglich (Prediger 2011a; Wartha 2009). Der technische Aspekt der Rechnung könnte den Schülerinnen und Schülern abgenommen werden, zum Beispiel durch Taschenrechner, nicht aber das Verstehen des Rechenwegs. Dies kann erst durch Darstellungswechsel gelingen, und erst auf dieser Grundlage kann dann begründet, argumentiert und kommuniziert werden.

Bei der Aufgabe 2 400 : 600 könnte die Übersetzung darin bestehen, dass 2 400 mit 24 Hunderterplatten gelegt und erklärt wird, wie viele Päckchen entstehen, wenn in jedem Päckchen 600, also 6 Hunderterplatten sein sollen. Die Analogie wird also nicht durch einen „Weglassen-von-Endnullen"-Trick erklärt, sondern durch die Aktivierung der Operationsvorstellung des Aufteilens und die Nutzung des Stellenwertsystems: Mit Hundertern kann genauso wie mit Einern gerechnet werden (Abschn. 5.6).

$2\,400 : 600 = 24\text{ H} : 6\text{ H} = 24 : 6 = 4.$

Stopp – Aktivität!
Bitte veranschaulichen Sie die folgenden Rechenwege an geeigneten Arbeitsmitteln bzw. mit Hilfe geeigneter Skizzen:

1. $863 - 9$ über $863 - 3 - 6$
2. $725 - 299$ über $725 - 300 + 1$
3. $0{,}99 + 1{,}97$ über $2 + 2 - 0{,}01 - 0{,}03$
4. $400 \cdot 500$ über $4 \cdot 5 \cdot 10\,000$
5. $0{,}02 : 0{,}08$ über $2 : 8$

Kurz wird festgehalten: „Verstehen" kann interpretiert werden als „Grundvorstellungen aktivieren", und das bedeutet „zwischen Darstellungsebenen übersetzen können". Verständnis kann in diesem Sinne also entwickelt – aber auch überprüft – werden durch die Aufforderung zum Darstellungswechsel.

1.6 Arbeitsmittel und Darstellungswechsel: kein Beiwerk, sondern Kern

Die zentrale Rolle von Arbeitsmitteln ist *nicht,* dass sie Unterrichtsinhalte zu Zahlen und Operationen *„bebildern"* und so den Unterricht etwas bunter gestalten. Ganz im Gegenteil: Die Arbeit mit Arbeitsmitteln *ist die Grundlage* für Unterrichtsinhalte zu Zahlen und Operationen.

Arbeitsmittel sind einerseits die konkrete Grundlage für den Aufbau gedanklicher Modelle (Lorenz 1992; Söbbeke 2005). Andererseits ermöglichen sie die in Abschn. 1.5 angesprochenen Übersetzungsprozesse und Darstellungswechsel (vgl. Abb. 1.4). Sie haben daher die Funktion, dass an und mit ihnen Grundvorstellungen für die mathematischen Inhalte aufgebaut werden (Krauthausen und Scherer 2007; Schipper 2009).

Stopp – Aktivität!
Diskutieren Sie folgenden Arbeitsaufträge, die einer dritten bzw. sechsten Klasse gestellt werden könnten.

„Ihr sollt 287+60 rechnen. Wer es noch nicht im Kopf kann, darf sich das Zehnersystem-Material holen!"

„Ihr sollt $\frac{1}{4}+\frac{2}{3}$ rechnen. Wer es noch nicht im Kopf kann, darf sich eine Rechteckskizze machen."

Arbeitsmittel sollen nicht allein dabei helfen, eine korrekte Lösung zu finden. Dies wäre eine sehr produktorientierte Sichtweise auf die Mathematik und auf die Arbeitsmittel. Erst recht sollen Arbeitsmittel nicht stigmatisieren nach dem Motto: „Nur die Leistungsschwachen verwenden Material!" (Krauthausen und Scherer 2007, S. 255).

Werden die Arbeitsaufträge umformuliert in „Erkläre mit Zehnersystem-Material, wie 287+60 gerechnet werden kann" oder „Erkläre mit Hilfe eines Rechtecks, wie die Brüche $\frac{1}{4}$ und $\frac{2}{3}$ addiert werden können und warum die Zahlen einen gleichen Nenner benötigen", dann können die Arbeitsmittel prozessorientiert und von allen Lernenden auf ihrem Niveau genutzt werden. Durch die Frage bleibt offen, ob die Zehnersystem-Materialien bzw. das Rechteck konkret oder „im Kopf" verwendet werden.

Kopfrechnen bedeutet also nicht nur das Verarbeiten von Ziffern und Zahlen, sondern vor allem auch das gedankliche Nutzen von mentalen Modellen

(Lorenz 1992; Schipper 2009, S. 46). Mathematische Arbeitsmittel dienen somit nicht nur dem Aufbau von Grundvorstellungen, sondern sie unterstützen Lernende, ihre Gedankengänge darzustellen und zu versprachlichen: Sie sind Mittel des Denkens und Verstehens und auch Mittel der Verständigung (Verboom 2014, S. 41). Dies ist wichtig, da die Versprachlichung von Rechenwegen für viele Kinder eine besondere Herausforderung darstellt. Das Versprachlichen kann in der Auseinandersetzung mit den Arbeitsmitteln gelernt werden. *Handlungsbegleitend versprachlichen* lautet ein Grundsatz beim Lernen von Strategien und von Sprachmustern (Tiedemann 2020). Das bedeutet, dass ein Kind nicht nur am Ende der Materialhandlung aufgefordert wird, seinen Rechenweg im Nachhinein zu verbalisieren: „Beschreibe, was du gemacht hast" (vgl. das Konzept der Arbeitsrückschau, Aebli 1976, S. 108), sondern bereits zu Beginn der Materialhandlung dazu angehalten wird, seine Handlung in Worte zu fassen: „Beschreibe, was du machst" oder „Jedes Mal, wenn du etwas machst, sagst du, was du tust".

Stopp – Aktivität!
Recherchieren Sie in einem Schulbuch: An wie vielen Aufgaben werden Strategien oder Verfahren zu Subtraktionsaufgaben im zu behandelnden Zahlenraum bzw. Zahlbereich mit den folgenden Zielen geübt?

a) Das „richtige Ergebnis"
b) Die „Darstellung des Rechenwegs"
c) Die „Versprachlichung des Rechenwegs"

Durch welche Impulse Ihrerseits können die Aufgaben ergänzt werden, sodass alle drei Aspekte mathematischen Lernens berücksichtigt werden können?

1.7 Spielraum und Dokumentationsraum

Bei der Planung und Organisation von Lernsituationen – auch mit Arbeitsmitteln – hat sich die Unterscheidung zwischen Spiel- und Dokumentationsraum bewährt (Wollring 2006). Zur Klärung der Begriffe bearbeiten Sie bitte folgende Aufgabe.

Stopp – Aktivität!
Besorgen Sie sich bitte einen Notizblock.

Finden Sie alle Additionsaufgaben mit Ergebnis 6 mit drei Summanden und schreiben Sie jede Aufgabe auf einen neuen Zettel.

Hierbei gilt: Die Null darf nicht verwendet werden und die Reihenfolge der Summanden ist wichtig ($2+1+3$ ist eine andere Lösung als $3+1+2$).

Ordnen Sie anschließend die Ergebnisse so, dass Sie gut begründen können, warum Sie alle gefunden haben.

Diese Aufgabe kann mit Lernenden von Jahrgangsstufe 1 bis 13 bearbeitet werden. Gerade jüngere und weniger leistungsstarke Kinder werden nicht sofort strukturiert und zielgerichtet vorgehen, sondern zunächst beliebige Aufgaben mit Ergebnis 6 notieren. Hier ist es nun von Vorteil, dass die Aufgaben nicht auf ein Arbeitsblatt notiert werden, sondern auf Zettel. Diese Zettel können sortiert und angeordnet werden. Doppelte Aufgaben können durch geschicktes Sortieren aussortiert und fehlende Aufgaben gefunden werden.

Die Aktivitäten bis hier finden im sogenannten *Spielraum* statt. Insbesondere bei Kindern wird nicht erwartet, dass sofort eine tragfähige Strategie zum Finden aller Lösungen aktiviert werden kann, sondern dass diese erst aufgebaut werden muss. Von einer ungeordneten Darstellung der gefundenen Aufgaben zu einer strukturierten Anordnung der Aufgaben durch Verschieben, Ordnen und Sortieren zu kommen, ist ein wesentlicher Aspekt mathematischen Arbeitens.

Wenn Lernende über die zielgerichtete Strategie des systematischen Variierens der Summanden bereits verfügen, haben sie auch keinen Nachteil, da sie die Zettel gleich in einer für sie passenden Reihenfolge beschriften können.

Bei einem Arbeitsblatt ist die Möglichkeit des nachträglichen Sortierens nicht gegeben. Hier profitieren also höchstens die Lernenden, die bereits über eine Strategie verfügen.

Stopp – Aktivität!
Kleben Sie die geordneten Zettel jetzt auf ein Plakat. Begründen Sie, warum Sie keine Aufgabe doppelt haben und warum auch keine Aufgabe fehlt.

Mit dem Aufkleben wird nun der *Spielraum* verlassen und der *Dokumentationsraum* betreten. Das Ziel des Dokumentationsraums ist dabei das „Festhalten des Flüchtigen“ (Wollring 2006, S. 82). Auf diese Weise soll eine Rekonstruktion der eigenen (und auch fremden) Gedanken bei der jeweiligen Sortierung möglich werden. Neben der Rekonstruktion werden im Dokumentationsraum auch neue Entdeckungen möglich – zum Beispiel das Finden weiterer Beziehungen, die beim Sortieren vielleicht noch gar nicht berücksichtigt wurden. Wollring merkt an, dass (Schrift-)Sprache dabei nicht immer die beste Möglichkeit der Dokumentation ist (vgl. ebd.).

Die Dokumente, die im Dokumentationsraum entstanden sind (zum Beispiel das Plakat der letzten Aktivität), können die Grundlage für Kommunikation mit Lernpartnern sein. Hier steht die Frage des „Wie?“ im Mittelpunkt:

- Wie bin ich vorgegangen (beim eigenen Plakat)?
- Wie hat Peter sortiert (bei einem fremden Plakat)?
- Wie können Muster gefunden werden? Welche Muster sind das?

Stopp – Aktivität!
Beschreiben Sie die Sortierung in Abb. 1.7.

Begründen Sie: Sind alle möglichen Aufgaben gefunden worden? Warum? Warum nicht?

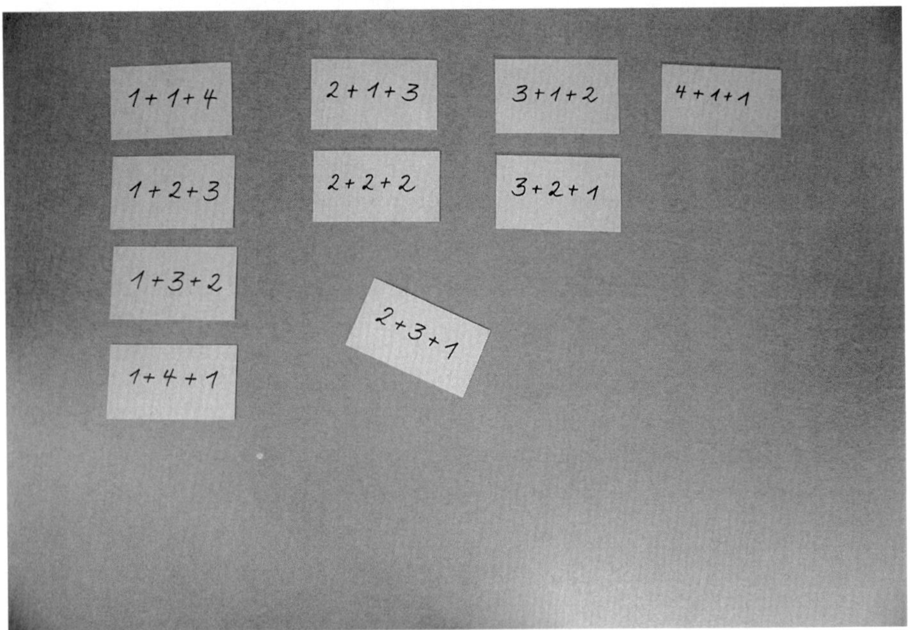

Abb. 1.7 Eine mögliche Sortierung zu „Aufgaben mit Summe 6 aus drei Summanden"

In Bezug auf die genannte Aufgabenstellung „Finde alle Möglichkeiten" können nun Argumentationsstrategien (Beweise) auf der Grundlage des Plakats entwickelt und formuliert werden. Hier steht die Frage nach dem „Warum?" im Mittelpunkt:

- Warum habe ich alle Aufgaben gefunden, bei denen der erste Summand 1 ist?
- Warum habe ich keine Aufgabe vergessen, bei der der erste Summand 4 ist?
- Warum kann es keine Aufgabe geben, bei der ein Summand 5 ist?

- Warum ist keine Aufgabe doppelt?
- Warum sind es wirklich alle Aufgaben?

Es sei darauf hingewiesen, dass es verschiedene Möglichkeiten der Sortierung gibt. Diese unterschiedlichen Möglichkeiten können auch diskutiert werden in Bezug auf ihre Übersichtlichkeit, ihre Eignung zur Argumentation und Kommunikation sowie in Bezug auf ihre Vollständigkeit.

Eine weitere Idee, das Dokument für Argumentationen zu nutzen, ist das Herstellen von „Lücken". Ein Zettel wird abgedeckt und die Struktur, in der die übrigen Zettel angeordnet sind, kann und muss genutzt werden, um den abgedeckten Zettel zu rekonstruieren. Gelingt dies nicht, so kann das entweder daran liegen, dass die Strukturierung nicht erkannt bzw. nicht genutzt wird oder dass die Struktur selbst nicht tragfähig ist.

Spielraum und Dokumentationsraum können im Rahmen vieler Themen des Arithmetikunterrichts betreten werden (vgl. Tab. 1.5).

Mathematische Aktivitäten finden in beiden Räumen statt. Der Spielraum ist nicht nur ein Ort zum „Ausprobieren", sondern zum Strukturieren, zum Sortieren und zum Entwickeln von zielführenden Strategien. Das sind zutiefst mathematische Tätigkeiten. Insbesondere ist auch das Kennenlernen von Sackgassen und nicht tragfähigen Strategien typisch für mathematisches Arbeiten. Der Spielraum ermöglicht das Revidieren dieser Strategien und ein „Lernen aus Fehlern", ohne dass radiert und durchgestrichen werden muss.

Allerdings sollte die Bearbeitung der Aufgaben nicht im Spielraum beendet werden. Denn der Dokumentationsraum bietet ebenfalls reichhaltige Tätigkeiten, die dem wissenschaftlichen Arbeiten in der Mathematik entsprechen: Beschreiben, Kommunizieren, Darstellen und Begründen.

Tab. 1.5 Beispiele für Spiel- und Dokumentationsräume im Arithmetikunterricht

Fragestellung	Spielraum	Dokumentationsraum	Weitere Impulse
Welche Zahl besteht aus 9 Zehnerstangen und 15 Einerwürfeln?	Die Zehnerstangen und Einerwürfel werden gelegt und ggf. die Einerwürfel gebündelt. Kann die Zahl auch anders gelegt werden?	Notation in der Stellenwerttafel.	Beschreiben der Darstellung und Notieren in mathematischer Symbolik
Finde viele Möglichkeiten, wie die Aufgabe 83 − 49 gelöst werden kann.	Jeder Rechenweg wird auf einen Zettel geschrieben. Wie können die Wege sortiert werden? Welche Wege sind schnell, welche eher umständlich?	Sortierung der Zettel fixieren, Hauptrechenwege vergrößert auf Plakat darstellen	Diskussion der Wege in der Rechenkonferenz; Finden von Namen für die Hauptrechenwege
Finde viele Möglichkeiten, wie die Brüche $\frac{3}{5}$ und $\frac{3}{7}$ verglichen werden können.	Jeder Lösungsversuch wird auf einen Zettel geschrieben. Austausch der Zettel mit anderen Lernenden; Sammlung der verschiedenen Wege	Fixierung der Vergleichsstrategien	Diskussion der Vorgehensweisen in Bezug auf Rechenaufwand, Verallgemeinerbarkeit, Zahlvorstellungen
Kannst du 24 Würfel so auf den Tisch legen, dass eine rechteckige Oberfläche entsteht? So, dass sogar eine quadratische Oberfläche entsteht?	Legen der Würfel, Verschieben, Ausprobieren. Gibt es verschiedene Möglichkeiten? Finde alle Möglichkeiten.	Abzeichnen der Rechtecke; Beschreibung der Rechtecke mit Zahlen: $2 \cdot 12$, $4 \cdot 6$ etc.	Begründen, warum keine quadratische Oberfläche oder keine weiteren Rechtecke gefunden werden können
Finde Textaufgaben, bei denen $4:0{,}4$ gerechnet werden muss.	Sammlung der Situationen auf Zettel, Vergleichen und Sortieren der Geschichten.	Fixierung der Sortierung: Was sind Gemeinsamkeiten der Geschichten, was sind Unterschiede?	Identifikation einer „Kerngeschichte“ ohne Repräsentanten, die allen Geschichten gemeinsam ist
Es gibt 5 verschiedene T-Shirts und 4 verschiedene Hosen. Finde alle möglichen Outfits. Welche sind das?	Bei Figuren auf Zetteln werden T-Shirts und Hosen farbig markiert. Die Figuren werden sortiert angeordnet. Warum wurden sie so hingelegt?	Fixierung der Zettel auf einem Plakat, sodass begründet werden kann, warum alle gefunden wurden.	Begründen, warum alle gefunden wurden; ein Outfit verdecken und argumentieren, welches verdeckt wurde; Beschreibung des entstandenen Musters mit Rechenausdrücken

1.8 Und jetzt?

Auf Grundlage der in diesem Kapitel vorgestellten Leitideen werden in diesem Buch verschiedene mathematische Inhalte aufbereitet und diskutiert. Diese Inhalte sind besonders am Übergang von der Primar- zur Sekundarstufe relevant und alle dem Bereich „Zahlen und Operationen" zuzuordnen:

- Kardinale und ordinale Vorstellungen zu Zahlen und Operationen (Kap. 2)
- Vorstellungen zu Zahlen bis über eine Million und zwischen 0 und 1 (Kap. 3)
- Addition und Subtraktion mit Zahlen größer als 100 (Kap. 4)
- Multiplikation und Division – sowohl mit kleinen als auch mit großen Zahlen (Kap. 5)
- Vorstellungen zu Brüchen und zu Operationen mit ihnen (Kap. 6)

Kardinale und ordinale Zahlvorstellungen

2

2.1 Zahlen als Anzahl- und Positionsangaben

Grundvorstellungen ermöglichen das Übersetzen zwischen gesprochenen und geschriebenen mathematischen Symbolen wie 7 000 oder „siebentausend“ in gegenständliche oder bildliche Darstellungen. Dabei können zwei zentrale Grundvorstellungen unterschieden werden. Diese sind mitbestimmend dafür, ob bzw. wie diese Übersetzung geleistet wird (Padberg und Benz 2020; Scherer und Moser Opitz 2010; Schipper 2009):

- Zahl als Anzahlangabe („kardinal“): Unter diesem Aspekt gibt die Zahl Antwort auf die Frage „Wie viele?“. In Abb. 2.1 links sind dies sieben Tausender(-würfel).
- Zahl als Positionsangabe („ordinal“): Unter diesem Aspekt gibt die Zahl Antwort auf die Frage „Wo?“. In Abb. 2.1 rechts ist dies die Position am fast leeren Zahlenstrahl. Wäre der Zahlenstrahl durchskaliert, könnte sogar die Frage „Der wievielte?“ beantwortet werden: der siebentausendste Strich nach der Null.

Es wird davon ausgegangen, dass diese beiden Grundvorstellungen eng zusammenhängen (Gerlach 2007; Sayers et al. 2016). Einer dieser Zusammenhänge kann bei der Anzahlbestimmung durch Abzählen beobachtet werden: So wird bei der Anzahlbestimmung durch Abzählen zunächst die ordinale Grundvorstellung aktiviert – weil die Zahlwortreihe Glied für Glied (oder in Schritten) durchgegangen wird. Wenn am Ende des Zählprozesses die Gesamtanzahl durch das letztgenannte Zahlwort beschrieben wird, dann wird der Zusammenhang zwischen ordinaler und kardinaler Zahlvorstellung genutzt.

Dass diese Unterscheidung in ordinale und kardinale Interpretationen von Zahlen nicht nur theoretischer Natur ist, sondern auch beim Verstehen von Zahlen und

© Der/die Autor(en), exklusiv lizenziert durch Springer-Verlag GmbH, DE, ein Teil von Springer Nature 2021

A. Schulz und S. Wartha, *Zahlen und Operationen am Übergang Primar-/Sekundarstufe,* Mathematik Primarstufe und Sekundarstufe I + II,
https://doi.org/10.1007/978-3-662-62096-0_2

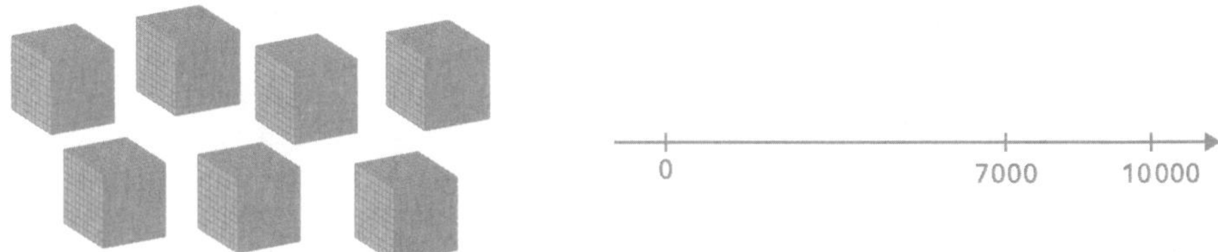

Abb. 2.1 Kardinale (links) und ordinale (rechts) Darstellung der Zahl 7 000

Zahlbeziehungen nachweisbar ist (Fuson 1988; Resnick 1989), zeigen die kurzen Interviewausschnitte mit Konstantin.

Stopp – Aktivität!
Betrachten Sie folgende Interviewausschnitte mit Konstantin.

I: Zähle in Zehnerschritten ab 543.
K: (schweigt länger, verständnislos)
I: Du hast 543 und machst immer 10 dazu.
K: Ach so, 553, 563, 573 …

Welche Grundvorstellung zu den Zahlen wird bei der Formulierung der Arbeitsaufträge jeweils angesprochen?
Mit welcher Grundvorstellung kann Konstantin die Aufgabe lösen?

I: Zähle rückwärts ab 374.
K: 374, 373, 372, 371, *360,* 369, 368, 367, 366, 365, 364, 363, 362, 361, *350,* 359 …
(Deutlich später im Interview:)
I: Welche Zahl bekommst du, wenn du von 472 eins wegnimmst?
K: 471.
I: Und jetzt immer noch eins weg.
K: *470,* 469, 468, 467, 466, 465, 464, 463, 462, 461, *460,* 459 …

Können Sie Konstantins Antworten erklären?
Welche Rolle spielt die Art der Fragestellung hierbei?
Welche Rückschlüsse auf seine Grundvorstellungen zu Zahlen sind möglich?

Im Folgenden wird die Rolle von Arbeitsmitteln beim Verstehen von Zahlen beleuchtet, sowohl von Zahlen, die als Positionen vorgestellt werden, als auch von Zahlen, die als Anzahlen von Mengen vorgestellt werden. Das ist die Grundlage für die Entwicklung und Nutzung von Zahlbeziehungen.

2.2 Arbeitsmittel und Modelle

Die meisten Arbeitsmittel, die die Übersetzung zwischen anschaulichen Darstellungen und den Zahlsymbolen ermöglichen, betonen entweder den kardinalen oder ordinalen Zahlaspekt (Abb. 2.2). Anders formuliert: Es gibt Arbeitsmittel, die eher eine kardinale Deutung nahelegen, und Arbeitsmittel, die eher eine ordinale Deutung nahelegen.

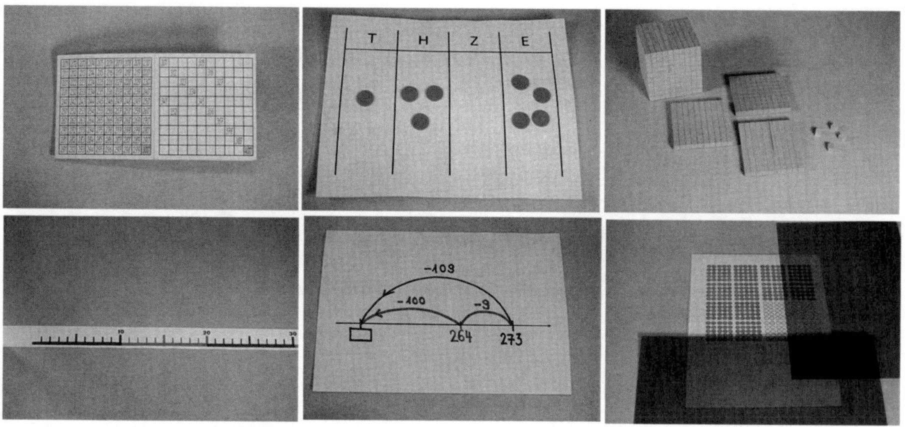

Abb. 2.2 Oben: Tausenderbuch, Stellenwerttafel, Zehnersystem-Material; unten: Zahlenstrahl, Rechenstrich, Vierhunderter-Punktefeld

> **Stopp – Aktivität!**
> Ordnen Sie zu, welche Arbeitsmittel aus Abb. 2.2 bei der Zahldarstellung und -auffassung eher kardinal und welche eher ordinal gedeutet werden.

Bei vielen Arbeitsmitteln ist die Betonung eines der beiden Aspekte ziemlich eindeutig.

Dies ist zum Beispiel bei der Stellenwerttafel der Fall oder bei dem Zehnersystem-Material – beide können vor allem kardinal gedeutet werden, denn bei beiden Darstellungen stehen vor allem die Mächtigkeit und das Prinzip der fortgesetzten Bündelung im Vordergrund. Der Rechenstrich hingegen betont vor allem den ordinalen Aspekt, weil hier Zahlen als Positionsangaben interpretiert werden können. Hier werden Zahlen vor allem in ihrer Relation zu anderen Zahlen gedeutet. Die Mächtigkeit einer Menge von Elementen spielt hier keine Rolle (vgl. Abschn. 2.3).

Etwas uneindeutiger ist es bei anderen Materialien – auch wenn dies auf den ersten Blick nicht so scheint. Im Folgenden werden zwei Beispiele näher betrachtet: der Rechenrahmen und der Zahlenstrahl.

Wenn am Rechenrahmen – unter Einhaltung bestimmter Konventionen (Schipper et al. 2015, S. 57; Wartha und Schulz 2012, S. 84) – Zahlen eingestellt werden, dann kann diese Darstellung einerseits kardinal gedeutet werden, z. B. beim Einstellen der 26 als Menge der Perlen links. Andererseits kann diese Darstellung wie in Abb. 2.3 auch ordinal gedeutet werden: Ella berührt gerade die 26. Perle am Rechenrahmen, die Perle links der angetippten ist die 25. Perle, und käme noch eine Perle hinzu, wäre dies die 27. Perle.

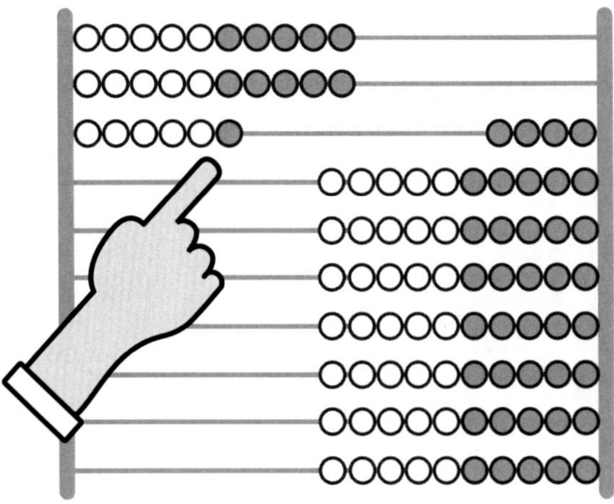

Abb. 2.3 Ella zeigt auf die 26. Perle.

Ähnlich mehrdeutig ist der Zahlenstrahl (Abschn. 2.3 und Kap. 3) zu deuten – vor allem wenn er vollständig skaliert ist (Abb. 2.4). Obwohl der Zahlenstrahl in erster Linie als Arbeitsmittel gilt, an dem der ordinale Zahlaspekt im Vordergrund steht, liegen seiner Deutung auch andere Zahlaspekte zugrunde (Padberg und Benz 2020; Scherer und Moser Opitz 2010; Sprenger 2018; Teppo und van den Heuvel-Panhuizen 2014). Der kardinale Zahlaspekt wird relevant bei der Antwort auf die Fragen: „*Wie viele Abstände* liegen zwischen der Null und der Fünfzig?“ „*Wie viele Abstände* liegen zwischen der 48 und der 51?“ Bei dieser Deutung werden weniger die Positionen fokussiert, sondern mehr die Abstände und deren Anzahl.

Abb. 2.4 Vollständig skalierter Zahlenstrahl

Andere Darstellungen wie in Abb. 2.5 fordern diese „Doppeldeutigkeit" – also die gleichzeitige kardinale und ordinale Deutung – absichtlich heraus, denn durch die Mehrdeutigkeit mancher Arbeitsmittel können die Zusammenhänge zwischen den Zahlaspekten aufgezeigt werden (Scherer und Moser Opitz 2010, S. 137; Schipper et al. 2015, S. 63).

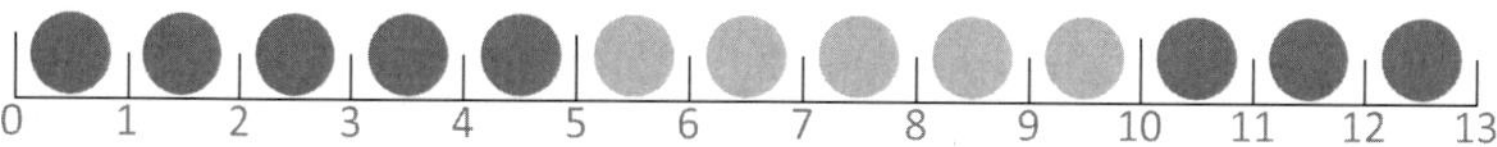

Abb. 2.5 Vermischung ordinaler und kardinaler Darstellung

Stopp – Aktivität!
Prüfen Sie die Bedeutung der folgenden Aussagen in Bezug auf verschiedene Deutungen des Rechenrahmens und des Zahlenstrahls:

- Der erste Strich/die erste Perle wird mitgezählt.
- Die Fünf liegt genau in der Mitte zwischen 0 und 10.
- Die Drei ist der dritte Zwischenraum am Zahlenstrahl, die dritte Perle am Rechenrahmen.
- Die Drei ist der vierte Strich am Zahlenstrahl, die vierte Perle am Rechenrahmen.
- Die Drei befindet sich hinter dem dritten Zwischenraum am Zahlenstrahl, hinter der dritten Perle am Rechenrahmen.
- Die Drei sind die ersten drei Abstände am Zahlenstrahl, die ersten drei Perlen am Rechenrahmen.

Zusammengefasst heißt dies: Bei vielen Arbeitsmitteln können beide Deutungsweisen – die ordinale und die kardinale – relevant werden und in den Fokus der Deutung treten. Diese Arbeitsmittel sind eine Art „Kippbild". Dies bedeutet für Lehrerinnen und Lehrer einerseits, dass sie sehr sensibel dafür sein sollten, auf welchen Aspekt die Lernenden im Einzelfall fokussieren. Andererseits sollten sie auf ihre eigene Wortwahl achten: Die Frage „Wie viel musst du dazutun?" kann, wenn sie in Bezug auf den Zahlenstrahl gestellt wird, die Lernenden eher verwirren als unterstützen.

Probleme sind nämlich dann vorprogrammiert, wenn nicht allen Beteiligten am Lernprozess klar ist, ob die Zahlen nun für Positionen oder für Mengenangaben stehen oder ob nun Mengenangaben oder Positionen mit den Zahlen beschrieben sind (vgl. das Interview mit Konstantin oben und die Überlegungen zur Bestimmung des Unterschieds unten).

Diese verschiedenen Deutungen können nicht nur dazu führen, dass sich die Beteiligten in Lehr-Lern-Prozessen gegenseitig nicht gut verstehen, sondern können auch zu sehr typischen Fehlern bei der Deutung verschiedener Materialien führen (Schulz 2018a; Wartha und Schulz 2012, S. 86).

In der ILeA plus-Studie (Schulz et al. 2019) wurden über 3 000 Schülerinnen und Schülern der fünften Jahrgangsstufe ein Zahlenstrahl wie in Abb. 2.6 vorgelegt (Schulz et al. 2019, S. 99). Die Kinder sollten angeben, welcher der Platzhalter die Zahl 370 000 markiert. Fast die Hälfte der Kinder entschied sich für den ersten Platzhalter – der aber die Zahl 270 000 markiert.

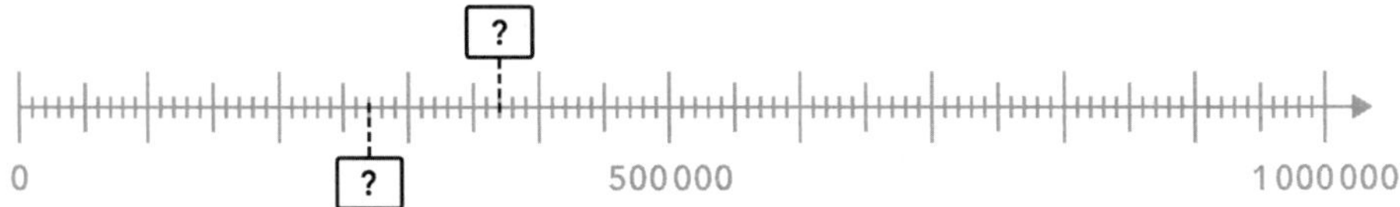

Abb. 2.6 Typischer Fehler am Zahlenstrahl – der erste Platzhalter wird mit der Zahl 370 000 assoziiert

Stopp – Aktivität!
Erklären Sie diesen Fehler auf Grundlage der gerade beschriebenen „Doppeldeutigkeit".

Ein in der Literatur häufig genannter (Mosandl und Nührenbörger 2014, S. 42) und mittlerweile auch empirisch nachgewiesener Fehler ist die Vermischung von ordinaler und kardinaler Deutung am Zahlenstrahl (Schulz 2018a). Eine mögliche Erklärung für diesen Fehler ist, dass zum Beispiel die Zahl 370 000 deshalb im dritten Abschnitt eines skalierten Zahlenstrahls vermutet wird, weil die Dreihunderttausender-Zahlen (also z. B. die 370 000 oder die 345 021) im dritten Abschnitt verortet werden – analog zur Deutung, dass die Drei im dritten Abschnitt der Darstellung in Abb. 2.5 liegt.

Solche Fehler deuten also möglicherweise nicht auf eine sog. „fehlende Zahlvorstellung" hin, sondern eher auf eine falsche Deutung des gemeinsamen Arbeitsmittels.

2.3 Zugänge zum Zahlenstrahl

Im Folgenden werden zwei mögliche Aktivitäten vorgestellt, mit denen der Zahlenstrahl als Darstellungsmittel erarbeitet werden kann. Zur Erarbeitung eines besonders tragfähigen kardinalen Darstellungsmittels, dem Zehnersystem-Material, vgl. Kap. 3.

Diese beschriebenen Aktivitäten bergen verschiedene Potenziale für die Primar- und die Sekundarstufe (vgl. auch Abschn. 2.5):

- Sie können in verschiedenen Zahlenräumen umgesetzt werden: bis 10, bis 20, bis 100. Vor allem die zweite Aktivität kann auch in den Zahlenräumen bis 1 000, bis 100 000 und über eine Million hinaus genutzt werden (Abschn. 3.7).
- Sie können in verschiedenen Zahlbereichen umgesetzt werden: natürliche Zahlen (Kap. 3), (Dezimal-)Brüche (Abschn. 6.4) und ganze Zahlen (vgl. z. B. Selter 2017, S. 32).
- Sie können untereinander gut vernetzt und somit auch in besonders heterogenen Lerngruppen genutzt werden (Abschn. 1.4).
- Die ordinalen Beziehungen treten in den Vordergrund der Betrachtungen.

2.3.1 Vom skalierten zum leeren Zahlenstrahl

Ein mögliches didaktisches Vorgehen zur Klärung der Struktur und der gemeinsamen Deutung des Zahlenstrahls kann bei der Nutzung *vollständig skalierter Zahlenstrahlen* ansetzen (Abb. 2.7 oben links). Im Laufe des Lernprozesses können dann immer weniger Beschriftungen und Markierungen vorgegeben werden. Ziel ist, dass auch an einem leeren Zahlenstrahl zwischen Zahlen und den entsprechenden Positionen sicher übersetzt und die Vorgehensweise gut begründet werden kann.

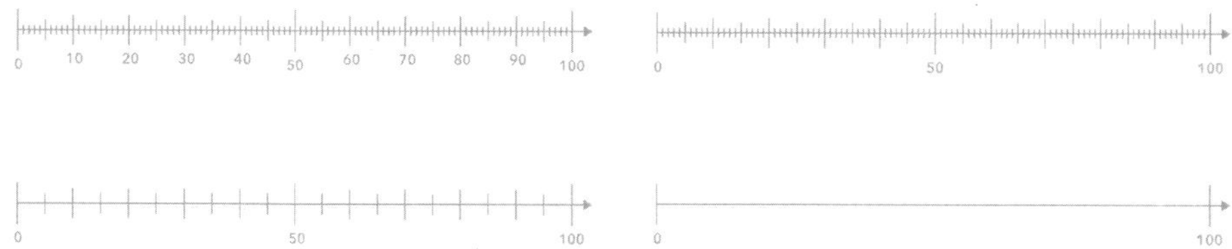

Abb. 2.7 Zahlenstrahlen mit verschiedener Skalierung und Beschriftung

Dabei genügt es nicht, ergebnisorientiert nur die Positionen den Zahlwörtern und -symbolen zuzuordnen (vgl. Abschn. 1.3). Vielmehr sollen Strategien des schnellen Findens von Positionen bzw. Zahlwörtern und Zahlsymbolen erarbeitet und diskutiert werden. Beispiele im Zahlenraum bis 100 (vgl. Abb. 2.8) sind in Tab. 2.1 dargestellt.

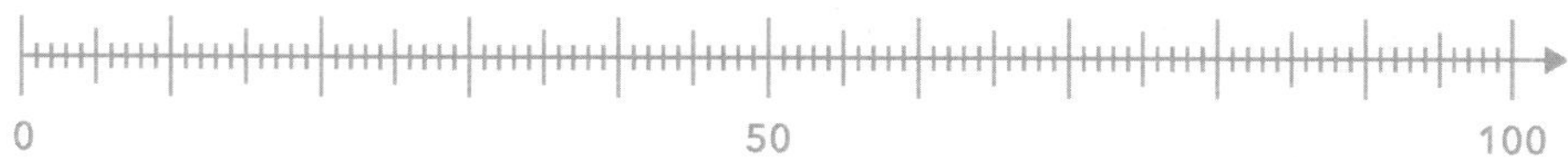

Abb. 2.8 Zahlenstrahl bis 100 für Zahldarstellung

Tab. 2.1 Impulse und mögliche Antworten zur Zahldarstellung am Zahlenstrahl (vgl. Abb. 2.8)

Beschreibe, wie du vorgehst, um 48 zu finden.	– Ich zähle 48 Einerschritte ab 0. – Ich zähle 4 Zehnerschritte und dann 8 Einerschritte. – Ich zähle 4 Zehnerschritte zu 40, springe zur 45 (erkennbar am längeren Strich) und dann noch 3 Einer. – Ich mache zwei Zwanzigersprünge, dann noch 5 und 3. – Ich springe zu 50 und gehe zwei Schritte zurück
Kannst du dein Vorgehen mit einer Rechenaufgabe beschreiben?	– $1+1+1+1+1\ldots$ – $10+10+10+10+1+1+1+1+1+1+1+1$ – $10+10+10+10+5+3$ – $20+20+5+3$ – $50-2$
Wie findest du die Nachbareiner und Nachbarzehner? Wie kann man sich das überlegen?	– Davor (links!) ist die … – Die benachbarten Zehnerstriche sind …
Ist die 48 näher bei 40 oder bei 50? Warum?	– Ein kurzer Sprung zur 50, ein längerer Sprung zur 40. – Nur ein Zweiersprung bis zur 50, aber ein Achtersprung bis zur 40 – Wird nur der Abschnitt zwischen 40 und 50 betrachtet, so ist 48 rechts von der Mitte.
Ist 48 näher bei 0 oder bei 100? Warum?	– Ein kürzerer Sprung zur 0, ein längerer Sprung zur 100. – Minus 48 bis zur 0, aber plus 52 bis zur 100 – Wird der Abschnitt zwischen 0 und 100 betrachtet, so ist 48 links von der Mitte (die bei der 50 ist).
Ist 48 näher bei 30 oder bei 60? Warum?	– Ein kurzer Sprung zur 60, ein längerer Sprung zur 30. – Bis zur 30 ein 18er-Sprung, aber ein 12er-Sprung bis zur 60. – Wird nur der Abschnitt zwischen 30 und 60 betrachtet, so ist 48 rechts von der Mitte.

Entsprechend zur Zahldarstellung können auch bei der Zahlauffassung die Prozesse in den Mittelpunkt gestellt werden. Diese werden am Beispiel des Zahlenstrahls von Abb. 2.9 in Tab. 2.2 beschrieben.

Abb. 2.9 Zahlenstrahl bis 100 mit Markierung zur Zahlauffassung

Tab. 2.2 Impulse und mögliche Antworten zur Zahlauffassung am Zahlenstrahl (vgl. Abb. 2.9)

Wie findest du heraus, welche Zahl markiert ist?	– Ich zähle alle Schritte ab 0 – Ich zähle die 8 Zehnerschritte und dann 8 Einerschritte – Ich springe zur 50, dann noch 3 Zehnerschritte (80), dann ein Fünfersprung (85) und noch 3 – Ich rechne 100 – 10 = 90 und dann noch 90 – 2 = 88
Welche Zahlen stehen an den benachbarten großen Strichen? Warum?	– Die 80 und 90, weil der nächste Zehner bei 88 die 90 ist. Die letzte Zehnerzahl vor 88 ist 80

Wenn Kinder sich über zwei bis drei Schuljahre darauf stützen können, dass jede Zahl am Zahlenstrahl einen sichtbaren Repräsentanten hat, diese Zahlenstrahlen also keine mental zu füllenden „Leerstellen“ haben, kann die Idee der Relationen in den Hintergrund treten. Doch diese Idee ist grundlegend für die Arbeit mit dem Zahlenstrahl (vgl. Abschn. 2.3.2, 2.5 und 3.7).

Sinnvoll scheinen daher eine schnelle Ablösung von komplett durchskalierten Zahlenstrahlen und eine Nutzung von Zahlenstrahlen, an denen nur noch wenige Bezugspunkte skaliert und beschriftet sind (z. B. Abb. 2.7 unten links und rechts).

Diese Ablösung fordert selbstverständlich verschiedene Vorkenntnisse:

1. Voraussetzung für das mentale Füllen ist die Einsicht, dass alle Zahlen eindeutige Positionen haben – auch wenn diese nicht immer sichtbar eingetragen sind.
2. Eine weitere Voraussetzung ist die Einsicht, dass alle Zahlen gleich weit voneinander entfernt sind. Die Bedeutung der Äquidistanz der Positionen der jeweiligen Einheiten kann dann auf Grundlage dieser Einsicht mit den Kindern erarbeitet bzw. vertieft werden (vgl. Abschn. 2.3.2).
3. Die Arbeit am (fast) leeren Zahlenstrahl kann erst gelingen, wenn die Schülerinnen und Schüler nicht nur in der Lage sind, den Zahlenstrahl mental zu füllen, sondern auch schon wenigstens ansatzweise über Strategien zum Finden und Benennen von Zahlen am Zahlenstrahl verfügen (vgl. Tab. 2.1).

2.3.2 Von der Sortierung zum Zahlenstrahl

Ein weiteres didaktisches Vorgehen zur Klärung der Struktur und der gemeinsamen Deutung des Zahlenstrahls kann mit der Nutzung eines *leeren Zahlenstrahls* ansetzen, an dem Zahlen einsortiert werden. Dieses Vorgehen knüpft an den von Schipper (2009, S. 163) formulierten didaktischen Dreischritt an:

1. Anknüpfen an Vorwissen
2. Ankerpunkte schaffen
3. Auffüllen des Zahlenraums

Als Einstieg in dieses didaktische Vorgehen ist das Ordnen von Zahlen denkbar: Den Kindern wird ein Satz Zahlenkarten zur Verfügung gestellt mit der Aufforderung, diese ihrer Größe nach zu sortieren (für ausführliche und differenzierende Unterrichtsvorschläge zu diesem Format vgl. pikas-mi.dzlm.de/423; Häsel-Weide et al. (2013); Wittmann und Müller (2017)).

Der Kartensatz kann dabei in kleinen Zahlenräumen noch vollständig sein, d. h., jede Zahl hat eine Karte. Auf diese Weise kann entdeckt, diskutiert und geklärt werden, dass jede natürliche Zahl genau einen Vorgänger und einen Nachfolger hat, dass jede Zahl einen Platz hat und dass für jede Zahl auch „Platz" gebraucht wird.

Besonders reichhaltig kann diese Aktivität dann werden, wenn der Kartensatz *nicht* vollständig ist, also *nicht* alle Zahlen geordnet werden sollen, sondern wenn Lücken bleiben, die mental oder erst nachträglich gefüllt werden.

Stopp – Aktivität!

Erstellen Sie sich Zahlenkarten der Zahlen 3, 5, 10, 20.

Legen Sie diese vor sich auf den Tisch entlang einer vorgestellten Zahlengerade.

Erstellen Sie eine neue Zahlenkarte mit einer 9.

Legen Sie die neue Karte zu den anderen – an die „passende Stelle".

Erstellen Sie eine neue Zahlenkarte mit einer 50.

Reicht Ihr Platz noch aus? Schieben Sie die bereits liegenden Karten zusammen? Ist Ihnen der Abstand egal, genügt es also, wenn die 50 rechts von der 20 liegt?

Wo müsste jetzt die Karte mit der 35 liegen? Warum? Beschreiben Sie Ihr Vorgehen.

Dieses konkrete oder gedankliche *Auffüllen* ist ein erster Schritt zu einer tragfähigen ordinalen Zahlvorstellung (Abschn. 3.7). Darüber hinaus legt das „Lückenlassen" eine kardinale Deutung nicht so sehr nahe wie andere Darstellungen, bei denen jeder Zahl auch genau ein sichtbarer Repräsentant zugeordnet wird – zum Beispiel der vollständig skalierte Zahlenstrahl, vor allem aber die sog. Hunderterkette (vgl. aber Höhtker und Selter 1995).

Eine spannende Aktivität ist in diesem Zusammenhang das „Dazwischenschieben". Auf diese Weise können die Kinder aus einer Sortierung der Größe nach erste Beobachtungen in Bezug auf Relationen zwischen Zahlen machen. In diesem Zusammenhang scheint es sinnvoll, diese *Beziehungen* auch im gemeinsamen Vokabular zu festigen: vor/nach/zwischen, links/rechts, genau in der Mitte von, weit/nah, weiter/näher, wie weit, Nachbarschaften, Schritte …

Weiterführende Aktivitäten können das Sortieren von Stufenzahlen sein (nur ganze Zehner, Hunderter, Tausender …) oder das Einordnen in festgelegte Ausschnitte, die nicht bei null beginnen (zum Beispiel 250 000 bis 300 000). Diese letzte Aktivität kann gut genutzt werden, um mit den Kindern zu diskutieren, ob ein Zahlenstrahl immer bei null anfangen muss: „Nein, denn ich brauche keine Null als Startzahl, um Zahlen in Beziehung zu setzen."

Während beim Ordnen und Sortieren von Zahlenkarten der *Spielraum* (vgl. Abschn. 1.7) noch sehr im Vordergrund steht, weil die Karten räumlich flexibel anzuordnen sind, kann eine Folgeaktivität im *Dokumentationsraum* das Beschriften von leeren Zahlenstrahlen sein. Hierbei wird den Kindern ein leerer Zahlenstrahl entweder gedruckt oder in Form eines schmalen Papierstreifens gegeben (vgl. z. B. König-Wienand 2003; Roos 2015). Wenn dieser nun beschriftet wird, sind die bereits notierten Zahlen räumlich nicht mehr flexibel: Es muss vorher bereits gewusst sein, wie vorgegangen wird.

Mögliche prozessorientierte Impulsfragen zu diesen Aktivitäten sind:

- Müssen die Zahlen immer den gleichen Abstand haben? Warum? Warum nicht?
- Wie groß ist der Abstand zwischen zwei Zahlen? Begründe.
- Wie weit liegen die 7 und die 10 auseinander? Begründe.
- Begründe, welche Zahl genau an diese Stelle gehört.
- Begründe, warum die 7, 70, 700, 7 000, 70 000 … genau an diese Stelle gehören.
- Wie bist du vorgegangen, um die Zahl einzuordnen?

Stopp – Aktivität!
Haben Sie Ihre Zahlenkarten noch? Legen Sie sie noch einmal entlang Ihrer vorgestellten Zahlengeraden vor sich hin.

Erstellen Sie eine neue Karte mit 9,5 (neun Komma fünf).

Wo legen Sie sie hin? Warum?

Notieren Sie hinter jeder von Ihnen aufgeschriebenen Zahl eine Null (aus der 3 wird eine 30), außer bei der 9,5 – bei der streichen Sie das Komma weg.

Passt Ihre Sortierung jetzt immer noch? Passen die Abstände noch? Warum? Warum nicht?

Die vorige Aktivität zeigt, dass das Ordnen und Sortieren vorgegebener Zahlen entlang einer vorgestellten Zahlengeraden nicht nur im Bereich der natürlichen Zahlen sinnvoll sein kann, sondern auch im Bereich der rationalen Zahlen. Weitere Überlegungen sind in Abschn. 2.5 beschrieben.

2.4 Beziehungen und Operationen kardinal und ordinal deuten und verstehen

Die zugrunde liegende Zahlvorstellung wirkt sich auf die Interpretation der Beziehungen, der Rechenoperationen und auf die jeweiligen Bearbeitungsstrategien aus. Durch das Vokabular der Arbeitsaufträge werden entweder kardinale oder ordinale Vorstellungen naheliegend unterstützt (Tab. 2.3).

Tab. 2.3 Formulierungen, die eine kardinale oder ordinale Zahlvorstellung aktivieren

Gewünschte Antwort	Eher ordinale Betonung	Eher kardinale Betonung
642, 652, 662, 672	Zähle in Zehnerschritten ab 642	Zu 642 immer 10 dazu
862, 861, 860, 859 …	Zähle rückwärts ab 862	Von 862 immer eins wegnehmen
741 und 743	Nachbarzahlen/Vorgänger und Nachfolger von 742	Zu 742 eins dazu und eins weg
340 und 350	Nachbarzehner von 342	Bei 342 werden alle Einer weggenommen bzw. zum nächsten Zehner aufgefüllt.
Zahlvergleich 745 und 754	Welche Zahl ist größer? Welche Zahl ist weiter rechts?	Was ist mehr: 745 oder 754?
+ 6	6 weiter	6 dazulegen
− 5	5 zurück	5 wegnehmen
401 − 398 (Differenz)	Wie weit von 398 bis 401?	Wie viel Unterschied zwischen 398 und 401?
$7 \cdot 3$	Sieben Dreiergruppen	Sieben Dreiersprünge
21 : 7	21 in Siebenergruppen aufteilen	Von der 21 in Siebenersprüngen bis zur Null

Die Art der Betonung des Zahlaspekts legt auch das eingesetzte Modell bzw. Arbeitsmittel fest. Wenn die Frage unter dem kardinalen Aspekt gestellt wird, sollte kein Arbeitsmittel eingesetzt werden, das die ordinale Grundvorstellung unterstützt.

Subtrahieren als Wegnehmen wird an kardinalen Veranschaulichungen gezeigt, indem der Minuend als Menge von Objekten betrachtet wird und der Subtrahend als die Anzahl der Objekte, die entfernt werden. Die Restmenge gibt das Ergebnis an.

Die ordinale Entsprechung ist ein Zurückspringen: Der Minuend ist die Startposition, von der aus so weit zurückgesprungen wird, wie es der Subtrahend angibt. Die Zielposition gibt das Ergebnis an (vgl. Abb. 2.10).

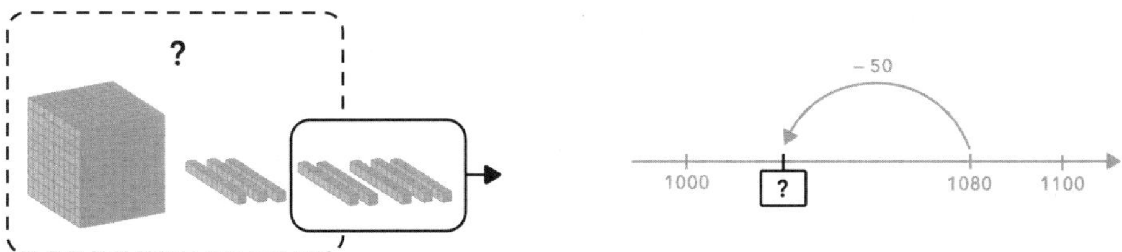

Abb. 2.10 Die Aufgabe 1 080 – 50 kardinal durch Wegnehmen (links) und ordinal durch Zurückspringen (rechts) dargestellt

Das Subtrahieren als *Bestimmung der Differenz* lässt ebenfalls eine kardinale und ordinale Vorgehensweise zu: Unter dem kardinalen Zahlaspekt werden zwei Mengen verglichen, indem sie zum Beispiel nebeneinandergelegt werden. Der Unterschied ist sichtbar, wenn die gemeinsamen Objekte beider Mengen weggenommen oder die Objekte, die bei der größeren Menge mehr sind, als Ergebnis betrachtet werden. Ordinal kann der Unterschied als Abstand gedeutet werden, der angibt, wie weit eine Position von der anderen entfernt ist (vgl. Abb. 2.11).

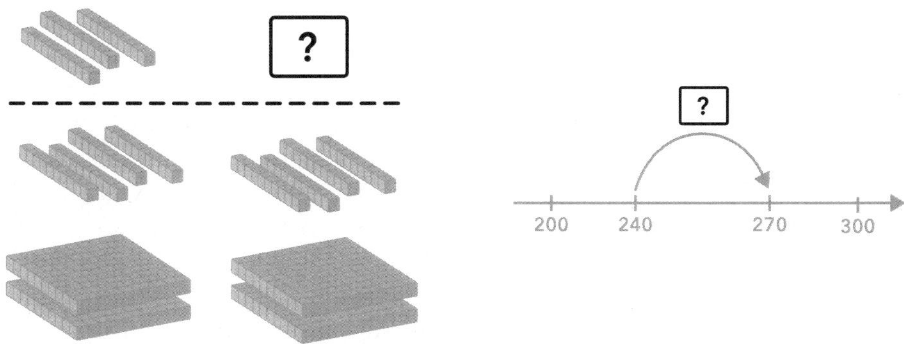

Abb. 2.11 270 – 240 kardinal (als Unterschied) und ordinal (als Abstand) dargestellt

Vorsicht ist geboten bei der Unterschiedsbestimmung an eher ordinalen Darstellungen. Hier spielen vor allem zwei Aspekte bei angemessener Nutzung eine Rolle:

- die Entscheidung, ob das Arbeitsmittel kardinal oder ordinal genutzt und interpretiert wird. In Abschn. 2.2 wurde gezeigt, dass kaum eine Darstellung *nur* kardinal oder *nur* ordinal zu lesen ist.
- das Wissen um die Bedeutung der unterschiedlichen Strukturierungselemente, in diesem Fall: Wofür stehen die Felder des Tausenderbuchs? Was bedeutet „ein Strich" am Zahlenstrahl, was ein Abstand?

Beide Aspekte können zum Beispiel anhand von (Fehl-)Lösungen der Aufgabe 538 – 535 über eine unterschiedsbestimmende Strategie am Tausenderbuch oder am Zahlenstrahl thematisiert werden (Abb. 2.12).

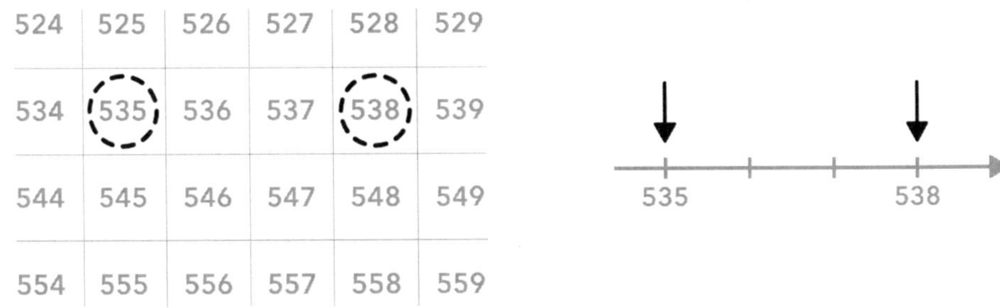

Abb. 2.12 535 und 538 im Tausenderbuch (links) und am Zahlenstrahl (rechts) markiert

Bei den naheliegenderweise ordinal zu interpretierenden Arbeitsmitteln Tausenderbuch und Zahlenstrahl sind 535 und 538 markiert. Um den Unterschied zwischen den beiden Zahlen bzw. deren Abstand zu bestimmen, gibt es verschiedene Lösungsansätze:

In Abb. 2.12 könnte die Differenz zwischen 535 und 538 in der Zwei gesehen werden: Es sind zwei (kardinale) Felder oder Striche zwischen den (ordinalen) Positionen 535 und 538. Ein weiterer Ansatz ist, *alle* Positionen von 535 und 538 zu bestimmen: 535, 536, 537, 538 sind vier Striche bzw. vier Felder. Das Ergebnis ist aber weder 2 noch 4.

Ein günstigeres Vorgehen wäre das Bestimmen des Abstands über ein „Gehen von Schritten" – ein eher ordinales Vorgehen. Dieses Gehen in Schritten eignet sich sowohl im Tausenderbuch als auch am Zahlenstrahl: In beiden Darstellungen wird bei der Ausgangszahl gestartet und die zu ermittelnde Differenz ist dann die Anzahl der benötigten Schritte zur Zielzahl – also drei. Am Zahlenstrahl ist die Anzahl dieser Schritte darüber hinaus auch noch zu sehen, nämlich anhand der Abstände zwischen den Skalierungsstrichen.

Im Kontext von unterschiedsbestimmenden Aufgaben an verschiedenen Darstellungen sollte mit den Schülerinnen und Schülern eine Diskussion darüber angeregt werden, welche Fragestellungen wie aufgefasst werden können, zum Beispiel: „Wie groß ist der Unterschied?" „Wie viel ist dazwischen?" „Wie weit der Abstand?" „Wie weit muss gesprungen werden?" „Wie viel muss gewürfelt werden, um vom 535 nach 538 zu gelangen?" Ob eine Fragestellung irre- oder zielführend ist, hängt in großem Maße auch von der gemeinsam im Unterricht genutzten und vereinbarten Sprache ab (Bauersfeld 2002; Tiedemann 2019).

Exkurs: Kritisch-konstruktive Fragen an das Tausenderbuch und seinen strukturellen Aufbau

- Welche Zahl ist näher an der 100: die 80 oder die 91?
- Liegen die Zahlen 601 und 598 nahe beieinander?
- Warum ist die Zahl 444 auf der 5. Seite in der 5. Zeile, aber der 4. Spalte?
- Warum steht die 10 in der ersten Zeile und die 100 auf der ersten Seite?
- Anders formuliert: Warum sind in der ersten Zeile (fast nur) Zahlen mit 0 Zehnern, aber in der ersten Spalte die Zahlen mit 1 Einern?
- Warum hat ein „Zehnersprung" die gleiche Länge wie ein „Einersprung"?
- Warum können Einersprünge unterschiedlich lang sein? Von der 117 zur 118 ist es kürzer als von der 140 zur 141 und erst recht kürzer als von der 400 zur 401.

Nicht nur bei der Auswahl des Arbeitsmittels, sondern auch bei der Sprechweise sollte seitens der Lehrperson einerseits sorgfältig darauf geachtet werden, dass die Zahlaspekte nicht vermischt werden. Andererseits sollten verschiedene Sprechweisen auch immer Gegenstand des Unterrichts sein, um alle Beteiligten für mögliche Bedeutungsunterschiede zu sensibilisieren.

Stopp – Aktivität!

Berichtigen Sie folgende Arbeitsaufträge, indem Sie jeweils eine angemessenere kardinale und ordinale Sprechweise angeben.

„Wenn du von 184 fünf wegnimmst, wo bist du dann?"

„Wenn du ab 175 einen Sechsersprung machst, wie viele hast du dann?"

Weitere Konkretisierungen der kardinalen und ordinalen Verwendung von Arbeitsmitteln und Modellen werden in den inhaltlichen Beschreibungen zu den großen Zahlen (Kap. 3) und den Rechenoperationen (Kap. 4 und 5) sowie bei Brüchen (Kap. 6) vorgestellt.

2.5 Zusammenfassung und Ausblick

Zahlen und Operationen können sowohl kardinal als auch ordinal aufgefasst, dargestellt und vorgestellt werden. Dies gilt nicht nur für den Bereich der natürlichen Zahlen und auch nicht nur für den Zahlenraum bis 100: Kardinale und ordinale Vorstellungen und Darstellungen sind weit über den Zahlenraum bis 100 hinaus relevant und auch für den Bereich der (Dezimal-)Brüche.

Kardinale Darstellungen und mentale Modelle

Kardinale Zahldarstellungen und -vorstellungen im Zahlenraum bis weit über 100 hinaus werden im folgenden Kap. 3 ausführlich vorgestellt. Schon an dieser Stelle sei darauf verwiesen, dass hierbei das Prinzip der fortgesetzten Bündelung grundlegend ist für das Verstehen, das Benennen sowie das Aufschreiben und Lesen von Zahlen. Das Prinzip der fortgesetzten Bündelung ist dabei eng an die kardinale Zahlvorstellung gekoppelt, denn hier werden Mengen gebündelt, diese Bündel erneut gebündelt und so weiter – mit anderen Worten: Das Stellenwertsystem fußt auf der Vorstellung von Zahlen als Anzahlangabe von Mengen. Daher ist es nicht verwunderlich, dass zwei Repräsentanten, mit denen gut über Zahlen im Zusammenhang mit ihren jeweiligen Stellenwerten kommuniziert werden kann, den kardinalen Zahlaspekt betonen: das Zehnersystem-Material und die Stellenwerttafel (vgl. Abschn. 2.2). In beiden Darstellungen geht es um die Mächtigkeit der Bündel des entsprechenden Stellenwerts und um deren Anzahl (vgl. Abschn. 3.4 und 3.5).

Da auch Dezimalbrüche im Stellenwertsystem notiert werden, ist hier ebenfalls der kardinale Zahlaspekt grundlegend: Durch fortgesetzte Entbündelungsprozesse können aus Einern Zehntel werden, aus diesen Zehnteln werden Hundertstel und so fort; und auch beim Aufschreiben von Dezimalbrüchen wird die Anzahl der entsprechenden Stellenwerte notiert (vgl. Abschn. 6.3.2). Geeignete Darstellungen sind hier immer noch das Zehnersystem-Material – nun in seiner mentalen Erweiterung um Zehntel, Hundertstel usw. – und die Stellenwerttafel, die um Stellenwerte kleiner als 1 nach rechts erweitert werden kann (vgl. Abschn. 3.8). Ein anderes Arbeitsmittel, mit dem die Stellenwerte im Zusammenhang mit Dezimalbrüchen geklärt werden können, ist der sogenannte *Decimat* (vgl. Roche 2010). Hier werden Rechtecke wiederholt gezehntelt und auf diese Weise entsteht eine flächige Darstellung, anhand derer ein Ganzes, Zehntel, Hundertstel usw. in Beziehung gebracht werden können (für eine genauere Beschreibung vgl. auch Padberg und Wartha 2017, S. 177).

Auch die Anteilsvorstellung bei gemeinen Brüchen kann als Weiterführung des kardinalen Aspekts verstanden werden: Auch hier bestimmt die Anzahl gegebener Objekte den Wert einer Zahl, die gegebenen Objekte sind in diesem Fall die zuvor hergestellten bzw. vorgestellten Anteile (Abschn. 6.3), die Frage nach der Zahl lautet auch hier „Wie viele?“ – gefragt wird nun nach den Anteilen, zum Beispiel drei Viertel.

Ordinale Darstellungen und mentale Modelle

Es wird davon ausgegangen, dass ordinale Zahlvorstellungen unser Denken über Zahlen in besonderer Weise beeinflussen, dass wir Zahlen entlang eines mentalen Zahlenstrahls denken (vgl. z. B. Dehaene 1999, S. 98 f.). Eine geeignete Darstellung, um gemeinsam über die lineare Anordnung von Zahlen und über Beziehungen zwischen Zahlen zu kommunizieren, ist der Zahlenstrahl – mit oder ohne Skalierung (vgl. Abschn. 2.3 und 3.7). Seine besonderen Potenziale als Arbeitsmittel über mehrere Schulstufen hinweg sind sein hoher Abstraktionsgrad und seine Flexibilität in Bezug auf Zahlenräume, Zahlbereiche und Aufgabenstellungen.

Zunächst einmal erlaubt es die Struktur des Zahlenstrahls, dass nicht mehr alle Repräsentanten sichtbar vorhanden sein müssen. Im Einzelnen bedeutet dies, dass eine vollständige Skalierung zum Darstellen und Auffassen von Zahlen nicht mehr notwendig ist – tatsächlich reichen wenige Bezugspunkte aus (vgl. Abschn. 2.3.2). Es bedeutet auch, dass der Zahlenstrahl nicht bei 0 (bzw. 1) beginnen muss und dass an ihm beliebig große Zahlen darstellbar und ablesbar sind.

Ein weiteres Potenzial ist, dass durch die Arbeit mit dem Zahlenstrahl das relationale Zahlverständnis gestärkt werden kann (Abschn. 3.2). Dies bedeutet, dass bei der Arbeit mit dem Zahlenstrahl die Zahlen in Beziehung zu anderen Zahlen gedacht werden müssen, vor allem dann, wenn keine vollständige Skalierung mehr gegeben ist. Doch auch mit einer vollständigen Skalierung können Zahlbeziehungen in den Blick genommen werden (Abschn. 2.3.1).

Ein letztes hier zu nennendes Potenzial ist ein unterrichtspraktisches: Zahlenstrahlen sind schnell und leicht zu skizzieren, und zwar in jedem Zahlenraum und insbesondere auch im Bereich der natürlichen, der ganzen und der rationalen Zahlen.

Neben diesen Potenzialen birgt die Arbeit mit und am Zahlenstrahl jedoch auch besondere Herausforderungen, denn die gerade beschriebenen Potenziale können auch eine mögliche Hürde beim Umgang mit dem Zahlenstrahl sein. Der Zahlenstrahl verlangt die selbstständige Konstruktion und Deutung von Zahlen und Zahlbeziehungen – Inhalte, die er eigentlich zu erschließen helfen soll (vgl. z. B. Lorenz 2008, S. 11; Selter 1994, S. 84).

Dass die angemessene Deutung des Zahlenstrahls nicht voraussetzungslos ist und vielen Lernenden noch Probleme bereitet, konnte im Rahmen der Normierung des Online-Diagnoseverfahrens *ILeA plus* gezeigt werden (Schulz et al. 2019; Wartha et al. 2019). Hierbei wurden im Rahmen der Normierung unter anderem Lernende am Übergang Primar- zu Sekundarstufe aufgefordert, Zahlen am Zahlenstrahl aufzufassen. In Abb. 2.13 sind zwei Aufgaben dargestellt, die zu Beginn der Jahrgangsstufen 5 (links) sowie 6 und 7 (rechts) gestellt wurden.

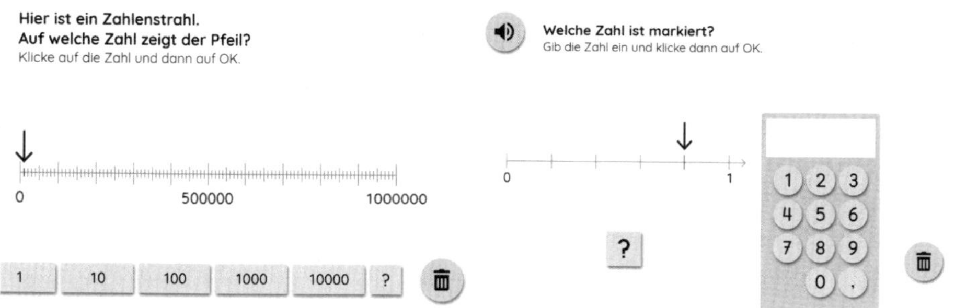

Abb. 2.13 Zahlauffassung am Zahlenstrahl bei *ILeA plus* Stufe C (links) und Stufe D (rechts). (© ILeA plus, LISUM 2019)

Beide Aufgaben können gelöst werden, indem die Skalierung des Zahlenstrahls bestimmt wird. Bei der Aufgabe zu natürlichen Zahlen können die Zusammenhänge zwischen den gegebenen Skalierungsstrichen zum Beispiel über das Stellenwertsystem hergestellt werden: Ein großer Markierungsstrich steht für den zehnten Teil der 1 000 000, also für 100 000. Die gefragte Markierung steht wiederum für den zehnten Teil, also 10 000. Bei der Aufgabe zur Dezimalzahl wurde der Abstand von 0 bis 1 nicht in zehn gleichgroße Zehntelabschnitte geteilt, sondern in fünf Abschnitte. Daher steht die erste Markierung für 2 Zehntel (bzw. 1 Fünftel) und die gefragte für das Vierfache, also 8 Zehntel (bzw. 4 Fünftel). Diese müssen als 0,8 eingegeben werden.

In Tab. 2.4 sind die Häufigkeiten richtiger Bearbeitungen sowie der häufigsten falschen Bearbeitung dargestellt.

Tab. 2.4 Häufigkeiten bei der Zahlauffassung am Zahlenstrahl

	Anfang Jgst. 5	Anfang Jgst. 6/7
Richtige Lösung	[10 000] 34 %	[0,8] 42 %
Häufigste falsche Lösung	[1] 30 %	[0,4] 16 %
N	3 032	939

Die Daten zeigen, dass der Zahlenstrahl als zentrales Arbeitsmittel weder in Bezug auf natürliche Zahlen noch in Bezug auf Dezimalbrüche von der Mehrheit der Befragten sicher genutzt werden kann. Auffällig ist, dass sowohl im Multiple-Choice-Format als auch bei der offenen Eingabe der häufigste Fehler darin besteht, dass ein Strich als 1 bzw. 0,1 ohne korrekte Bezugnahme auf die größte eingetragene Zahl gedeutet wird. Da der Zahlenstrahl für weitere Inhalte der Sekundarstufe (Darstellung rationaler Zahlen, Verwendung in Koordinatensystemen und zur Darstellung von Funktionsgraphen) eine zentrale Rolle spielt, kann das sehr problematisch gewertet werden.

Konstruktiv formuliert: Eine ausführliche Thematisierung des Aufbaus unseres Zahlsystems und der Arbeitsmittel, an denen die Zahleigenschaften und -zusammenhänge dargestellt und kommuniziert werden, ist gerade am Übergang angebracht und sinnvoll. In Bezug auf den Zahlenstrahl kann insbesondere der Zugang über das Sortieren und Ordnen vorgegebener Zahlen entlang einer mental vorgestellten Zahlengerade zielführend sein. Dieser Zugang empfiehlt sich insbesondere auch für die Erarbeitung einer ordinalen Vorstellung von (Dezimal-)Brüchen. Eine mögliche Aktivität kann hier das „Dazwischenschieben" sein: Wenn beispielsweise die Zahlen 14 und 16 gegeben sind, wird überlegt und begründet, an welchen Stellen die Zahlen 15, 15,5 und 15,057 verortet werden (vgl. Abschn. 2.3.2). Durch diese Aktivität bieten sich zahlreiche produktive Diskussionsanlässe, dass Zahlen beliebig dicht beieinanderliegen können und dass es – anders als bei den natürlichen Zahlen – keinen Vorgänger und keinen Nachfolger geben kann. Ein weiteres Lernziel, das am Zahlenstrahl erarbeitet werden muss, ist die Berücksichtigung der gegebenen Einheit (vgl. Abschn. 6.4).

In Tab. 2.5 ist eine Übersicht gegeben über eine Auswahl von eher kardinalen und eher ordinalen Darstellungen und in welchen Zahlenräumen und Zahlbereichen sie genutzt werden können. Wie in Abschn. 2.2 bereits diskutiert, ist die Zuordnung, ob eine Darstellung ordinal oder kardinal gedeutet wird, nicht immer eindeutig. Die folgende Tabelle ist daher vor allem als strukturierter Überblick zu verstehen.

Tab. 2.5 Kardinale und ordinale Darstellungen am Übergang von Primar- zu Sekundarstufe

	Natürliche Zahlen bis 100	Natürliche Zahlen über 100	Dezimalbrüche	Gemeine Brüche
Eher kardinale Darstellungen	Rechenrahmen, Zehnersystem-Material, Punktefeld	Zehnersystem-Material, Punktefeld, Rechteckmodell	Zehnersystem-Material, Decimat, Rechteckmodell	Flächige Darstellungen, vor allem Rechteckdarstellungen
Eher ordinale Darstellungen	Zahlenstrahl, Rechenstrich, Rechenkette, Hundertertafel	Zahlenstrahl, Rechenstrich, Tausenderbuch, Millionenbuch	Zahlenstrahl, Rechenstrich	Zahlenstrahl, Rechenstrich

In den folgenden Kapiteln wird dargestellt, wie Schülerinnen und Schüler Grundvorstellungen zu Zahlen (große Zahlen in Kap. 3, (Dezimal-)Brüche in Kap. 6) und zu Operationen und Rechenstrategien (Addition und Subtraktion in Kap. 4 und Abschn. 6.8, Multiplikation und Division in Kap. 5 und Abschn. 6.9) aufbauen und wie sie dabei unterstützt werden können – und auch hier wird Bezug genommen auf die grundlegenden kardinalen und ordinalen Darstellungen und Vorstellungen.

Große Zahlen

3

3.1 Grundvorstellungen zu „großen" Zahlen

Was genau „große Zahlen" sind, ist eine eher subjektive Einschätzung. Für einen Vierjährigen ist möglicherweise eine Menge von 20 Plättchen schon unüberschaubar groß, und auch die gesprochene Zahl „Zwanzig" kann von ihm mit „sehr, sehr viel" assoziiert werden. Für ein Kind im dritten, fünften, siebten Schuljahr ist das hoffentlich nicht mehr so. Im Folgenden wird dargestellt, was Kinder (und Erwachsene) verstanden haben und wissen sollten, damit sie große Zahlen nutzen und mit ihnen umgehen können. Es wird diskutiert, welche Kompetenzen nötig sind, um im Alltag bei der Auseinandersetzung mit großen Zahlen eine fundierte und kritische Haltung einnehmen zu können, zum Beispiel beim Auftreten großer Zahlen in der Presse, auf dem Konto, bei Anschaffungen … (Grassmann und Fritzlar 2012, S. 4).

Stopp – Aktivität!
Nennen Sie eine große Zahl.

Beschreiben Sie: Warum ist das für Sie eine große Zahl?
Wie würden Sie jemand anderem die Zahl erklären oder sie veranschaulichen?
Lesen Sie folgende Zahl laut: 3 014 237.
Ist das für Sie eine große Zahl? Warum? Warum nicht?
Wie würden Sie jemand anderem die Zahl erklären oder sie veranschaulichen?

© Der/die Autor(en), exklusiv lizenziert durch Springer-Verlag GmbH, DE, ein Teil von Springer Nature 2021

A. Schulz und S. Wartha, *Zahlen und Operationen am Übergang Primar-/Sekundarstufe,* Mathematik Primarstufe und Sekundarstufe I + II,
https://doi.org/10.1007/978-3-662-62096-0_3

Tab. 3.1 „Nenne mir eine große Zahl." Prozess- und produktorientierte Deutung

Große Zahl	Begründung	Erklärung	Individuelle Deutung
Zweitausend	„Weil sie erst nach eintausend-neunhundert-neunundneunzig Zahlen kommt."	„Weil das dauert, bis man das alles fertig gezählt hat."	Ordinale Vorstellung: Vorgänger/Nachfolger Bezug zu einem Größenbereich (hier Zeit)
Fünfmillionen-sechshundert-siebenundneunzig	„Weil es viele Stellen hat."	„Ich würde eine Zahl nehmen, die das andere Kind kennt – zum Beispiel die Zehn –, und ihm dann erklären, wie oft diese Zehn in die Zahl reinpasst. Also *ganz* oft."	Stellen der geschriebenen Zahl Relation zu einer bekannten Zahl (hier Stufenzahl 10)
Zwei Millionen	„Weil es mit ganz vielen Zahlen geschrieben wird, ich glaube neun?"	„Weiß nicht…, aber Tausendfünfhundert ist auch eine große Zahl, weil die auch mit vielen Zahlen geschrieben wird."	Ziffern der geschriebenen Zahl
Sechshundertachtzig	„Die ist größer als hundert oder zweihundert."	„Ich würd' die aufschreiben", notiert die Zahl 680, „die ist halt größer als hundert."	Größer/Kleiner-Beziehung
Zehn	„Weil eins ist ein Finger, zwei sind zwei Finger und zehn sind alle Finger." *„Kennst du noch andere große Zahlen?"* „Zwanzig, weil zwei mal zehn zwanzig ist." *„Und noch andere große Zahlen?"* „Hundert, weil das fünfzig plus fünfzig ist, und weil fünfzig ist ja auch eine große Zahl, und bis hundert brauchst du zwei Fünfziger."		Orientierung an Repräsentanten (hier: Finger) Relationen zwischen Zahlen (hier Verdopplung/Halbierung) Relativität von großen Zahlen (es gibt immer größere Zahlen)

Verschiedene Kinder wurden gebeten, eine „große Zahl“ zu nennen und im Folgenden auch zu erklären, warum sie diese für eine große Zahl halten. Dann wurden die Kinder aufgefordert zu versuchen, diese große Zahl einem anderen Kind zu erklären (Tab. 3.1). Bei der Analyse der jeweiligen Begründungen und Erklärungen können individuelle Deutungen „großer Zahlen“ identifiziert werden (Audiodateien der Interviews unter www.pikas-mi.dzlm.de/430).

Zunächst wird an diesen Beispielen in Tab. 3.1 deutlich, dass *nicht* die Produkte der ersten Aufgabenstellung („Nenne mir eine große Zahl“), sondern die prozessbezogenen Äußerungen zur zweiten Aufgabenstellung („Warum? Erkläre es mal einem anderen Kind.“) auf die Vorstellung zu großen Zahlen schließen lassen. Darüber hinaus werden verschiedene individuelle Deutungsweisen sichtbar, die beispielhaft auf Merkmale einer tragfähigen Vorstellung großer Zahlen hindeuten können.

Von einem tragfähigen Verständnis großer Zahlen wird ausgegangen, wenn …

- Zahlen in Beziehungen zu anderen Zahlen gedeutet werden – ordinal und kardinal (Kap. 2),
- diese Beziehungen multiplikativ oder additiv sind – und nicht nur Größer/Kleiner- oder Vorgänger/Nachfolger-Relationen,
- dabei Überlegungen zur Proportionalität grundlegend für die Deutung sind,
- dabei bekannte und bereits vernetzte anschauliche Bezugsgrößen genutzt werden können,
- die Zahlen aber gleichzeitig nicht mehr anschauungsgebunden gedeutet werden *müssen,*
- die Relativität der Größe einer Zahl berücksichtigt wird und
- das Stellenwertsystem als Grundlage der Deutung genutzt wird (ausführlich hierzu Abschn. 3.3; vgl. auch z. B. Schipper 2009; Grassmann 2012; Ruwisch 2015a, b).

Auf *kein* tragfähiges Verständnis großer Zahlen kann geschlossen werden, wenn …

- sich ausschließlich an Oberflächenmerkmalen orientiert wird („Die Zahl hat viele Ziffern …“ oder „Irgendwas mit Milliarde ist immer groß …“),
- nur unvernetztes, vereinzeltes Faktenwissen in Bezug auf Größen oder Mengen aufrufbar ist („Im Jahr 2017 betrug das Bruttoinlandsprodukt der BRD 3,26 Billionen Euro.“).

3.2 Aufbau von Grundvorstellungen zu „großen“ Zahlen

Am letzten Beispiel in Tab. 3.1 wird der Weg von einem *direkten* zu einem *relationalen* Zahlverständnis (Ruwisch 2015a, S. 40) deutlich – in einem Gespräch von nicht einmal einer Minute Länge. Zunächst orientiert sich das Kind Leni an konkreten

Repräsentanten, seinen Fingern (direktes Zahlverständnis). Bereits die zweite große Zahl ist etwas weniger anschauungsgebunden, könnte aber noch auf die Anschauung zurückgeführt werden: Die *Anzahl* der Finger wird verdoppelt, nicht mehr die vorgestellten Finger selbst. Die dritte große Zahl hat keinen anschaulichen Bezug mehr. Stattdessen nutzt Leni nun Beziehungen zwischen Zahlen (relationales Zahlverständnis). Dieses Beispiel zeigt im Kleinen, wie die Entwicklung einer tragfähigen Zahlvorstellung funktionieren kann.

Auch ein didaktisches Vorgehen kann sich an diesen Aspekten orientieren (Ruwisch 2015a):

1. direkte bzw. unmittelbare Zahlvorstellung: Orientierung an konkreten Repräsentanten,
2. indirekte bzw. mittelbare Zahlvorstellung: schrittweise Ablösung von den Repräsentanten und mentale Nutzung der Repräsentanten,
3. relationale Zahlvorstellung: Zahlbeziehungen stehen im Vordergrund – auch unabhängig von Repräsentanten.

Diese Entwicklung ist selbstverständlich keine Einbahnstraße, stattdessen spielen alle drei Aspekte bei der Entwicklung immer eine Rolle. Ein tragfähiges Zahlverständnis wird dann unterstellt, wenn alle drei Vorstellungen gleichzeitig bzw. vernetzt genutzt werden können.

Hierbei gelten diese Merkmale eines tragfähigen Zahlverständnisses unabhängig vom Zahlenraum, in dem gearbeitet wird.

Um Zahlen zu verstehen, werden daher zunächst auch *vorstellbare* Repräsentanten benötigt. In diesem Zusammenhang stellen sich dann die Fragen:

- Welche Mengen bzw. Größen sind konkret *vorstellbar* – und welche eher nicht?
- Woran liegt es, dass diese Mengen noch vorstellbar sind?
- Werden unvorstellbar große Repräsentanten dadurch automatisch unbrauchbar?

Stopp – Aktivität!

- Welche der Repräsentanten in Abb. 3.1 können Sie sich konkret vorstellen? Warum? Warum nicht? Begründen Sie.
- Versuchen Sie Vergleiche zu schaffen, um sich die Zahlen vorstellbar zu machen. Bei welchen Angaben funktioniert das für Sie, bei welchen nicht? Begründen Sie.

Im Zahlenraum bis 10, bis 20, bis 100 oder bis 1 000 wird wie selbstverständlich mit *kardinalen Repräsentanten* wie Plättchen, Rechenrahmen, Zehnersystem-Material (auch Mehrsystem-Blöcke oder Dienes-Material genannt), Punktefeldern etc. gearbeitet. Zur besonderen Rolle von *ordinalen Repräsentanten* siehe Kap. 2. Bereits in diesen Zahlen-

1. In Büchern und Zeitschriften findest du Angaben mit großen Zahlen.
Trage die Zahlen in eine Stellenwerttafel ein und lies sie.

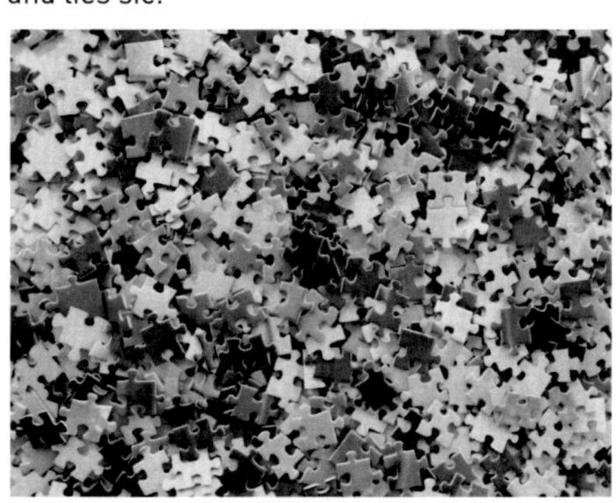

(1) Eines der größten Puzzle der Welt, das man kaufen kann, besteht aus 18 240 Teilen.

(2) Im Schuljahr 2009/2010 besuchten 2 149 505 Schülerinnen und Schüler allgemeinbildende Schulen in Nordrhein-Westfalen.

(3) Ende 2008 hatte Nordrhein-Westfalen 17 933 064 Einwohner.

(4) In Deutschland lebten Ende 2008 insgesamt 82 002 356 Einwohner.

(5) Zu unserer Milchstraße gehören etwa 300 000 000 000 Sterne.

(6) Im September 2008 hatten die Bürger der Bundesrepublik Deutschland etwa 507 054 000 000 € auf Sparkonten.

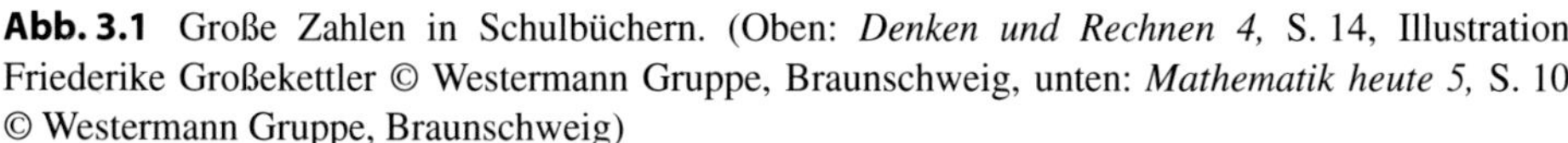

Abb. 3.1 Große Zahlen in Schulbüchern. (Oben: *Denken und Rechnen 4,* S. 14, Illustration Friederike Großekettler © Westermann Gruppe, Braunschweig, unten: *Mathematik heute 5,* S. 10 © Westermann Gruppe, Braunschweig)

räumen sind diese Repräsentanten dann besonders wirksam für das Lernen und Weiterlernen, wenn deren Elemente so strukturiert sind, dass Strukturen und Zusammenhänge des Zahlenraums auch am Material nachvollziehbar sein können.

Einige Beispiele sind:

- Immer zehn Elemente in einer Reihe → Grundlage unseres dekadischen Stellenwertsystems
- Farbwechsel nach fünf Elementen → 5 als Hälfte von 10
- Hundert Elemente → 100 als zweite Bündelungseinheit unseres Stellenwertsystems
- Farbwechsel nach fünfzig Elementen → 50 als Hälfte von 100

Diese Zusammenhänge und Strukturen sind jedoch für viele Schülerinnen und Schüler nicht selbsterklärend – weder an den konkreten Repräsentanten noch auf der Ebene der symbolisch dargestellten Zahlen. Das Klären und Besprechen dieser sichtbaren Strukturen und ihrer Zusammenhänge ist daher Aufgabe der Lehrkraft (Schulz und Wartha 2011). Besonderer Wert sollte dabei auf die Übersetzung *zwischen* den Darstellungsebenen gelegt werden (vgl. Abb. 3.2). Wesentlich ist, dass hierbei die strukturellen Merkmale in allen Darstellungsebenen erkannt, diskutiert, verknüpft und genutzt werden können.

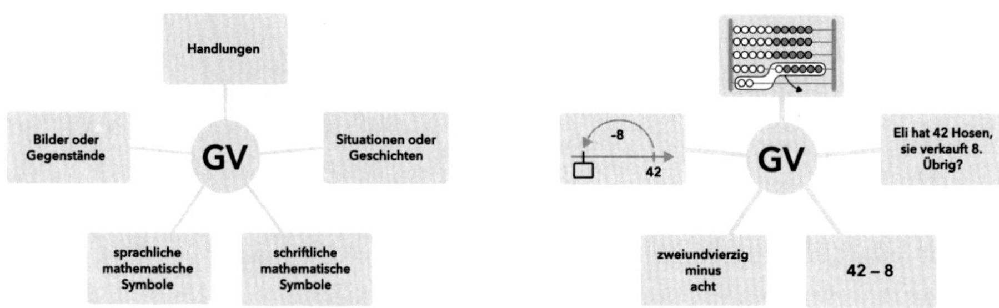

Abb. 3.2 Grundvorstellungen ermöglichen Darstellungswechsel

Gegenüber dem Zahlenraum bis 100 bzw. 1 000 ändert sich bei größeren Zahlen nun vor allem Folgendes: Je größer die Zahlen sind, desto seltener finden sich visuell und auch gedanklich überschaubare und angemessen strukturierte (!) Repräsentationen, in denen die *Eins noch als Grundeinheit* erkennbar ist. Eine der wenigen Ausnahmen bietet dabei das Zehnersystem-Material bzw. seine mentale Fortsetzung (Abschn. 3.4).

Tatsächlich aber sind sehr große Zahlen irgendwann nicht mehr anschaulich vorstellbar, zumindest nicht mit Rückbezug auf die Eins. Dies ist ein weiterer Grund dafür, dass sich eine relationale Zahlvorstellung entwickeln soll, bei der der Bezug zur Eins nicht notwendigerweise hergestellt werden muss – wohl aber der Bezug zu anderen Einheiten. In den folgenden Kapiteln wird daher zunächst die Grundlage unserer symbolischen Zahldarstellung und somit auch unserer Zahlvorstellung geklärt: das Stellenwertsystem und dessen mögliche Repräsentanten.

Im Anschluss daran wird ein Arbeitsmittel zur ordinalen Zahldarstellung – der (leere) Zahlenstrahl – vorgestellt (Abschn. 3.7), mit der in besonderer Weise *Zahlbeziehungen* in den Blick genommen werden können und müssen (Söbbeke und Steenpaß 2014).

3.3 Kommunizieren über große Zahlen

Die Grundlage für die Kommunikation über große Zahlen ist das Stellenwertsystem. Daher sollten ihm und seiner Erarbeitung im Unterricht eine Schlüsselrolle zukommen (Abschn. 3.4).

Das Stellenwertsystem ist ein Notationssystem mit dem Zweck, Zahlen jeder Größe eindeutig darzustellen und leicht mit diesen Zahlen rechnen zu können. Dabei ist das Stellenwertsystem eher abstrakt und daher so effektiv.

Bei der Thematisierung des Stellenwertsystems begegnet den Schülerinnen und Schülern das erste Mal der grundlegende Gedanke, *dass die Position einer Ziffer an eine Funktion bzw. Operation geknüpft ist.* Dieses Konzept ist auch im weiteren Verlauf der Schulzeit weiter relevant, zum Beispiel bei den Brüchen („Was steht ‚oberhalb' des Bruchstrichs, was ‚unterhalb', was heißt das für die jeweiligen Zahleinträge und was heißt das für die Zahl selbst?").

Stopp – Aktivität!
Betrachten Sie die folgenden Zahlen. Erklären Sie: Was bedeuten die Fünfen jeweils? Was bedeuten die Nullen?

305	3 050	30 050	30 050 000	3 500

Die *Sprechweise* von Zahlen ist durch die Nutzung des Stellenwertsystems noch nicht festgelegt. Dies wird deutlich, wenn die verschiedenen Systeme der Zahlwortbildung in verschiedenen Sprachen verglichen werden. Obwohl in verschiedenen Sprachräumen die stellengerechte Notation von Zahlen üblich ist, unterscheiden sich die Regeln der Zahlwortbildung deutlich (Dahaene 1997; Schulz 2014). Im Zahlenraum über 1 000 werden auch im Deutschen Regelmäßigkeiten erkennbar (vgl. Abb. 3.3). Dabei führt die prinzipielle Möglichkeit, Zahlen beliebiger Größe im Stellenwertsystem zu notieren, das

Sprechen von Zahlen an seine Grenzen. Hier müssen nach jeder dritten Zehnerpotenz immer wieder neue Zahlworte „erfunden“ werden (Million, Trilliarde, Quinquillion …, vgl. Abb. 3.3), wobei auch diesem Vorgehen ein System zugrunde liegt (Flegg et al. 1985).

Einer	Zehn(er)	Hundert(er)	Tausend(er)
Tausender	Zehn-Tausend	Hundert-Tausend	Million
Millionen	Zehn Millionen	Hundert Millionen	Milliarde
Milliarden	Zehn Milliarden	Hundert Milliarden	Billion
Billionen	Zehn Billionen	Hundert Billionen	Billiarde
Billiarden	Zehn Billiarden	Hundert Billiarden	Trillion
Trillionen	Zehn Trillionen	Hundert Trillionen	Trilliarde
Trilliarde	...	...	Quadrillion
...			Quadrilliarde
			...

Abb. 3.3 Bildung der Zahlwörter im Deutschen

Stopp – Aktivität!

Lesen Sie folgenden Interviewausschnitt.

Überlegen Sie: Was kann Horst? Wobei kann er noch unterstützt werden?

I: Kannst du diese Zahl vorlesen?
Legt Horst eine Zahlenkarte vor: 3 014 237
H: Ich kann das auch nicht so gut lesen.
I: Wie spricht man das?
H: Sieben Stellen sind Millionen, oder?
I: Ja, sagt man.
H: Drei, Punkt, Null, Eins, Vier, Punkt, Zwei, Drei, Sieben.
Das könnten, drei Millionen… hundertvierzig…
I: Hundertvierzig?
H: Also einfach drei Millionen.
I: Sagen wir „gut drei Millionen“.

Von einem Verständnis des Stellenwertsystems kann ausgegangen werden, wenn eine flexible Einsicht in den Zusammenhang zwischen Zahlwort, Zahlzeichen und Menge vor dem Hintergrund der fortgesetzten Bündelung gegeben ist (Fromme 2016, S. 221; Fuson et al. 1997, 137 ff.; Wartha und Schulz 2011, S. 9).

Durch den kurzen Interviewausschnitt kann noch nicht gesagt werden, ob Horst weiß, wie viel drei Millionen sind, und auch nicht, ob er grundsätzlich versteht, wie groß der Unterschied zwischen 14 000 und 140 000 ist. Aber es kann gut erkannt werden, dass Horst noch nicht sicher bei der Übersetzung zwischen Zahlzeichen und Zahlwort ist.

Wie die Entwicklung des Stellenwertverständnisses unterstützt werden kann, wird in den folgenden beiden Kapiteln skizziert.

3.4 Fortgesetzte Bündelung

Das grundlegende Prinzip, das jedem Stellenwertsystem (auch dem dezimalen) zugrunde liegt, ist das der *fortgesetzten Bündelung* (Krauthausen 2018; Müller und Wittmann 1984; Padberg und Benz 2020). Hierbei wird eine beliebig große Menge fortschreitend gebündelt – im dezimalen Stellenwertsystem in Zehnerbündel. Der nichtgebündelte Rest wird notiert (Abschn. 3.5). Fortgesetzt bedeutet, dass auch die jeweils neu entstandenen gleichmächtigen Bündel nach der gleichen Regel zu Bündelungseinheiten höherer Ordnung zusammengefasst werden. Auf diese Weise entstehen die Stellenwerte: Einer, Zehner, Hunderter, Tausender usw.

Eine Idee zur Thematisierung der *fortgesetzten Bündelung* ist die folgende: „Wie viele Streichhölzer liegen hier? Ordnet die Streichhölzer so an, dass man gut sehen kann, wie viele es sind.“ Diese Aufgabe kann auch mit Steckwürfeln, Einerwürfelchen des Zehnersystem-Materials, Bohnen, Plättchen oder Büroklammern durchgeführt werden. Es eignen sich alle zähl- und bündelbaren Objekte (Abb. 3.4).

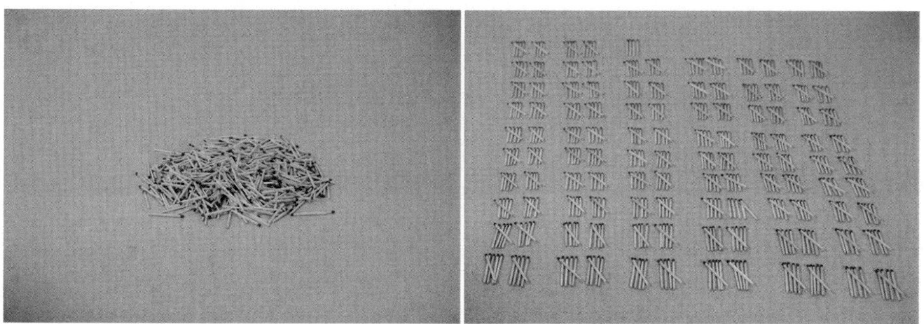

Abb. 3.4 Bündeln von Streichhölzern

Ein möglicher erster Schritt, diese unübersichtliche Menge zu strukturieren, ist das Zusammenfassen zu Zehnerbündeln (hier immer als Doppel-Fünf) – und dies wäre dann auch schon eine ideale Bündelung. In der Unterrichtspraxis zeigt sich aber häufig, dass auch Bündel anderer Größe gefunden werden (vgl. z. B. Schulz und Reinold 2017 und unten). Diese können dann Ausgangspunkte sein für Diskussionen, (1) warum es klug ist, die Bündel immer gleich groß zu machen, und (2) warum die Zehn eine praktikable Bündelungsgröße ist (Scherer und Moser Opitz 2010, S. 141).

Bei einer so großen Anzahl von Streichhölzern kann jedoch eine Zehnerbündelung immer noch unübersichtlich sein. In diesem Beispiel sind mehr als zehn Zehnerbündel entstanden. Nun werden immer zehn Zehnerbündel zu einem Hunderter gebündelt. Dies ist der nächste Schritt der fortgesetzten Bündelung: In den Streichholzschachteln liegen jeweils zehn Zündhölzer, in den größeren Schachteln sind immer jeweils hundert (zehn Zehner) und im großen Quader sind tausend Zündhölzer (zehn Hunderter). Übrig bleiben zwei einzelne Zündhölzer (die Einer), vier Streichholzschachteln (die Zehner), drei große Schachteln (die Hunderter) und eine Kiste (der Tausender) (Abb. 3.5).

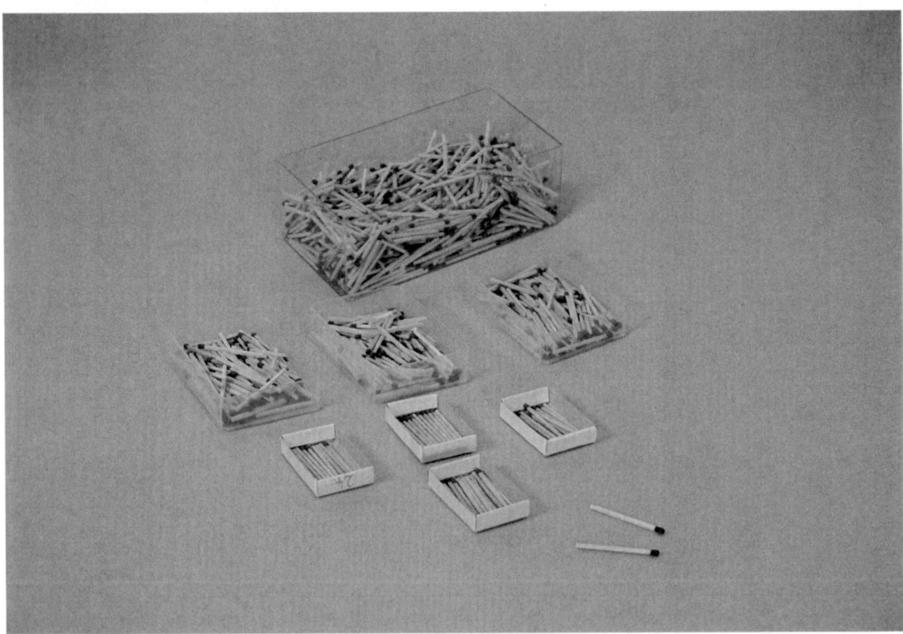

Abb. 3.5 Bündeln von Bündeln

Durch die fortgesetzte Bündelung entstehen auf diese Weise die Stellenwerte: 10^0 (Einer), 10^1 (Zehner), 10^2 (Hunderter), 10^3 (Tausender) … Hierüber kann schnell gesehen werden, wie viele Streichhölzer es sind, wenn die Namen der entsprechenden Bündel bekannt sind: $40+300+1\,000+2$.

Die Gesamtanzahl der Objekte kann auf diese Weise benannt werden, entweder mit der konventionellen Sprechweise der Zahlen (eintausend-dreihundert-zwei-und-vierzig) oder eher unkonventionell, jedoch genauso richtig: ein Tausender und drei Hunderter und vier Zehner und zwei Einer oder dreihundert-und-vierzig-und-zwei-und-tausend.

In zahlreichen Unterrichtsversuchen konnte dokumentiert werden, dass die Schülerinnen und Schüler schnell anfangen, Bündel zu bilden, wobei es sich nicht immer um Zehnerbündel handelt. Trotzdem werden diese Bündel schließlich wieder zu Bündeln höherer Ordnung zusammengefasst (dies sind meist tatsächlich Hunderter) und so weiter. Dabei konnten in den Arbeitsphasen und in den Reflexionsgesprächen verschiedene Beobachtungen gemacht werden:

- Die Kinder nutzen (selbstgewählte) Bündelgrößen (10, 20, 50, 100, 500, 1 000), nicht immer nur dekadische.
- Das „Zusammenschieben“ gefundener Bündel zu einem Bündel neuer Ordnung geschieht häufig, aber nicht immer, auf Initiative der Kinder.
- Die Kinder verbalisieren die Beziehungen zwischen den Bündeln häufig mit „Handlungsvokabular“ („Wir haben immer die Zehner *zusammengeschoben,* dann waren es hundert.“).
- Die Namen der (selbstgewählten) Stufenzahlen und die Beziehung zwischen den Stufenzahlen sind vielen Kindern bereits zu Beginn des zweiten bzw. dritten Schuljahres bekannt (zehn Zehner sind ein Hunderter, zwei Fünfziger sind ein Hunderter, fünf Zweihunderter sind ein Tausender ...). Auch hier sind die Zusammenhänge nicht zwingend ausschließlich dekadisch.
- Die multiplikative Verknüpfung der Anzahl von Bündeln mit dem Wert der Bündel kann von fast allen Kindern handlungsnah verbalisiert werden („Da liegen jetzt drei Berge, das sind immer tausend. Dreitausend.“).
- Das Abzählen der Objekte (z. B. „immer zehn“) gelingt bereits Erstklässlern – unabhängig von der „Wertigkeit“ der Objekte (immer zehn Zehner, immer zehn Hunderter, immer zehn Tausender).

Potenzial dieser beobachteten Aktivitäten:

- Die Kinder entdecken, dass eine große Anzahl durch das Bilden von Bündeln überschaubarer gemacht werden kann.
- Der Zusammenhang zwischen direkt benachbarten Bündeln ist gut nachvollziehbar und kann von den Schülerinnen und Schülern selbst initiiert werden (wenigstens in eine Richtung, siehe „Grenzen dieser Aktivität“).
- Das Zählen der Bündel (zum Beispiel in Hunderterschritten: ... zwei Hunderter, drei Hunderter, vier Hunderter ...) erlaubt auch schwächeren Schülerinnen und Schülern ein Arbeiten im großen Zahlenraum.

- Das Prinzip der fortgesetzten Bündelung kann weder im Zahlenraum bis 20 noch bis 100 erfasst werden: Erst das Zusammenfassen bereits existierender Bündel zu einem Bündel nächsthöherer Ordnung lässt die Idee der *fortgesetzten* Bündelung erahnen (Scherer und Moser Opitz 2010). Durch diese Aktivität können bereits Kinder, die noch nicht im Zahlenraum bis 1 000 rechnen, einen ersten Einblick in dieses Prinzip gewinnen.

Grenzen dieser Aktivität:

- Die besondere Rolle der Zehn kann durch die selbstgewählten Bündelgrößen ggf. nicht erkannt werden, wenn der Faktor/Divisor bei selbstgewählten Stufenzahlen nicht immer Zehn ist. Die Zahlen können somit nicht bequem in unserem Zahlsystem benannt und aufgeschrieben werden.
- Der *Zusammenhang* zwischen den Bündeln und den enthaltenen Elementen ist nicht mehr sichtbar. Wenn zum Beispiel zehn Zehner zu einem Hunderter zusammengeschoben werden, sind beim oben beschriebenen Beispiel die enthaltenen Zehner nicht mehr zu erkennen.
- Der Zusammenhang über direkt benachbarte Bündel hinaus ist meist nicht mehr nachvollziehbar, nachdem zusammengeschoben wurde: Wie viele Zehner im Tausender sind, kann nicht mehr direkt gesehen werden.

Als Fazit kann aus diesen Beobachtungen geschlossen werden, dass die Bündelungsaktivitäten mit unstrukturierten Materialien für *einen ersten Zugang* zu der Idee der fortgesetzten Bündelung gut geeignet sind, aber nicht unbedingt für weitere tragfähige Überlegungen (Abb. 3.6 und 3.7).

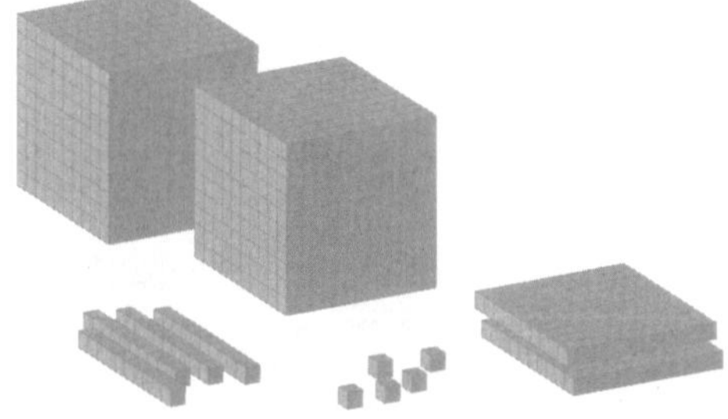

Abb. 3.6 Die Zahl 2 245, mit „regulärem“ Zehnersystem-Material dargestellt

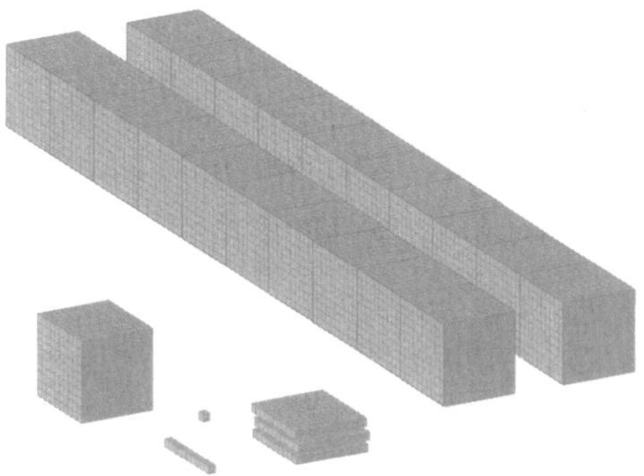

Abb. 3.7 Die Zahl 21 311, mit „erweitertem" Zehnersystem-Material dargestellt

Bereits früh sollte bei Aktivitäten zur fortgesetzten Bündelung die Umkehrung des Bündelns, das *Entbündeln,* mit in den Blick genommen werden (vgl. Gaidoschik 2008, S. 94). Dies hat verschiedene Gründe:

- Wenn Bündeln nur als „Einbahnstraße" verstanden wird, können Beziehungen zu jeweils kleineren Stellenwerten nur schwer hergestellt werden („Wie viele Zehner passen in einen Tausender und warum?").
- Beim Rechnen (in der Grundschule insbesondere bei der Subtraktion) ist die Vorstellung des Entbündelns eine wichtige Voraussetzung für das kardinale Verständnis beim Übergang an den Stufenzahlen (z. B. 52 – 7 oder 1 200 – 700).
- Bei der Thematisierung der dezimalen Bruchschreibweise ist das Entbündeln die notwendige Voraussetzung, um Stellenwerte kleiner als 1 herstellen und verstehen zu können (Kap. 6). Darüber hinaus sollten bereits bei der Erarbeitung des Prinzips der fortgesetzten Bündelung nicht nur direkt benachbarte Bündelungsgrößen in den Blick genommen werden, sondern auch die Beziehungen über mehrere Stellenwerte hinweg.

Stopp – Aktivität!
Bitte überlegen Sie sich mögliche Schülerantworten für die folgenden Arbeitsaufträge.

- Wie viele Zehner werden für einen Tausender benötigt? Erkläre.
- Wie viele Hunderter passen in einen Zehntausender? Erkläre.
- Es gibt 100 Hunderter. Sind das mehr oder weniger als 100 000? Erkläre.
- Es gibt 100 Tausender. Wie viele Zehner sind das? Erkläre.

Beschreiben Sie die Zusammenhänge selbst unter Rückgriff auf das Zehnersystem-Material.

Sowohl die Thematisierung des Entbündelns als auch der Zusammenhänge über benachbarte Bündel hinaus ist mit unstrukturiertem Material kaum möglich (Abb. 3.4).

Spätestens jetzt bietet sich der Einsatz vorstrukturierten Materials an, dessen intendierte Struktur mit der des angestrebten Lerninhalts und der zugrundeliegenden mathematischen Struktur übereinstimmt (Wittmann 1993, S. 395). Ein Arbeitsmittel, das diesen Ansprüchen genügt, ist das Zehnersystem-Material (Gaidoschik 2003; Lorenz und Radatz 1993, S. 101; Scherer und Moser Opitz 2010, S. 142; Schipper 2009, S. 121; Wartha und Schulz 2012, S. 65).

Ein besonderer Vorteil des Zehnersystem-Materials liegt in seiner dreidimensionalen Strukturierung. Auf diese Weise kann in der Struktur des Materials die Struktur der Zahlwortbildung bei großen Zahlen nachvollzogen werden (Abb. 3.8): Würfel werden zu (Zehner-)Stangen angeordnet, Stangen zu (Hunderter-)Platten, Platten zu (Tausender-, Millionen-, Quintillionen- …) Würfeln, Würfel zu Stangen etc.

Auf diese Weise sind auch die Punkte oder Leerzeichen (als Lese- und Notationshilfe bei Zahlen mit vielen Stellen) verständnisbasiert nachvollziehbar: Die Punkte stehen immer rechts von einem neuen Würfel.

·10 ·100 ·1000

Einer	Zehn(er)	Hundert(er)	Tausend(er)
Tausender	Zehn-Tausend	Hundert-Tausend	Million
Millionen	Zehn Millionen	Hundert Millionen	Milliarde
Milliarden	Zehn Milliarden	Hundert Milliarden	Billion
Billionen	Zehn Billionen	Hundert Billionen	Billiarde
Billiarden	Zehn Billiarden	Hundert Billiarden	Trillion
Trillionen	Zehn Trillionen	Hundert Trillionen	Trilliarde
Trilliarde	...	...	Quadrillion
...			Quadrilliarde
			...
Schematische Veranschaulichung mit dem Zehnersystem-Material			

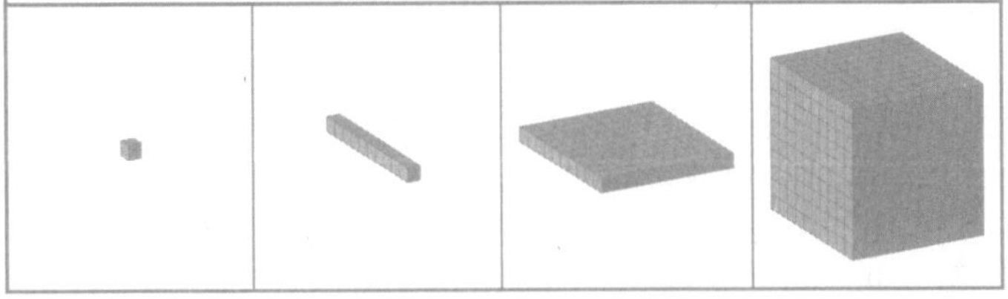

Abb. 3.8 Systematik der Zahlwörter im Deutschen, veranschaulicht mit Zehnersystem-Material

Darüber hinaus können mit Hilfe des Zehnersystem-Materials Zahlbeziehungen zwischen den einzelnen Bündelungseinheiten nachvollzogen und veranschaulicht werden – auch über die benachbarten Bündelungen hinaus (siehe Aufgabenstellungen oben).

Ein Nachteil des Zehnersystem-Materials liegt darin, dass für das *konkrete* Bündeln bzw. Entbündeln das Material nicht einfach zusammengefasst bzw. aufgelöst werden kann, sondern dass getauscht werden muss: Eine Zehnerstange wird erst weggelegt und stattdessen werden zehn Einer genommen, die aber nicht Teil der Zehnerstange waren. Dieser Tauschvorgang entspricht nicht der Idee des Bündelns und Entbündelns (Abb. 3.5).

Während das konkrete Bündeln und Entbündeln entweder nicht oder nur mit Aufwand durchgeführt werden kann, ist es das Ziel des Unterrichts, dass das Bündeln und Entbündeln in der *Vorstellung* gelingt. Für diese Vorstellung kann die Struktur des Zehnersystem-Materials eine gute Unterstützung sein. Hilfreich sind auch hier Fragen, die auf die vorgestellte Handlung abzielen: „Was müsstest du machen, damit…? Wie sähe das aus?"

3.5 Zahlen im Stellenwertsystem schreiben und lesen

3.5.1 Zahlen schreiben

Neben dem Prinzip der fortgesetzten Bündelung liegen der Schreibweise unserer Zahlen die Prinzipien des Stellenwerts und des Nennwerts zugrunde (Ross 1989; Schulz 2014, S. 146). Das Prinzip des Stellenwerts besagt, dass die *Position* einer Ziffer im Zahlzeichen ihre Mächtigkeit bestimmt, weshalb im Folgenden auch vom Positionsprinzip gesprochen wird. Steht beispielsweise eine 4 an der dritten Stelle von rechts, ist festgelegt, dass sich diese 4 auf die *Hunderter* bezieht. Das Prinzip des Nennwerts besagt, dass die Ziffer *die Anzahl* der jeweiligen Bündel des entsprechenden Stellenwerts festlegt. Die 4 an der dritten Stelle von hinten legt fest, dass es sich um *vier* Hunderter handelt.

Ein großer Vorteil des Zehnersystem-Materials bei der Thematisierung der *Schreibweise* von Zahlen ist, dass seine Elemente stellengerecht angeordnet werden können.

Die Bündel werden zum eindeutigen Aufschreiben und Lesen *immer* in einer bestimmten Reihenfolge angeordnet: Die Einer werden ganz rechts hingelegt bzw. notiert, dann kommen links daneben die Zehnerbündel, links daneben die Hunderterbündel usw. Dies ist die Position der Stellenwerte bei symbolisch notierten Zahlen – ihr Stellenwert. Beim Aufschreiben von Zahlen wird dabei von links nach rechts schreibend vorgegangen. Zur Problematik und den Herausforderungen der inversen Sprech- und Schreibweise vgl. Gaidoschik (2003), Wartha und Schulz (2012), Schulz (2014), Schulz (2016).

Nachdem die Bündel auf diese Weise sortiert wurden, kann die Zahl eindeutig aufgeschrieben werden: Die *Anzahl* der jeweiligen Bündel wird an der passenden Stelle notiert (Prinzip des Nennwerts), die passende Stelle ist durch die Reihenfolge der Stellenwerte festgelegt (Abb. 3.9).

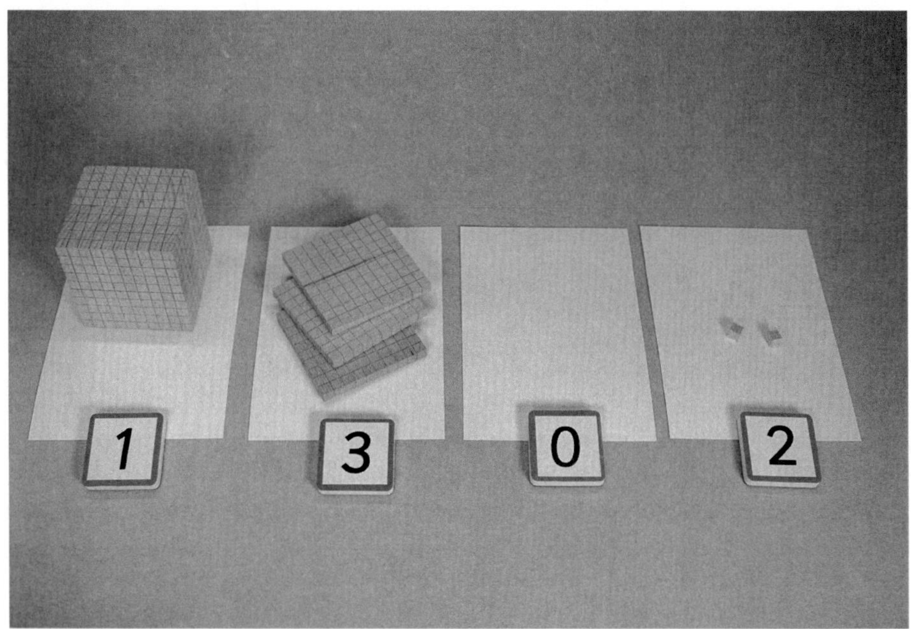

Abb. 3.9 Darstellung der Zahl 1 302 mit Zehnersystem-Material und mit Ziffern in einer Sortiertafel

Um einem unverstandenen „Einschleifen“ der Notationsregeln von Zahlen entgegenzuwirken, ist es sinnvoll, die Anordnung „Einer rechts, Zehner links daneben, Hunderter links daneben“ nicht von Anfang an vorzugeben, sondern auch dieses Prinzip mit den Lernenden gemeinsam zu entwickeln (Gaidoschik 2003, S. 186). Dabei ist zu beachten, dass die *Konvention* der stellengerechten Schreibweise *nicht entdeckt,* wohl aber ihre *Notwendigkeit* erkannt werden kann (Schulz 2014, S. 188).

Eine Möglichkeit, der unverstandenen Regelanwendung (Zehner links, Einer rechts) entgegenzuwirken, ist die nichtkonventionelle Zahldarstellung am Material und das anschließende begründete Sortieren (vgl. z. B. Gaidoschik 2003; van de Walle 2004).

Diesen Überlegungen zum Sortieren der Bündel sollte genügend Zeit eingeräumt und sie sollten nicht zu früh abgesetzt werden, da sich so ein „Bild“ der Reihenfolge der Größe der Bündel bei den Kindern entwickeln kann (Übungskartei hierzu zum Beispiel in Schulz (2015) oder bei www.primakom.dzlm.de/404).

Eine Möglichkeit, die fortgesetzte Bündelung und deren Nutzen für die schnelle und konventionelle Notation von Zahlen zu festigen und zu reflektieren, bieten Gesprächsanlässe über nicht vollständig gebündelte Mengen – denn erst diese machen ein Nachdenken über den Sinn der Bündelung und das Schreiben von Zahlen notwendig. Wenn immer schon alles gebündelt ist, wird sich dieser wichtige Reflexionsanlass nicht ergeben.

Stopp – Aktivität!
Wie kann die Zahl bestimmt werden, die aus 9 Hundertern, 12 Zehnern und 14 Einern besteht?

Mit welchen Schwierigkeiten rechnen Sie bei Ihren Lernenden beim Aussprechen und Notieren dieser Zahl?

Spätestens bei der Thematisierung der Notation unbesetzter Stellen kann und sollte eine Stellenwerttafel genutzt werden. Anhand der Notation der Anzahl der Bündel kann nun auch die besondere Rolle der Null als Platzhalter beim Schreiben von Zahlen diskutiert werden.

Die Stellenwerttafel ist deshalb so sinnvoll, da ein reines Sortieren der Bündel nur der Größe nach z. B. auch bei fehlenden Zehnern kein Problem wäre. Und erst das Sortieren der Bündel in eine Stellenwerttafel kann die Frage aufwerfen: „Ich hab' aber gar keine Zehner, was soll ich denn jetzt da hinschreiben?" In der Stellenwerttafel kann eine unbesetzte Stelle auch unbeschriftet bleiben. Die 0 wird erst benötigt, wenn die Zahl ohne Stellenwerttafel dargestellt wird, denn die Zahl ist erst eindeutig geschrieben, wenn auch unbesetzte Stellenwerte mit einem Zeichen (der Null) notiert sind.

Ein guter Übergang von den tatsächlich vorliegenden Bündelungseinheiten hin zur Notation in einer Stellenwerttafel kann mit einer sog. Sortiertafel (engl. „place value mat") geschaffen werden (vgl. Gerster und Walter 1973; van de Walle 2004, S. 165-169 und Abb. 3.10). Dieser Übergang kann vor allem schwächeren Schülerinnen und Schülern dabei helfen, Grundvorstellungen zu großen Zahlen aufzubauen und den Aufbau des Stellenwertsystems zu durchschauen. Durch das Sortieren von Elementen des Zehnersystem-Materials an die entsprechenden Positionen im Stellenwertsystem

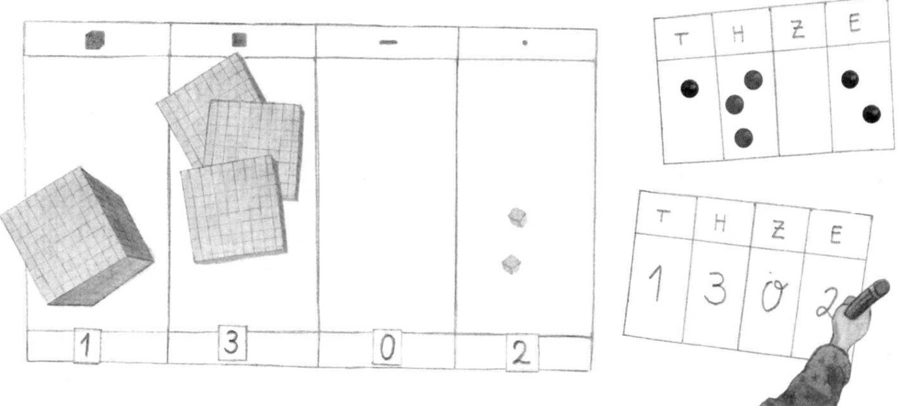

Abb. 3.10 Sortiertafel links, Stellenwerttafeln rechts (Abb. aus https://primakom.dzlm.de/node/284)

bekommen die Kinder *gleichzeitig zwei Informationen* über die jeweiligen Stellenwerte: nämlich über ihre Wertigkeit *(quality value aspect)* und über die zugehörige Stelle *(column value aspect)*. Sayers und Barber sprechen hierbei von der Integration zweier Aspekte eines Zahlzeichens (Sayers und Barber 2014, S. 24).

Bisweilen finden sich Darstellungen, in denen die Zehnersystem-Materialien in eine Stellenwerttafel gelegt werden (vgl. Abb. 3.11).

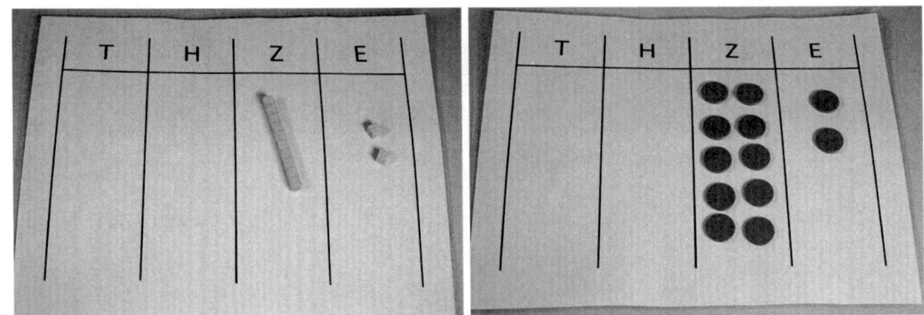

Abb. 3.11 10 Zehner und 2 Einer

Stopp – Aktivität!
Handelt es sich bei den gelegten Zahlen in Abb. 3.11 um eine 12 (eine Zehnerstange und zwei Einerwürfel) oder um eine 102 (zehn Objekte in der Zehnerspalte und zwei Objekte in der Einerspalte)?

Obwohl die Sortiertafel hinsichtlich der Anordnung der Bündelungseinheiten Gemeinsamkeiten mit einer Stellenwerttafel hat, sollte sie nicht mit dieser gleichgesetzt werden. Bei der Sortiertafel handelt es sich um ein Werkzeug, mit dem verschiedene Repräsentanten (Hunderterplatten, Zehnerstangen und Einerwürfel) geordnet werden können. Die Wertigkeit der Repräsentanten ist dabei vorbestimmt. Bei einer Stellenwerttafel ist die Wertigkeit der Objekte (z. B. Plättchen) hingegen von der Position in der Stellenwerttafel abhängig. Ein Plättchen in der Einerspalte hat den Wert 1, dasselbe Plättchen in der Zehnerspalte hat jedoch den Wert 10. Wird ein Plättchen in der Stellenwerttafel bspw. von der Zehner- in die Einerspalte verschoben, hat es somit einen anderen Wert. Wird in der Sortiertafel eine Zehnerstange in die Einerspalte gelegt, gehört sie da zwar nicht hin, es ändert sich am Wert der Zahl jedoch nichts (vgl. Schulz und Walter 2017; zur Idee der Sortiertafel vgl. z. B. Gerster und Walter 1973; Schipper et al. 2015; Schulz 2014; van de Walle 2004).

In der letzten Aktivität werden die beiden in einer *Stellenwerttafel* dargestellten Zahlen als 102 interpretiert. Wenn jedoch die linke Stellenwerttafel als Sortiertafel verwendet wird, so handelt es sich um die 12. Dieses Beispiel soll aufzeigen, dass die Klärung der Konventionen der jeweiligen Darstellungsmittel unverzichtbar ist.

3.5.2 Zahlen lesen und sprechen

Die Zahlwortbildung im Deutschen hält für das Verstehen, Schreiben und Lesen mehrstelliger Zahlen eine Vielzahl von Hürden bereit (zusammenfassend vgl. Schulz 2014) – allen voran die sog. inverse Sprechweise (vgl. z. B. Gaidoschik 2007, S. 171). Die inverse Sprechweise, bei der im Gegensatz zur Notation die Einer vor den Zehnern genannt werden, betrifft auch die Benennung höhere Stellenwerte: z. B. 54 000 – vierundfünfzigtausend, 24 000 000 – vierundzwanzig Millionen, nicht aber bei 240 000 – zweihundertvierzigtausend oder 5 400 – fünftausendvierhundert (vgl. Zuber et al. 2009, S. 61). Möglicherweise hat Horst (Aktivität nach Abb. 3.3) auch deshalb Probleme mit dem Lesen von mehrstelligen Zahlen.

Unterrichtspraktische Hinweise für das Lesen von großen Zahlen können dabei die folgenden sein:

- Stellenwerte und Sprechweise anschauungsgebunden klären:
  Auf der symbolisch-abstrakten Ebene kann möglicherweise regelhaft gelernt werden, wie viele Stellen mit welchen Zahlworten verbunden werden (vgl. Horst: „Sieben Stellen sind Millionen, oder?“). Dieses Regelwissen ohne Verständnisgrundlage kann jedoch sehr fehleranfällig und instabil sein.
  Die mentale Fortsetzung des Zehnersystem-Materials und seine Anordnung in den jeweiligen Stellenwerten (Abb. 3.7) können dabei helfen, die Sprechweise anschauungsgebunden zu verstehen.
- Übergangsvokabular zulassen:
  Es kann sehr hilfreich sein, wenn zunächst die einzelnen Stellenwerte benannt werden, ohne Rücksicht auf die inverse Sprechweise und unter expliziter Nennung der einzelnen Stellenwerte:
  3 014 237 = drei Millionen, (keine Hunderttausend), ein Zehntausender, vier Tausender, zwei Hunderter, drei Zehner und sieben.
  Dieses Übergangvokabular entspricht zwar nicht den Konventionen, kann das Verstehen von Zahlen jedoch unterstützen (van de Walle 2004, S. 189).
- Metakommunikation über die inverse Sprechweise:
  Weil die inverse Sprechweise allgegenwärtig ist, ist sie vielleicht häufig nicht im Bewusstsein. Für Schülerinnen und Schüler ist sie jedoch eine ernstzunehmende Lernhürde. Daher kann sie gemeinsam mit den Schülerinnen und Schülern besprochen werden. Als Gesprächsanlass können dazu Zahlen dienen, bei denen die Reihenfolge der Stellen beim Sprechen vertauscht wird oder eben nicht: 35, 350, 3 500, 35 000, 350 000, 3 500 000. Eine Impulsfrage könnte hier sein: Wann werden die Stellenwerte beim Sprechen vertauscht, wann nicht? Gibt es eine Regel?

3.6 Beziehungen zwischen „großen" Zahlen herstellen und nutzen

Das Lesen und Schreiben von großen Zahlen kann vor allem dann gelingen, wenn anschaulich nachvollzogen wurde, wie Schreib- und Sprechweise von Zahlen funktionieren: über das Prinzip der fortgesetzten Bündelung und durch die Sortierung dieser Bündel nach rechts absteigend. Wird das Stellenwertsystem auf diese anschauliche Weise im Unterricht thematisiert, besteht auch die Chance, dass die Zahlen nicht nur gelesen und geschrieben, sondern auch Vorstellungen zu ihnen aktiviert werden können.

Stopp – Aktivität!
Sehen Sie sich erneut das Interview mit Horst nach Abb. 3.3 an.
Wie helfen Sie Horst ganz konkret und materialgestützt, den Unterschied zwischen „Vierzehntausend", „Hundertvierzigtausend" bzw. 14 000 und 140 000 zu verstehen?

Die konkrete Darstellung von Zahlen über 10 000 wird selbst mit dem Zehnersystem-Material eine Herausforderung – allein aus Platzgründen. An dieser Stelle kann und sollte das Material mental weitergeführt werden: Aus zehn Tausenderwürfeln wird mental eine Zehntausenderstange, aus zehn Zehntausenderstangen eine Hunderttausenderplatte, aus zehn Hunderttausenderplatten ein Millionenwürfel usw. (Abb. 3.12). Auf dieser Grundlage kann überlegt werden, aus wie vielen Zehntausenderstangen ein Millionenwürfel besteht. An dieser Stelle können Analogien zum (konkreten) Tausenderwürfel hergestellt werden, der aus hundert Zehnerstangen besteht.

Abb. 3.12 Zahldarstellung von 14 000 und 140 000. Ein Würfel steht für einen Tausender

Auf der Grundlage, dass Zahlen gelesen, geschrieben und in ihrer Größenordnung eingeordnet werden können, zumindest im Zusammenhang mit anderen Stufenzahlen, können sie auch in den folgenden Zusammenhängen genutzt werden.

Stützpunkte schaffen und nutzen

In jedem Zahlenraum nutzen Lernende bestimmte numerische Stützpunkte zum Weiterdenken. Diese sind manchmal von der Struktur des Stellenwertsystems und entsprechender Anschauungsmittel (s. o.) beeinflusst (z. B. 10, 100, 1 000 als Stellenwert-Stufenzahlen, z. B. 300, 7 000 als Vielfache dieser Stufenzahlen, z. B. 250, 75 als (Drei-)Viertel dieser Stufenzahlen). Diese Stützpunkte können aber auch ganz persönlich geprägt sein: Für ein sechsjähriges Mädchen ist die 6 ein wichtiger Stützpunkt, nicht die 10 oder die 5; etwas mehr als 42 km sind für einen Läufer ein wichtiger Stützpunkt im Größenbereich Längen und nicht 50 km. Wichtig an diesen Stützpunkten ist jedoch nicht, dass sie bekannt sind, sondern dass sie auch im Zusammenhang mit anderen Zahlen und anderen Repräsentanten genutzt werden. Dies kann durch Vergleiche, durch In-Beziehung-Setzen und durch mentale Bilder gelingen.

Vergleiche und In-Beziehung-Setzen

Bei der gedanklichen Darstellung großer Zahlen – zum Beispiel 18 240 oder 2 149 505 – hilft es wenig, wenn eine „Einheit" dahintergeschrieben wird – zum Beispiel „18 240 Puzzleteile" oder „2 149 505 Schülerinnen und Schüler" (Abb. 3.1). Die Tatsache, dass es sich um die Anzahl von Puzzleteilen oder Menschen handelt, hilft nicht beim Verstehen und Vorstellen der großen Zahl. Aber die „Einheiten" können helfen, entsprechende Vergleiche zu finden: Wie viele Teile hatte das größte Puzzle, das du zuletzt gelegt hast? Wie viele davon bräuchtest du, um die Anzahl der Teile des Riesenpuzzles zu bekommen? Wie viele Menschen passen in das Fußballstadion deines Lieblingsvereins? Wie viele dieser Stadien wären mit Schülerinnen und Schülern gefüllt?

Aber auch gänzlich unvorstellbare Anzahlen (mit entsprechenden Einheiten) – zum Beispiel 300 Mrd. Sterne – können über In-Beziehung-Setzen und mentale Bilder bearbeitet werden: „Stell dir vor, ein Stern wäre ein Würfel des Zehnersystem-Materials. Erweitere das Material mental: Passen dreihundert Milliardenwürfel in unsere Turnhalle? Auf den Sportplatz? In ein Fußballstadion?" Damit wäre allerdings nur die *Anzahl* in Beziehung gesetzt und nicht die räumliche Ausdehnung im Kosmos.

Vorsicht ist geboten beim Nutzen von Größen zur „Veranschaulichung" großer Zahlen. Um *Zahlen* in Beziehung zu setzen, kann wohl überlegt werden, wie viele Elefanten genauso viel wiegen wie ein Blauwal oder das Eisengerüst des Eiffelturms. Eine bessere *Größenvorstellung* für *Gewichte bzw. Massen* wird dadurch aber nicht entwickelt, weil diese Größenordnung sinnlich nicht mehr nachvollziehbar ist (Franke und Ruwisch 2010, S. 210). In diesem Fall kann mit dem für Masse zuständigen Tastsinn weder ein Blauwal noch ein Eiffelturm gemessen werden.

Dies gilt auch für den sinnlich besser nachvollziehbaren Größenbereich Längen. Denn auch hier ist der *anschauliche* Vergleich der Strecke von der Erde zum Mond, der entsprechenden Anzahl von Erdumrundungen oder der entsprechenden Anzahl der Strecke München-Kiel nicht mehr vorstellbar.

Ein In-Beziehung-Setzen von Zahlen kann vor allem auch durch das Nutzen und (materialgestützte) Besprechen von Analogien gelingen. Beim Rechnen bedeutet dies, dass mit großen Stellenwerten genauso wie mit kleinen gerechnet werden kann: $40\,000 - 30\,000$ über $4 - 3$ bedeutet, dass mit Zehntausender(stange)n genauso wie mit Einer(würfel)n gerechnet werden kann. Auch die Zusammenhänge zwischen den Stellenwerten lassen sich durch Analogien betrachten: Die Frage, wie viele Zehntausender in einer Million enthalten sind, entspricht der Frage, wie viele Zehner in einem Tausender sind. Anschaulich kann für Begründungen auf das Zehnersystem-Material zurückgegriffen werden: Man benötigt 100 Zehn(tausend)erstangen für einen Tausender(Millionen-)würfel.

Auf symbolischer Ebene wird für das Lösen dieser oder ähnlicher Aufgaben gelegentlich das Weglassen oder Hinzufügen von Endnullen vorgeschlagen. Doch ein Verständnis der großen Zahlen und ihrer Beziehungen untereinander wird auf diese Weise (durch das Weglassen oder Anhängen von Endnullen) nicht gefördert. Das Anhängen von Endnullen – vor allem auch beim Rechnen mit Dezimalbrüchen – kann zu einer großen Verstehenshürde werden und gerade dort zu Fehlern führen, wo es eigentlich helfen soll, nämlich beim geläufigen Ausführen von Rechenoperationen. Das Hauptproblem unverstandener Regeln ist, dass diese auf unpassende Kontexte übergeneralisiert werden. Das bedeutet, dass diese „Tricks" auch bei Aufgaben zum Einsatz kommen, für die sie keine Gültigkeit haben (Padberg und Wartha 2017).

Auch das Verstehen des Verhältnisses von einer Million zu einer Milliarde kann gut über Analogien geklärt werden – zum Beispiel unter Nutzung des Zehnersystem-Materials (Abb. 3.7) – und gerade nicht über die Vorstellung, dass bei einer Million ein paar Nullen weniger stehen als bei der Milliarde. Unterrichtsnahe Impulse zum Nachdenken über die Bedeutung der Endnullen können die folgenden sein: „Es sind drei Nullen weniger: Ist das viel? Ist das wenig? Ist das überhaupt etwas?".

3.7 Beziehungen am Zahlenstrahl thematisieren

Eine andere tragfähige Möglichkeit, „große" Zahlen in Beziehung zu setzen und Analogien zu entdecken und zu nutzen, ist die Arbeit mit dem (leeren) Zahlenstrahl. Bereits in Kap. 2 wurde das besondere Potenzial des (leeren) Zahlenstrahls betont, wenn es um das In-Beziehung-Setzen von Zahlen geht. Zu beachten ist dabei, dass die Arbeit mit dem Zahlenstrahl in besonderer Weise die *selbstständige und mentale* Konstruktion und Deutung von Zahlen und Zahlbeziehungen verlangt (Krauthausen und Scherer 2007, S. 253; Söbbeke und Steenpaß 2014; Steinbring 1994). Dies sind jedoch gleichzeitig die Inhalte, die der Zahlenstrahl eigentlich erschließen helfen soll (vgl. Lorenz 2008, S. 11; und Selter 1994, S. 84).

Diese Ambivalenz des Zahlenstrahls sollte bei entsprechenden Unterrichtsaktivitäten immer berücksichtigt werden. Anders ausgedrückt: Der Zahlenstrahl ist ein Arbeitsmittel, bei dem die relationale Deutung der gegebenen Strukturierungsmerkmale nicht nur eine *Möglichkeit* der Erschließung von Zahlen ist, sondern eine *Notwendigkeit.* Dies macht ihn in besonderer Weise wenig brauchbar als *Veranschaulichungs*mittel (Krauthausen und Scherer 2007, S. 242, 253), daher sollte seine Funktion im Unterricht eher die einer Kommunikations- und Diskussionsgrundlage sein.

Eine Variation der in Abschn. 2.3 genannten Aktivitäten ist das Verorten und Ablesen von Zahlen an verschiedenen vorgegebenen Zahlenstrahlen. Dabei kann es besonders ergiebig sein, verschiedene Merkmale der jeweiligen Zahlenstrahlen zu verändern, um im Anschluss darüber zu diskutieren, was diese Veränderungen bewirken. Dies kann einerseits Gespräche über verschiedene Vorgehensweisen anregen, andererseits werden Zahlen zu anderen Zahlen in Beziehung gesetzt.

Zwei mögliche „Stellschrauben" bei der Arbeit mit dem Zahlenstrahl sind die jeweilige Länge und die Wahl des jeweiligen Ausschnitts (Abb. 3.13).

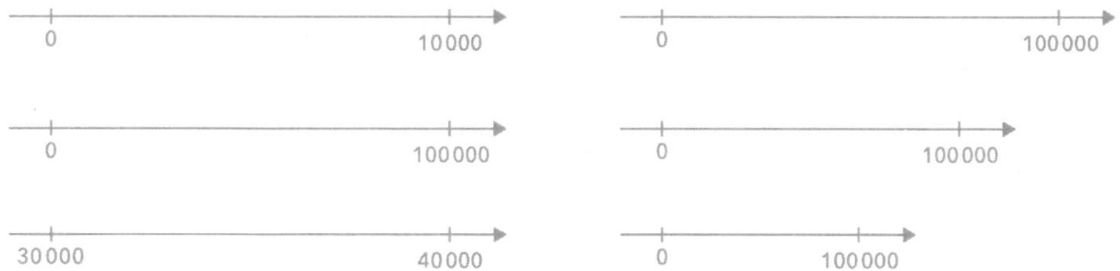

Abb. 3.13 Zahlenstrahlen mit verschiedenen Längen und Ausschnitten

Mögliche Impulsfragen zu den Zahlenstrahlen in Abb. 3.13 sind:

- Wie ermittelst du die Zahl in der Mitte?
- Wie bekommst du heraus, wie weit die beiden gegebenen Zahlen auseinanderliegen?
- Was sagt die Länge des Zahlenstrahls über die Anzahl der einzutragenden Zahlen?
- Wie gehst du an diesen Zahlenstrahlen vor, um die 33 333 zu ermitteln?
- (Wie) Musst du die Zahlenstrahlen verändern, um die Zahl 60 000 verorten zu können? Was müsstest du tun?

Die Beziehungen, die an den verschiedenen Zahlenstrahlen und durch die verschiedenen Aufträge thematisiert werden können, sind sowohl additiv als auch multiplikativ und darüber hinaus auch geometrisch. Diese Unterscheidung soll im Folgenden skizziert werden.

Um herauszufinden, wie weit bestimmte Zahlen auseinanderliegen – zum Beispiel die 30 000 und die 40 000 –, müssen diese beiden Zahlen über Addition oder Subtraktion in Beziehung gesetzt werden.

Um die Zahl in der Mitte oder an einer anderen Position zu ermitteln, müssen häufig multiplikative Beziehungen genutzt werden: im Fall der Mittelzahl die Division durch 2. Auch im Fall des untersten Zahlenstrahls in Abb. 3.14 müssen multiplikative Strukturen genutzt werden: Die Anzahl der Skalierungsstriche bzw. die Anzahl der Abstände zwischen ihnen gibt an, wie groß ein Abstand ist: Bei 20 Abständen ist ein Abstand der zwanzigste Teil von einer Million.

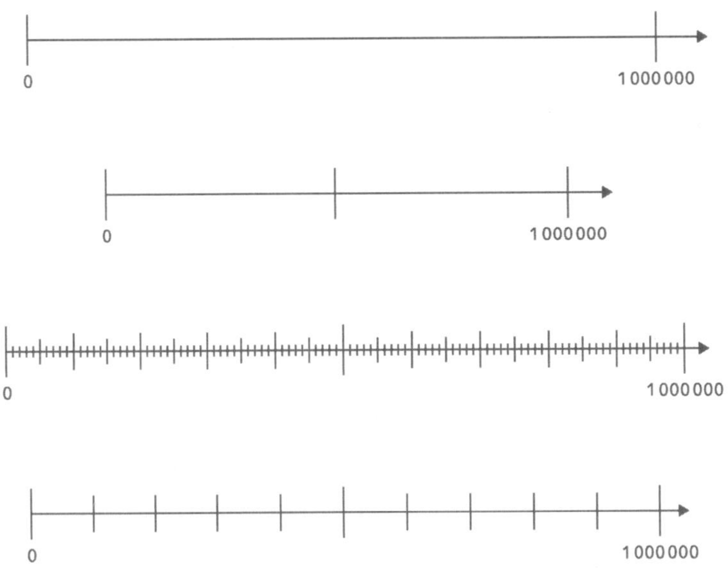

Abb. 3.14 Verortung der gleichen Zahl an verschieden skalierten Zahlenstrahlen

Der geometrische Aspekt ist dann relevant, wenn der (ungefähre) Abstand von Skalierungsstrichen den (ungefähren) „Abstand" von Zahlen widerspiegelt. Dass dies nicht immer so ist, zeigen verschiedene Beispiele am sogenannten *Rechenstrich* (vgl. z. B. Abb. 2.2, 6.27, Abschn. 4.7 sowie Selter (2017, S. 32) und Beishuizen und Klein (1997, S. 23)): Hier steht die geometrische Relation zwischen den Zahlen nicht so sehr im Vordergrund, sondern vielmehr die jeweiligen dargestellten Rechenschritte.

Wenn also *Zahlen in Beziehung* zueinander gebracht werden sollen, ist die geometrische Beziehung zwischen den Skalierungsstrichen wichtig. Die Länge des Abstands zwischen *zwei* Skalierungsstrichen ist dabei *nicht* die relevante Information (vgl. die letzte Aktivität), sondern die Länge der Abstände von mehreren – mindestens drei – Skalierungsstrichen. Zwei Beispiele: Die Mitte zwischen zwei Zahlen muss somit nicht nur arithmetisch, sondern vor allem auch geometrisch erfasst und gedeutet werden (vgl. z. B. den zweiten Zahlenstrahl in Abb. 3.14). Beim letzten Zahlenstrahl in Abb. 3.14 deutet erst die geometrische Gleichverteilung der Skalierungsstriche darauf hin, dass auch die entsprechenden Zahlen in regelmäßigen Abständen gedacht werden müssen.

Eine weitere „Stellschraube“ stellt somit die Skalierung der jeweiligen Zahlenstrahlen dar (Abb. 3.14).

Diese verschiedenen Aktivitäten können ein Anlass sein, über verschiedene *Strategien* zum Darstellen und Finden von Zahlen zu diskutieren und diese auf ihre Angemessenheit zu prüfen. Als mögliche Strategien zur Bestimmung und Benennung von Zahlen am Zahlenstrahl können die folgenden beobachtet werden:

- *Zählen* von gegebenen Skalierungsstrichen, aber auch in selbstgedachten Schrittgrößen. Dabei kann der Zählprozess beim Ursprung beginnen oder bei einem (gegebenen oder selbst festgelegten) Bezugspunkt (Käpnick 2014, S. 164; König-Wienand 2003; Scherer und Moser Opitz 2010).
- Es werden gegebene oder selbst festgelegte *Bezugspunkte genutzt*. Häufig genutzte Bezugspunkte sind hierbei die Mitte, die Enden oder Viertel – egal ob der Zahlenstrahl viele oder wenige Skalierungsstriche aufweist (vgl. z. B. Ashcraft und Moore 2012; Peeters et al. 2016).
- Zum Ermitteln von eigenen Bezugspunkten, etwa im Fall, dass nur wenige oder keine Skalierungsstriche gegeben sind, wird häufig das *wiederholte Halbieren* als intuitive Strategie genutzt (vgl. z. B. König-Wienand 2003; Siegler und Thompson 2014).
- Aber auch andere „Teilungen“ können je nach Aufgabenstellung und Vorkenntnissen beobachtet werden (vgl. ebd.).

Dabei ist die Art der genutzten Bezugspunkte einerseits von der Aufgabenstellung abhängig und andererseits vom eigenen Vorwissen in Bezug auf Zahl- und Längenbeziehungen (s. o.).

3.8 Zusammenfassung und Ausblick

Am Übergang von der Primar- zur Sekundarstufe werden einerseits „große“ natürliche Zahlen und andererseits „kleine“ Dezimalbrüche in Bezug auf Darstellung, Auffassung und zum Rechnen thematisiert. Diese Erweiterungen des Zahlenraums und des Zahlbereichs weisen viele ähnliche Hürden und Herausforderungen auf.

Das Stellenwertsystem

Die Herausforderung bei Zahlen im Zahlenraum über 1 000 bzw. bei Dezimalbrüchen ist zunächst, dass Modelle bzw. Darstellungen gewählt werden, bei denen der Bezug zur Einheit sichtbar ist. Konkrete und zunehmend gedankliche Repräsentanten zu den Stellenwerten wie 100 000 oder 0,0001 sollen die inhaltliche Deutung von Zahlen ermöglichen. Da natürliche Zahlen und Dezimalbrüche im dezimalen Stellenwertsystem dargestellt werden, werden die Prinzipien des Stellenwertsystems auch mit diesen Zahlen an den gewählten Modellen anschaulich erarbeitet:

- Bündelungsprinzip: 10 Repräsentanten werden zu einem Bündel nächsthöherer Ordnung zusammengefasst. Auch Bündel werden ihrerseits gebündelt. Die nichtgebündelten Reste der jeweiligen Repräsentanten werden zur schriftlichen bzw. mündlichen Zahlauffassung betrachtet. Der Prozess des Bündelns ist umkehrbar, denn Bündel von Repräsentanten können wieder entbündelt werden. Bei natürlichen Zahlen können Bündel größer als 10 (wiederholt) entbündelt werden. Werden Dezimalbrüche betrachtet, so kann auch die 1 (fortgesetzt) entbündelt werden.
- Nennwertprinzip: Die Anzahl der nach dem Bündeln verbliebenen Reste wird mit einer Ziffer beschrieben. Da ab 10 gebündelt wird, können zehn verschiedene Reste verbleiben, die mit den Ziffern 0 bis 9 benannt werden. Dieses Prinzip gilt für natürliche Zahlen und Dezimalbrüche gleichermaßen.
- Positionsprinzip: Bei symbolisch notierten Zahlen entscheidet die Position der Ziffer über die Art der Bündel, deren Anzahl sie angibt. Die 7 in den Zahlen 27 000 bzw. 0,171 steht für Tausender bzw. Hundertstel. Bei symbolisch gesprochenen natürlichen Zahlen werden zwar die Bündelungseinheiten mitgenannt („Sieben … tausend“), was das Positionsprinzip eigentlich überflüssig machen würde, jedoch gibt es Konventionen, in welcher Reihenfolge die Zahlwortbestandteile benannt werden. Beim mündlichen Kommunizieren über Dezimalbrüche ist es eher ungebräuchlich, dass die Stellenwerte mitbenannt werden („Null Komma ein Zehntel, sieben Hundertstel, ein Tausendstel), sondern dass die Zahlen ziffernweise gesprochen werden (Null Komma eins sieben eins). In diesem Fall ist das Positionsprinzip wesentlich für eine eindeutige Identifikation der Zahl.

Die Anwendung dieser Prinzipien bei der Übersetzung von Zahlen aus einer Stellenwerttafel in die Schreibweise ohne Stellenwerttafel gelingt am Übergang von der Primar- zur Sekundarstufe nicht allen Schülerinnen und Schülern problemlos – vor allem dann nicht, wenn die Darstellung der Zahl in der Stellenwerttafel nichtkanonisch vorliegt (vgl. Abb. 3.15).

Im Rahmen der Normierung des Online-Diagnoseinstruments *ILeA plus* wurden Schülerinnen und Schüler des fünften und sechsten/siebten Schuljahres aufgefordert, eine Zahl, die in nichtkanonischer Form in einer Stellenwerttafel eingetragen war, als Dezimalzahl zu notieren (Schulz et al. 2019a; Wartha et al. 2019b). Die Schülerinnen und Schüler der Jahrgangsstufe 5 sollten eine natürliche Zahl notieren (Abb. 3.15, links), die der Jahrgangsstufe 6 bzw. 7 einen Dezimalbruch (Abb. 3.15, rechts).

Abb. 3.15 Übersetzung von nichtkanonischen Zahldarstellungen in der Stellenwerttafel in Dezimalschreibweise im Rahmen von *ILeA plus* zu Beginn des fünften (links) und des sechsten/siebten Schuljahres (rechts). (© ILeA plus, LISUM, 2019)

Der häufigste Fehler bei dieser Übersetzung (Tab. 3.2) ist, dass die nicht vollständig gebündelten Elemente in der Hunderter- bzw. Zehntelspalte der Stellenwerttafeln von den Schülerinnen und Schülern nicht gebündelt und somit nicht dem nächsthöheren Stellenwert zugeordnet wurden. Stattdessen wurden die Zahlen aus der Stellenwerttafel ungebündelt in die Dezimalschreibweise übertragen. Die Häufigkeit, mit der dieser Fehler auftritt, kann teilweise dem ungewohnten Aufgabenformat geschuldet sein, doch gerade beim Rechnen mit Stellenwerten – zum Beispiel bei den schriftlichen Verfahren – ist das Bündeln und Entbündeln grundlegend (vgl. Abschn. 4.10 und 5.8).

Tab. 3.2 Anteil richtiger und falscher Lösungen bei der Übersetzung Stellenwerttafel – Dezimalschreibweise

	Beginn Jgst. 5	Beginn Jgst. 6/7
Richtige Lösung	42 357 (23,1 %)	3,3 (4,4 %)
Häufigste falsche Lösung	411 357 (70,0 %)	2,13 (85,7 %)
N	3 038	1 041

Darstellungen und mentale Modelle

Ein Arbeitsmittel, an dem die Repräsentanten zu den Stellenwerten und die Zusammenhänge zwischen ihnen gelernt werden können, ist das Zehnersystem-Material (vgl. Abschn. 3.4 und 3.5) – auch wenn ein großer Anteil der Schülerinnen und Schüler mit diesem Arbeitsmittel noch nicht fehlerlos umgehen kann (siehe unten). An ihm können konkret Repräsentanten bis zumindest 10 000 über Einerwürfel, Zehnerstangen, Hunderterplatten und Tausenderwürfel betrachtet werden. Mit 10 Tausenderwürfeln könnte eine „Zehntausenderstange" gelegt werden. Hieran können die Zusammenhänge von Stellenwerten diskutiert werden, nicht nur von „benachbarten": Wie viele Zehnerstangen werden für einen Tausenderwürfel benötigt? Wie viele Hunderterplatten können aus einer Zehntausenderstange gesägt werden? Der Vorteil des Zehnersystem-Materials ist, dass es nicht nur konkret für den Aufbau direkter Zahlvorstellungen eingesetzt, sondern gedanklich sowohl für größere als auch für kleinere Bündelungseinheiten fortgesetzt werden kann. So können 10 Zehntausenderstangen zu einer Hunderttausenderplatte, 10 Hunderttausenderplatten zu einem Millionenwürfel usw. gebündelt werden. Ebenfalls kann ein Einerwürfel *in der Vorstellung* in 10 Zehntelplatten entbündelt werden, eine dieser Zehntelplatten in 10 Hundertstelstangen usw.

Obwohl das Zehnersystem-Material sehr tragfähig für den Aufbau von Zahlvorstellung ist, kann nicht vorausgesetzt werden, dass es alle Lernenden am Übergang von der Primar- zur Sekundarstufe angemessen deuten können. Dies zeigen Befunde aus der o. g. Untersuchung. Hierbei sollten die Schülerinnen und Schüler zu Beginn des 5. Schuljahres eine vorgegebene Anzahl als Dezimalzahl notieren (Abb. 3.16).

Abb. 3.16 Übersetzung Zehnersystem-Material – Dezimalzahl (1 032) im Rahmen von *ILeA plus* zu Beginn des fünften Schuljahres. (© ILeA plus, LISUM, 2019)

Diese Aufgabe wird von zwei Drittel der Schülerinnen und Schüler korrekt bearbeitet (66,6 %, $N=$ 3 044). Als Ursache für die häufigste Fehllösung (132; 7,3 %) und viele weitere Fehllösungen (z. B. 1 302; 10 032; 321; 1 032; 1 320) kann angenommen werden, dass die Schülerinnen und Schüler entweder unsicher sind bei der Deutung des vorgegebenen Materials oder beim Notieren von Zahlen, vor allem wenn dabei unbesetzte Stellen durch die Null gekennzeichnet werden müssen. Besonders am Übergang von der Primar- zur Sekundarstufe sollte daher das sichere Schreiben, Lesen und Verstehen großer Zahlen auf Grundlage der Prinzipien des Stellenwertsystems erneut in den Blick genommen werden. Dass dabei das erfolgreiche Nutzen tragfähiger Darstellungen nicht immer vorausgesetzt werden kann, ist ein guter Anlass, den Umgang mit diesen Darstellungen gemeinsam zu thematisieren.

Ein weiteres tragfähiges Arbeitsmittel ist der Zahlenstrahl: Am Zahlenstrahl können sowohl natürliche Zahlen aller Zahlenräume als auch Dezimalbrüche ordinal dargestellt werden (vgl. Abschn. 3.7 und 6.4). Das Verorten und Ablesen von Zahlen aktiviert Grundvorstellungen zu Zahlen und kann bei Berücksichtigung der Skalierung und Beschriftung genauso wie bei der konkreten Darstellung mit Zehnersystem-Material *direkte Zahlvorstellungen* unterstützen: Eine Zahl kann mit Bezugnahme zur Eins kardinal bzw. ordinal konkret am Arbeitsmittel dargestellt werden. Doch auf Grundlage eines tragfähigen Stellenwertverständnisses kann der Zahlenstrahl auch genutzt werden, um bei gröberen Skalierungen Zahlen weit über den Zahlenraum bis 100 hinaus darzustellen und aufzufassen. Wenn ein Zahlenstrahl von 0 bis 10 000 gegeben und dieser in zehn Abschnitte unterteilt ist, muss zunächst überlegt werden, welche Zahlen an den Skalierungsstrichen verortet sind. Diese gedankliche Auseinandersetzung mit den Stellenwerten und deren Zusammenhängen ermöglicht die Ausbildung indirekter Zahlvorstellungen (vgl.Abschn. 3.2).

Beim Interpretieren und Deuten von Zahlen mit sehr großen oder sehr kleinen Stellenwerten (826 331 oder 0,0092) werden jedoch direkte bzw. indirekte Zahlvorstellungen nicht mehr tragfähig sein, da eine Bezugnahme zur Eins kaum noch möglich oder sinnvoll ist. Hier kommen zunehmend *relationale Zahlvorstellungen,* also das Nutzen von Zahlbeziehungen, zum Einsatz (vgl. Abschn. 3.2). Ist eine Menge von 826 331 viel oder wenig – in Bezug auf 1 Mrd. oder in Bezug auf 1 000? Ist die Zahl 0,0092 groß oder klein – in Bezug auf 0,0001 oder in Bezug auf 0,1?

Diese relationalen Zahlvorstellungen können auch an ordinalen Darstellungen wie dem Zahlenstrahl aufgebaut und an ihnen können Zahlbeziehungen diskutiert werden. Durch die Wahl von Ausschnitten können die betrachteten Zahlen mit den gewählten Bezugszahlen in Beziehung gesetzt werden. Auf diesem Weg ist eine Kommunikation über große Zahlen und Dezimalbrüche auf der Grundlage von Zahlvorstellungen möglich. Das Ziel ist die Nutzung relationaler Zahlvorstellungen ohne konkrete oder gedankliche Bezugnahme auf kardinale oder ordinale Arbeitsmittel. Das Zehnersystem-Material bzw. der Zahlenstrahl ist jedoch wesentlich für den Aufbau dieser Zahlvorstellung und stellt eine Kommunikationshilfe für die Beschreibung der Beziehungen von natürlichen Zahlen oder Dezimalbrüchen dar.

In Bezug auf große Zahlen zeigt sich insgesamt, dass eine Verknüpfung zwischen kardinalen und ordinalen Zahlvorstellungen unverzichtbar ist. Während die kardinalen Repräsentanten (Zehnersystem-Material) ein Verständnis des Stellenwertsystems ermöglichen, können an ordinalen Darstellungen relationale Zahlvorstellungen entwickelt und genutzt werden.

In Tab. 3.3 wird ein Überblick gegeben, welche Inhalte und Kompetenzen beim Übergang von der Primar- zur Sekundarstufe in Bezug auf das Stellenwertverständnis und Grundvorstellungen zu Zahlen eine besondere Rolle spielen.

Tab. 3.3 Inhalte in Bezug auf Zahldarstellung und -auffassung am Übergang

	Natürliche Zahlen bis 100	Natürliche Zahlen über 100	Dezimalbrüche	Gemeine Brüche
Bündelungs-prinzip	Bündeln Entbündeln	*Fortgesetztes* Bündeln *Fortgesetztes* Entbündeln (bis 1)	*Unbegrenztes* fortgesetztes Bündeln und Entbündeln	*Genügt nicht, um Zahl zu interpretieren*
Nennwertprinzip	Anzahl der Bündel mit Ziffer beschrieben	Anzahl der Bündel mit Ziffer beschrieben	Anzahl der Bündel mit Ziffer beschrieben	*Genügt nicht, um Zahl zu interpretieren*
Positionsprinzip	Position der Ziffer bezeichnet Stellenwert	Position der Ziffer bezeichnet Stellenwert	Position der Ziffer bezeichnet Stellenwert	*Position des Zahleintrags (Zähler/Nenner) bedeutsam*

Die prozessorientierte Thematisierung der Inhalte kann an den tragfähigen Arbeitsmitteln erfolgen, die in Tab. 3.4 verortet sind.

Tab. 3.4 Arbeitsmittel zur Thematisierung der Inhalte

	Natürliche Zahlen bis 100	Natürliche Zahlen über 100	Dezimalbrüche	Gemeine Brüche
Kardinale Zahlauffassung und -darstellung (konkret)	Zehnersystem-Material	Zehnersystem-Material (eingeschränkt)	Rechteckmodelle*	Rechteckmodelle*
Kardinale Zahlauffassung und -darstellung (gedanklich)	Zehnersystem-Material	Zehnersystem-Material (uneingeschränkt)	Rechteckmodelle* Zehnersystem-Material*	Rechteckmodelle*
Ordinale Zahlauffassung und -darstellung (gedanklich und konkret)	Zahlenstrahl	Zahlenstrahl	Zahlenstrahl	Zahlenstrahl

* Anmerkung: Zu weiteren Arbeitsmitteln in Bezug auf Brüche vgl. Padberg und Wartha (2017)

Die Ausbildung tragfähiger Zahlvorstellungen ist ein zentrales Ziel des Arithmetikunterrichts (Kap. 1), erst recht am Übergang von der Primar- zur Sekundarstufe. Zahlreiche Anlässe für die Aktivierung von Zahlvorstellungen und das In-Beziehung-Setzen von Zahlen bieten Rechenoperationen und -aufgaben. Dieses weite Feld wird in den folgenden Kapiteln systematisch betrachtet.

Subtraktion und Addition

4

4.1 Subtraktion und Addition am Übergang von der Primar- zur Sekundarstufe

Die Grundrechenarten Addition und Subtraktion sind zentraler Bestandteil des Arithmetikunterrichts ab der Jahrgangsstufe 1 bis weit in die Sekundarstufe hinein. Relevant bei Addition und Subtraktion sind vor allem zwei Aspekte: *Grundvorstellungen* zu den beiden Operationen und *Strategien* zur Berechnung von Rechenausdrücken.

Die *Grundvorstellungen zu den Operationen* (minus bedeutet Wegnehmen, Ergänzen, Teilmengen- oder Unterschiedsbestimmung, plus bedeutet Hinzufügen oder Zusammenfassung) sollen bereits in der Primarstufe aufgebaut werden. Empirische Studien zeigen jedoch, dass auch jenseits von Jahrgangsstufe 4 nicht davon ausgegangen werden kann, dass bei allen Lernenden alle Grundvorstellungen aktiviert werden können (Moser Opitz 2007, 2009; Schäfer 2005; Schulz et al. 2019b). Insbesondere die Grundvorstellung zur Subtraktion als Unterschiedsbestimmung kann häufig nicht genutzt werden. Dies ist aus wenigstens drei Gründen sehr problematisch:

1. Ohne Grundvorstellungen können Textaufgaben (in diesem Fall in Situationen, bei denen es um Differenzbildung geht) nicht über mathematische Rechenausdrücke bearbeitet werden.
2. Die Lösung von Subtraktionsaufgaben über unterschiedsbestimmende Rechenstrategien liegt nicht nahe, wenn das Minuszeichen ausschließlich im Sinne des Wegnehmens interpretiert werden kann.
3. Ganze Zahlen können nicht als „gerichtete Unterschiede" von natürlichen Zahlen interpretiert werden (3 als Unterschied von 5 und 2, –3 als Unterschied von 2 und 5). Für fundierte Informationen zur fachmathematischen Zahlbereichserweiterung auf ganze

© Der/die Autor(en), exklusiv lizenziert durch Springer-Verlag GmbH, DE, ein Teil von Springer Nature 2021

A. Schulz und S. Wartha, *Zahlen und Operationen am Übergang Primar-/Sekundarstufe,* Mathematik Primarstufe und Sekundarstufe I + II,
https://doi.org/10.1007/978-3-662-62096-0_4

Zahlen wird auf Padberg et al. (1995) und Büchter und Padberg (2019, S. 299 ff.) verwiesen. Auch beim Rechnen mit ganzen Zahlen soll die Subtraktion als Bestimmung des Unterschieds gedeutet werden können.

Daher ist der Aufbau bzw. die Aktivierung von *allen* Grundvorstellungen zur Subtraktion und Addition ein zentrales Thema am Übergang der Primar- zur Sekundarstufe.

Rechenstrategien zur Addition und Subtraktion mit Zahlen größer als 100 werden in den Jahrgangsstufen 3 bis 6 thematisiert und stellen somit einen klassischen Lerninhalt am Übergang von Primar- zu Sekundarstufe dar. Im dritten und vierten Schuljahr werden einerseits gestützte Kopfrechenstrategien mit Zahlen größer als 100, andererseits die schriftlichen Rechenverfahren thematisiert. Diese Inhalte werden in der Jahrgangsstufe 5 aufgegriffen und stellen insbesondere die Grundlage für Rechenstrategien und -verfahren mit Dezimalbrüchen dar.

Alle nichtzählenden Strategien greifen auf die Zerlegungen der Zahlen bis einschließlich 10 zurück. Auch wenn die Rechenstrategien in den Jahrgangsstufen 3 bis 6 thematisiert werden, so werden die Grundlagen hierfür bereits in der Jahrgangsstufe 1 in Form von Zahlzerlegungen, Term- und Aufgabenbeziehungen und Rechenstrategien thematisiert. Die Zerlegungen können subtraktiv ($9-3=6$) oder additiv ($6+3=9$) beschrieben werden. Bereits in den ersten beiden Schuljahren werden diese Zahlzerlegungen im Stellenwertsystem genutzt, um operative Rechenstrategien im Zahlenraum (ZR) bis 100 aufzubauen.

Exkurs: Kritisch-konstruktive Fragen an die traditionelle Reihenfolge „erst plus, dann minus"

- Was wird als einfacher empfunden: Plusaufgaben oder strukturgleiche Minusaufgaben? Gibt es für eine Präferenz inhaltliche Gründe?
- Warum werden Subtraktionsaufgaben in vielen Studien rund 20 % seltener richtig gelöst als strukturgleiche Additionsaufgaben?
- Ist das Verhältnis der Anzahl von Subtraktions- und Additionsaufgaben in Lehrbüchern bzw. im Unterricht wirklich ausgewogen?
- Warum werden in Lehrwerken der Jahrgangsstufe 1 Zahlzerlegungen fast ausschließlich additiv ($3+6=9$; $5+4=9$), sehr selten aber subtraktiv ($9-6=3$; $9-4=5$) beschrieben?
- Ist die Subtraktion eine „nachrangige" Operation oder gleichberechtigt?
- Kann davon ausgegangen werden, dass eine ausführliche Besprechung von Strategien und Verfahren zur Addition einfach auf die Subtraktion „in die andere Richtung" übertragen werden kann?
- Können Fehler wie $41-39=18$ oder $41-39=40-30-1-9=0$ mit einer fehlerhaften Übertragung erfolgreicher Strategien aus der Addition (Nutzen der Kommutativität oder Summe aller Stellenwerte) erklärt werden?

- Kann nicht viel eher davon ausgegangen werden, dass eine ausführliche Besprechung von Strategien und Verfahren zur Subtraktion besser auf die Addition „in die andere Richtung" übertragen werden kann?
- Wird die Subtraktion als Eingrenzung und Zurücknahme von Regeln empfunden (bei Minus gilt kein Kommutativgesetz, bei Überträgen ist stellenweises Rechnen problematisch)?
- Könnte die Addition, die nach der Subtraktion systematisch besprochen wird, als Öffnung und Erweiterung von Regeln empfunden werden? Bei Plus dürfen Zahlen vertauscht werden, selbst bei Aufgaben mit Übertrag kann „Stellenweise extra" vorgegangen werden.

Bevor Grundvorstellungen zur Addition und Subtraktion, die Darstellung operativer Rechenstrategien und schriftlicher Rechenverfahren hier systematisch thematisiert werden, findet eine Diskussion der Bedeutung des Rechnens für den Aufbau von Zahl- und Operationsvorstellungen statt.

4.2 Rechnen ist kein Selbstzweck

Es ist im 21. Jahrhundert für Beruf und Alltag durchaus verzichtbar, Aufgaben wie $827 - 378$ schnell und sicher berechnen zu können, denn hierfür können Taschenrechner und Mobiltelefone benutzt werden. Deutlich wichtiger ist, dass zu den verwendeten Symbolen (hier: die Zahlen 827 und 378 sowie das Minuszeichen) Grundvorstellungen aufgebaut sind und aktiviert werden können (Rechtsteiner-Merz 2013; Wartha et al. 2014; Wessel 2015). Nur mit Hilfe von Grundvorstellungen können Zahlen und Zahlzusammenhänge auch in Alltagssituationen interpretiert und genutzt werden.

Im Folgenden wird aufgezeigt, dass „Rechnen" nicht mit dem Ziel unterrichtet wird, dass die Lernenden wie menschliche Taschenrechner die komplexesten Terme richtig berechnen können, sondern dass die Auseinandersetzung mit Rechenaufgaben dem übergeordneten Ziel dient, Grundvorstellungen auszubilden und zu vernetzen.

Stopp – Aktivität!
Richtig oder falsch? Begründen Sie *ohne* auszurechnen:
$732 - 282 = 650$ $268 + 295 = 463$ $812 - 788 = 176$ $\frac{3}{8} - \frac{2}{5} = \frac{1}{3}$

Mit Grundvorstellungen zu Zahlen, zur Subtraktion und Addition können die ersten drei Gleichungen schnell als fehlerhaft identifiziert werden. Ein exaktes Rechnen ist nicht nötig, da sich eine Art „Zahlgefühl" ungefragt meldet und die Zahl des Ergebnisses in Beziehung zum Rechenausdruck bringt: Diese Zahlvorstellung und die Grundvorstellung des Subtrahierens als Wegnehmen zeigen auf, dass das Ergebnis des ersten Terms deutlich kleiner als 650 sein muss, da von etwas mehr als 700 fast 300 weggenommen werden.

Ebenso kann beim zweiten Term mit Zahlvorstellungen und der Interpretation des Plus-Zeichens als Hinzufügen überschlagen werden, dass die Summe zweier Zahlen, die größer als 250 sind, nicht kleiner als 500 sein kann.

Beim dritten Rechenausdruck kann über die Interpretation der Subtraktion als Unterschiedsbestimmung überlegt werden, dass der Abstand zwischen 812 und 788 nicht größer als 100 sein kann.

Interveniert die Zahlvorstellung beim vierten Term ebenfalls sofort? Der Unterschied von zwei Zahlen, die beide nur ein bisschen kleiner als ein Halb sind, kann nicht $\frac{1}{3}$ betragen. Aber war auf den ersten Blick sichtbar, dass das Ergebnis kleiner als 0 sein muss, da $\frac{3}{8}$ kleiner als $\frac{2}{5}$ ist?

Grundvorstellungen zu Zahlen ermöglichen es uns, Zahlen in Beziehung zu setzen und in Bezug auf die Ergebnisse der Rechenterme eine Erwartungshaltung aufzubauen. Diese ist auch nötig, wenn Terme mit Taschenrechnern berechnet werden, um beispielsweise Eingabefehler oder Fehler bei der Wahl der Rechenoperation schnell aufdecken zu können.

Fehlende Zahlvorstellungen können oberflächlich mit dem Wissen um (richtig oder falsch angewandte) „Rechentricks" kompensiert werden. Gerade für leistungsschwächere Lernende kann das jedoch problematisch sein, da eine verminderte Merkfähigkeit für Schemata häufig dafür sorgt, dass diese verwechselt oder unzulässigerweise verallgemeinert werden: „Tricks" werden oft auch bei Rechnungen eingesetzt, für die sie keine Gültigkeit haben (Kaufmann 2003; Padberg und Benz 2011; Rathgeb-Schnierer 2006).

Wenn der Bruchterm als falsch gekennzeichnet wurde, dann lag das vielleicht auch am Wissen um die zentrale Fehlerstrategie „Zähler minus Zähler, Nenner minus Nenner", die aufgezeigt hat, dass das Ergebnis nicht stimmen kann. Hier greift sogenanntes „negatives Wissen" (Oser et al. 1999). Das Wissen um falsche Strategien (z. B. Zähler minus Zähler und Nenner minus Nenner führt nicht zum richtigen Ergebnis) hilft beispielsweise, wenn typische Fehlerstrategien vermieden oder falsche Bearbeitungen identifiziert werden sollen. Ein Ersatz für tragfähige Vorstellungen ist das selbstverständlich nicht.

Im Folgenden werden Vorschläge erarbeitet, wie die Thematisierung von Rechenstrategien und -verfahren zahlreiche Anlässe bieten kann, um

- Grundvorstellungen zu Rechenoperationen zu aktivieren,
- Grundvorstellungen zu Zahlen auszubauen und hierüber Zahlbeziehungen zu thematisieren,
- Argumentieren, Kommunizieren und Darstellen zu lernen und
- über Fehler und Fehlerstrategien zu reflektieren und so „negatives Wissen" aufzubauen.

Diese Kompetenzen gehen deutlich über ein reines „Rechnenkönnen" hinaus. Im Alltag sind es viel eher die Zahl- und Operationsvorstellungen, die benötigt werden. Sie helfen, Zahlen zu evaluieren und zu interpretieren: Wann sind Ergebnisse richtig oder falsch? Ist das Ergebnis realistisch oder unrealistisch in Bezug auf den Kontext? Ist das Ergebnis im Kontext groß oder klein, viel oder wenig, der errechnete Preis teuer oder günstig? Somit wird das Rechnen zum Anlass, Zahl- und Operationsvorstellungen auszubauen und zu verknüpfen (Rathgeb-Schnierer und Rechtsteiner 2018, S. 163; Threlfall 2009).

Diese Sichtweise beschränkt sich nicht auf natürliche Zahlen, sondern gilt gleichermaßen für Dezimalbrüche. Die Grundvorstellungen zu den Rechenoperationen sind für natürliche Zahlen und Brüche genau gleich. Die Kopfrechenstrategien und die schriftlichen Rechenverfahren können von den natürlichen Zahlen auf die Dezimalbrüche übertragen werden. Das gilt sowohl für die Strategien bzw. Verfahren selbst als auch für deren Darstellung an tragfähigen Arbeitsmitteln wie dem Rechenstrich oder dem Zehnersystem-Material. Anlässe für Argumentationen, Darstellungen und Kommunikation über Zahlen und Operationen werden daher unabhängig vom Zahlbereich geschaffen.

Im Folgenden werden die Inhalte an natürlichen Zahlen thematisiert und in Abschn. 4.14 die Zusammenhänge zu den Dezimalbrüchen aufgezeigt. Eine systematische Darstellung der Besonderheiten bei der Subtraktion und Addition von Brüchen (in gemeiner und Dezimalschreibweise) findet in Abschn. 6.8 statt.

4.3 Grundvorstellungen zur Addition und Subtraktion

Grundvorstellungen ermöglichen das Übersetzen zwischen Darstellungsebenen, also beispielsweise zwischen den geschriebenen Symbolen $4+3=?$ bzw. $7-3=?$ und Bildern, Modellen und Textaufgaben. Die Terme können hierbei dynamisch (z. B. durch Handlungen) und statisch (z. B. in einem Bild) interpretiert werden (Kap. 1). In der Regel können auch Zusammenhänge zwischen den dynamischen Prozessen und den statischen Zuständen hergestellt werden: wenn eine Handlung in einem Bild festgehalten bzw. zu einem Bild eine Handlung beschrieben wird.

Zur Addition können die Grundvorstellungen des Hinzufügens (dynamisch) und der Zusammenfassung (statisch) unterschieden werden. Zum Beispiel kann der Term $4+3$ mit den Grundvorstellungen in ein Hinzufügen von 3 Plättchen zu 4 Plättchen und der Frage nach der Gesamtmenge übersetzt werden. Das Ergebnis dieser Handlung kann in einem Bild festgehalten werden und entspricht bei der Zusammenfassung von 3 und 4 Plättchen der Frage nach der Gesamtmenge (Abb. 4.1).

Auch der Zusammenhang zwischen Textaufgaben und dem Term kann über die Grundvorstellungen erfolgen. So können Situationstypen (Radatz 1983; Riley et al. 1983; Stern 1998) des „Veränderns" und des „Verbindens" bei Textaufgaben mit Additionstermen beschrieben werden (Abb. 4.1).

Situation: dynamisch	Bild	Situation: statisch
Julia hat drei Äpfel und bekommt vier Äpfel geschenkt. Wie viele Äpfel hat sie bekommen? Grundvorstellung: Hinzufügen	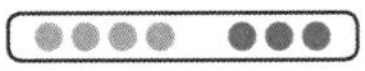 ●●●● ●●●	Auf dem Tisch liegen drei Äpfel. Im Karton liegen vier Äpfel. Wie viele Äpfel sind das insgesamt? Grundvorstellung: Zusammenfassung

Abb. 4.1 Grundvorstellungen zur Addition am Beispiel des Zusammenhangs zwischen 4 + 3 und Textaufgaben bzw. Bild

Die Subtraktion als Umkehroperation zur Addition kann entweder die Frage nach der Restmenge oder nach dem Unterschied beschreiben. Wird auch hier die Unterscheidung in statisch und dynamisch vorgenommen, so ergeben sich vier verschiedene Grundvorstellungen.

Der Term $7-4$ kann interpretiert werden, indem von 7 Plättchen nun 4 weggenommen werden und die Restmenge das Ergebnis darstellt. Wird der Term in diesem Sinne statisch gedeutet, wird von der Gesamtmenge 7 die Teilmenge 3 angegeben und nach der anderen Teilmenge gefragt (Abb. 4.2).

Situation: dynamisch	Bild	Situation: statisch
Von 7 Birnen werden 3 Birnen aufgegessen. Wie viele sind noch da? Grundvorstellung: Wegnehmen	 ●●●● ●●●	Von 7 Birnen sind 3 Birnen faul. Wie viele sind nicht faul? Grundvorstellung: Teilmengenbestimmung
Max hat 7 Birnen. Eli hat 3 Birnen. Wie viele braucht Eli noch, damit sie genauso viele hat wie Max? Grundvorstellung: Ergänzen	 ●●● ●●●● ●●●	Max hat 7 Birnen. Eli hat 3 Birnen. Wie viele hat Max mehr als Eli? Grundvorstellung: Unterschiedsbestimmung

Abb. 4.2 Grundvorstellungen zur Subtraktion am Beispiel des Zusammenhangs zwischen 7 − 3 und Textaufgaben bzw. Bildern

Eine andere Vorstellung zur Subtraktion ist die Frage nach dem Unterschied (statisch) von 3 und 7 Plättchen. Diese Situation kann auch durch den Term $7 - 3$ ausgedrückt und berechnet werden. Wird die Frage nach dem Unterschied durch eine Handlung dynamisch interpretiert, so wird der Term $7 - 3$ übersetzt mit der Frage, wie viele zu 3 Plättchen ergänzt werden müssen, damit es 7 sind. Es sei angemerkt, dass zur dynamischen (enaktiven) und statischen (ikonischen) Darstellung nicht zwingend zwei Mengen gelegt werden müssen: 3 Plättchen liegen da. Wie viele fehlen/müssen dazugelegt werden, dass es 7 Plättchen sind?

Zur besseren Unterscheidung werden hier jedoch zwei Mengen betrachtet, da so die Frage nach dem Unterschied deutlicher sichtbar wird (Abb. 4.2).

Bei der Subtraktion ergeben sich in diesem Sinne wenigstens vier verschiedene Situationstypen für Textaufgaben (Radatz 1983; Riley et al. 1983; Stern 1998):

- Verändern im Sinne des Wegnehmens: Abb. 4.2 oben links
- Verbinden (unbekannte Teilmenge bestimmen): Abb. 4.2 oben rechts
- An-/Ausgleichen: Abb. 4.2 unten links
- Vergleichen: Abb. 4.2 unten rechts

„Klassische Subtraktionskontexte" des Wegnehmens sind daher nur ein kleiner Ausschnitt der Sachsituationen, bei denen ein Subtraktionsterm zur Beschreibung möglich ist. In Abb. 4.2 sind je zwei dynamische und statische Rechengeschichten vorgeschlagen.

Empirische Studien zeigen, dass die statischen Grundvorstellungen deutlich seltener aktiviert werden können als die dynamischen (Landesinstitut für Schule und Medien Berlin-Brandenburg 2019; Schipper et al. 2011). Auch Bearbeitungen innerhalb des Kontextes (z. B. Murmeln), die nicht die Angabe eines Terms erfordern, werden bereits von 5- bis 6-Jährigen seltener erfolgreich durchgeführt, wenn es sich um statisch formulierte Situationen handelt (Stern 1998).

Grundvorstellungen sind unabhängig von den eingesetzten Repräsentanten (Äpfel oder Birnen), von der sprachlichen Ausgestaltung der Idee, mit der die Situation umgesetzt ist („wegnehmen", „aufessen", „stehlen", „verschenken" …), und vom Zahlenmaterial (vom Hofe 1995). Die gewählten Beispiele sind bewusst im Zahlenraum bis 10 beschrieben. Die Grundvorstellungen bleiben erhalten, auch wenn mit Zahlen in größeren Zahlenräumen oder mit (positiven) Brüchen gearbeitet wird (Padberg und Wartha 2017). Grundvorstellungen ermöglichen insbesondere Übersetzungen zwischen den Textaufgaben aller Situationstypen und den passenden Rechenausdrücken. Darüber hinaus ermöglichen sie das sinnvolle Nutzen von didaktischen Materialien, indem sie den Zusammenhang zwischen der mathematischen Symbolik und den Modellen herstellen.

4.4 Rechnen mit Zahlen oder mit Ziffern

Bei der Betrachtung der Zeichenfolgen „H u n d“ und „D u r f“ fällt auf: Beide bestehen aus vier Buchstaben, jedoch können beim ersten Begriff Assoziationen mit einem Haustier aktiviert werden, beim zweiten nicht. Der Unterschied zwischen den Zeichenfolgen kann darin gesehen werden, dass bei „Hund“ Grundvorstellungen aktiviert, also nicht nur vier Symbole H, u, n und d wahrgenommen werden, sondern daraus ein Wort gebildet wird. Bei diesem Wort wird somit ein Übersetzungsprozess auf eine nichtsymbolische Ebene ermöglicht, bei „Durf“ gelingt das nicht. Obwohl letztere Zeichenfolge gelesen und abgeschrieben werden kann, ist es nicht möglich, eine Grundvorstellung zu aktivieren – es bleibt auf der Ebene der vier Symbole D, u, r und f.

Dieses Beispiel bedeutet im Bereich der Zahlen, dass es ein grundlegender Unterschied ist, ob nur „Aneinanderreihungen von Zeichen“ (Ziffernfolgen) oder „Zahlen“ betrachtet werden.

Die Zahl 1 205 kann auf Ziffernebene als Aneinanderreihung der Symbole 1, 2, 0 und 5 „gesehen“ werden. Um allerdings eine Interpretation auf Zahlenebene zu ermöglichen, werden die Ziffern im Stellenwertsystem betrachtet – zum Beispiel durch eine Übersetzung in Mengen (1 Tausenderwürfel, 2 Hunderterplatten, 5 Einerwürfel) oder in eine Position am Zahlenstrahl (vgl. Kap. 2 und 3). So können die Ziffern *interpretiert* und nicht nur gelesen und abgeschrieben werden. Dies geschieht ausgehend von ihrer Position: Obwohl 1 kleiner als 2 ist, steht die 1 (Tausend) für deutlich mehr als die 2 (Hundert). Darüber hinaus können Zahlbeziehungen genutzt werden: 1 205 ist mehr als 1 000, aber weniger als 2 000 (kardinal), am Zahlenstrahl ist 1 205 näher an der 1 000 als an der 1 500 verortet. Für die Zahl werden 12 Hunderterplatten benötigt. Wenn ein Laptop 1 205 € kostet, müssen dafür mindestens 12 Hunderter bezahlt werden.

Beim Arbeiten mit Zahlen, zum Beispiel beim Rechnen, stellt sich daher die Frage, ob die in der Rechenaufgabe vorkommenden *Zahlen* verknüpft oder in die „Bestandteile“, also die *Ziffern,* zerlegt werden, um diese zu verrechnen (Krauthausen und Scherer 2007). Streng genommen können Ziffern nicht verrechnet werden, sondern nur die durch sie dargestellten einstelligen Zahlen. Im Folgenden wird jedoch von „Ziffern“ gesprochen, wenn einstellige Zahlen gemeint sind.

Ziffernstrategien kommen (scheinbar) gerade leistungsschwachen Rechnern entgegen, da sie zum Rechnen nur den Zahlenraum bis 20 benötigen, auch wenn es sich um drei- oder mehrstellige Zahlen handelt. Was aber vordergründig nach einer Erleichterung aussieht, erweist sich als ungünstig: Werden Zahlen nie oder selten in Gebrauch genommen, gibt es keinen Anlass, Zahlvorstellungen auszubilden und zu aktivieren. Die Ziffernstrategien ermöglichen zwar bisweilen korrekte Lösungen, jedoch können diese ohne Zahlvorstellungen nicht interpretiert oder evaluiert werden.

Stopp – Aktivität!
Wie berechnen Sie die Aufgabe $701-698$?

1. Rechnen Sie mit Zahlen oder mit Ziffern?
2. Entscheiden Sie, welcher Rechenweg Zahlen in Gebrauch nimmt und bei welchem Weg „nur“ mit Ziffern gerechnet wird:
   - (Schrittweise) Ergänzen: der Unterschied zwischen 698 und 701 beträgt 3.
   - Schrittweise wegnehmen: $701-600=101$, $101-90=11$, $11-8=3$
   - Ziffernweise extra: $7-6=1$, $0-9=-9$, $1-8=-7$, $100+(-90)+(-7)=3$
   - Hilfsaufgabe: $701-698=701-(700-2)=701-700+2=1+2=3$
   - Gleichsinniges Verändern: $701-698=703-700=3$
   - Schriftliches Verfahren: (Abb. 4.3)

Abb. 4.3 Lösung über Ziffernrechnen beim schriftlichen Algorithmus

```
  701
- 698
-----
  003
```

Für die Aktivierung von Zahl- und Operationsvorstellungen eignen sich vor allem Aufgaben, bei denen es vorteilhaft ist, wenn mit *Zahlen* gerechnet wird. Die Strategien des Ziffernrechnens sind gerade bei dieser Aufgabe nicht empfehlenswert, da sie vergleichsweise aufwendig und fehleranfällig sind.

Stopp – Aktivität!
Wie berechnen Sie die Aufgabe $784-253$?
Rechnen Sie mit Ziffern oder mit Zahlen?

Während bei der Aufgabe $701-698$ Strategien des Zahlenrechnens günstig sind, bieten diese bei der Aufgabe $784-253$ keine nennenswerten Rechenvorteile.

Naheliegend ist hier eine Berechnung über eine ziffernweise Vorgehensweise. Diese kann in einer (gestützten) Kopfrechenstrategie „Ziffernweise extra“ oder „Stellenweise extra“ oder in der Ausführung des schriftlichen Algorithmus bestehen: Bei den Hundertern wird $7-2$, bei den Zehnern $8-4$ und bei den Einern $4-3$ gerechnet.

Mit anderen Worten: Bei dieser Aufgabe ist kein Vorteil gegeben, wenn tragfähige Zahlvorstellungen aktiviert werden können.

Werden im Unterricht vorzugsweise Aufgaben berechnet, bei denen auch mit einem tragfähigen „Zahlenblick“ (Schütte 2004) kein Rechenvorteil auszumachen ist (z. B. 784 – 253), dann werden Ziffernstrategien als attraktivere Lösungswege dominieren. Wenn ein zentrales Ziel des Arithmetikunterrichts jedoch der Aufbau von Zahlvorstellungen ist, dann sollten beim Zahlenrechnen vor allem Aufgaben herangezogen werden, bei denen das Nutzen von Zahlbeziehungen den Rechenweg deutlich erleichtert.

4.5 Flexibles und adaptives Rechnen: Wahl der Methode und der Strategie

Es können drei *Rechenmethoden* unterschieden werden (Padberg und Benz 2020; Schipper 2009):

- Kopfrechnen: Rechenterme werden ohne Zuhilfenahme von Stift und Papier nur durch gedankliche Prozesse gelöst.
- Gestütztes Kopfrechnen (auch „halbschriftliches“ Rechnen): Zwischenrechnungen oder -ergebnisse werden beim Rechenprozess notiert, um das Kopfrechnen zu entlasten.
- Schriftliche Rechenverfahren: Über Algorithmen werden Terme berechnet, indem die Ziffern der Zahlen über feste Regeln verknüpft und Zwischenschritte schematisch schriftlich notiert werden.

Beim reinen oder gestützten Rechnen im Kopf können verschiedene *Strategien* unterschieden werden (Benz 2007; Selter und Spiegel 1997). Diese werden häufig bereits im Zahlenraum bis 20 thematisiert und sollen im Laufe der Schuljahre auf immer größere Zahlenräume (bis 100, 1000 etc.) und Zahlbereiche (Dezimalbrüche) übertragen werden. Bei der Addition und Subtraktion sind dies beispielsweise das *schrittweise Rechnen (bis zum Zehner und dann weiter), Hilfsaufgaben (eine einfachere Aufgabe wird berechnet* und das Zwischenergebnis passend geändert), gleich- bzw. gegensinniges Verändern (beide Zahlen der Aufgabe werden so verändert, dass das Ergebnis gleich bleibt) oder ein Rechnen innerhalb der Stellenwerte („Stellenwerte extra“). *Grundvorstellungen zu Strategien* sind aufgebaut, wenn die Strategien nicht nur mit den mathematischen Symbolen, sondern auch an geeigneten Anschauungsmitteln durchgeführt und erklärt werden können (Wartha und Schulz 2012).

Stopp – Aktivität!
Betrachten Sie die folgenden vier Aufgaben (Quelle: Selter 2000):
(1) 845 – 399 (2) 701 – 698 (3) 785 – 515 (4) 836 – 567

Überlegen Sie:
a) Welche der Aufgaben würden Sie über einen schriftlichen Algorithmus lösen, welche im Kopf?
b) Welche Strategie würden Sie bei den Kopfrechenaufgaben verwenden?
c) Welche der Aufgaben werden wohl von Kindern der Jahrgangsstufe 4 besonders häufig richtig gelöst, welche nicht?

Wenn zu Zahlen Grundvorstellungen aktiviert werden können, dann ist die Bearbeitung der ersten Aufgabe über eine Hilfsaufgabe (zunächst –400, anschließend +1) oder gleichsinniges Verändern zu 846 – 400 naheliegend.

Werden bei der zweiten Aufgabe 701 – 698 *ordinale* Zahlvorstellungen (die Zahlen liegen „nahe beieinander") und die Grundvorstellung der Subtraktion als *Unterschiedsbestimmung* aktiviert, so kann das Ergebnis schnell durch Ermittlung des Abstandes beider Zahlen ermittelt werden.

Ein kurzes Innehalten vor dem Rechnen und Betrachten der Zahlen der dritten Aufgabe 758 – 515 ergibt, dass keine Stellenübergänge vorliegen und daher die Aufgabe schnell durch die Ermittlung der Differenzen der Ziffern in den Stellenwerten (7 – 5, 5 – 1 und 8 – 5) bearbeitet werden kann.

Ein entsprechendes Vorgehen ist hingegen bei der vierten Aufgabe 836 – 567 nicht möglich. Auch noch so tragfähige Grundvorstellungen zu den Zahlen erlauben hier keine besonders *effektive* Vorgehensweise. Es liegt nahe, diese Aufgabe (als einzige) über ein schriftliches Verfahren zu bearbeiten, da reines Kopfrechnen wegen des Merkens von Zwischenergebnissen aufwendig erscheint.

Werden bei den Bearbeitungen der Aufgaben (mehr oder weniger bewusst) jeweils andere Rechenstrategien verwendet, dann ist die Strategiewahl des jeweiligen rechnenden Menschen *flexibel.* Flexibles Rechnen bedeutet, dass zur Lösung von Rechenausdrücken nicht nur *eine* Strategie zur Verfügung steht, sondern dass unterschiedliche Rechenwege beschritten werden können (Selter 2009). Wenn nicht nur verschiedene, sondern auch jeweils besonders passende Werkzeuge bzw. Strategien gewählt werden, ist die Wahl der Strategie auch *adaptiv* (Heinze et al. 2009; Threlfall 2009). Das bedeutet, dass in Abhängigkeit vom Zahlenmaterial eine Strategie gewählt wird, die besonders effektiv ist. Ob Effektivität „besonders schnell und sicher" (Lemaire und Siegler 1995) oder „besonders wenige Rechenschritte" (Beishuizen 1993; Heinze et al. 2009) oder „besonders gut am Arbeitsmittel darstellbar" bedeutet, ist den offenkundigen oder „geheimen" Erwartungshaltungen geschuldet (Peltenburg et al. 2011). Auch gibt es unterschiedliche Auffassungen, ob die Rechenstrategie „vor dem Rechnen" gewählt oder

„während des Rechnens“ entwickelt wird (zu den Begriffen „Flexibilität“ und „Adaptivität“ vgl. auch Rathgeb-Schnierer und Rechtsteiner 2018, S. 68; Heinze et al. 2009; Rechtsteiner-Merz 2013).

Welche Strategie bei einer vorgegebenen Aufgabe als *adaptiv* bezeichnet werden kann, hängt von den Kenntnissen und Einstellungen des bearbeitenden Menschen (Heirdsfield und Cooper 2002; Rathgeb-Schnierer 2006; Schulz 2018b) und den Erwartungshaltungen des Lernumfelds ab. Eine adaptive Bearbeitung der Aufgabe 701 − 698 kann demnach sein:

- unterschiedsbestimmend, wenn die Grundvorstellung des Unterschieds zum Minuszeichen aktiviert werden kann.
- 701 − 700 + 2, wenn das Minuszeichen nur als Wegnehmen interpretiert werden kann und der Zusammenhang zur Hunderterzahl sicher genutzt wird.
- 701 − 600 − 90 − 8, wenn schrittweises Rechnen sicher beherrscht wird und gleichzeitig Unsicherheiten beim Subtrahieren von „Fast-Hunderterzahlen“ vorliegen.
- 701 − 600 − 90 − 8 oder 701 − 700 + 2, wenn eine Dokumentation am Rechenstrich erwartet wird, bei der das Ergebnis am Rechenstrich gekennzeichnet wird.
- schriftlicher Algorithmus, wenn das die im Unterricht gerade vorherrschende Rechenmethode ist, die von der Lehrkraft erwartet wird und geübt werden soll.

Die Aufgaben der letzten Aktivität wurden von Selter (2000) zusammen mit acht weiteren in einer Studie eingesetzt, bei denen die Lösungswege von N = 298 Lernenden zu drei Zeitpunkten (Mitte und Ende des dritten und Anfang des vierten Schuljahres) untersucht wurden. Insbesondere der kurz- und mittelfristige Effekt der Einführung der schriftlichen Rechenverfahren wurde analysiert. Die Ergebnisse der Studie zeigen unter anderem:

- Nach Einführung der schriftlichen Rechenverfahren werden diese unabhängig von den Zahlen der Aufgabenstellung mehrheitlich verwendet.
- Mit schriftlichen Verfahren werden insgesamt mehr richtige Lösungen produziert als mit Strategien des (gestützten) Kopfrechnens.
- Entscheidend für die Lösungshäufigkeit der jeweiligen Aufgaben ist die Anzahl der Überträge und nicht ein möglicher Zahlzusammenhang. Daher werden die Aufgaben 1, 2, 4 annähernd gleich häufig und Aufgabe 3 deutlich häufiger richtig gelöst.
- Die Aufgabe 701 − 698 ist über alle Messzeitpunkte hinweg die schwerste aller zwölf eingesetzten Aufgaben. Eine Zunahme der Lösungshäufigkeit ist vor allem auf die Nutzung des schriftlichen Algorithmus zurückzuführen, der bei dieser Aufgabe aber nicht naheliegend erscheint. Weniger als jeder zweite Lernende konnte in der Jahrgangsstufe 4 die Aufgabe richtig lösen.

Das zentrale Ergebnis der Studie ist, dass der Großteil der Lernenden nicht flexibel beim Rechnen ist. Das lässt nicht nur auf ein eingeschränktes Repertoire an Strategien schließen, sondern vor allem darauf, dass Grundvorstellungen zu Zahlen und Operationen beim Rechnen meistens nicht aktiviert werden (Selter 1998, 2000, 2001).

Die zitierte Studie von Selter hat zahlreiche konstruktive Vorschläge hervorgebracht und die wichtige Rolle des *Zahlenrechnens* gegenüber einem Ziffernrechnen (schriftliche Verfahren) hervorgehoben – auch nachdem die schriftlichen Verfahren unterrichtlich behandelt wurden. Nicht bei allen Aufgaben ist der schriftliche Algorithmus besonders vorteilhaft: $701-698$ ist wegen der beiden Überträge und der 0 im Minuenden besonders fehleranfällig beim schriftlichen Subtrahieren (Jensen und Gasteiger 2019).

Da die Studie von Selter bereits über 20 Jahre zurückliegt und trotz zahlreicher Forschungen (Heinze et al. 2009; Torbeyns et al. 2006; Torbeyns et al. 2009) nicht abschließend geklärt wurde, *warum* die Lernenden viele Aufgaben aus Sicht der Erwachsenen nicht effektiver lösen, wurden im Großraum Karlsruhe mehr als 300 nicht-gymnasiale Lernende der Jahrgangsstufe 5 im Interview zu den Aufgaben $601-598$ und $723-376$ befragt (Wartha et al. 2014).

Zusammenfassend können bei den Bearbeitungen folgende Ergebnisse festgestellt werden:

- Beide Aufgaben werden von ca. 60 % der Lernenden korrekt gelöst.
- Fast die Hälfte aller Befragten berechnet $601-598$ mit dem schriftlichen Algorithmus.
- Über den schriftlichen Algorithmus werden beide Aufgaben am häufigsten richtig gelöst.
- Weniger als 20 % der Lernenden nutzen eine Ergänzungsstrategie bei $701-698$ und damit das, was Fachdidaktik, Curricula, Schulbücher und (Hochschul-)Unterricht anstreben.

Stopp – Aktivität!
Vergleichen Sie die Ergebnisse der Studie von Selter (2000) mit denen von Wartha, Benz und Finke (2014). In welchen Bereichen gibt es substanzielle Veränderungen? Woran kann das liegen?

Auf Grundlage der Interviews können mögliche Gründe hierfür vermutet werden:

- Zahlbeziehungen werden nicht genutzt: Die „Nähe" zwischen 601 und 598 wird *vor dem Rechnen* nicht erkannt und/oder nicht genutzt. Interessanterweise konnten einige Lernende auf Nachfrage bzw. *nach dem Rechnen* durchaus angeben, dass die Zahlen einen Abstand von 3 haben. Die Abstandsangabe „drei" benennen auch viele Kinder korrekt, die sich verrechnet haben (vgl. nächste Aktivität).
- Eingeschränkte Grundvorstellungen zur Subtraktion: Eine einseitige Schwerpunktsetzung auf die Grundvorstellung der Subtraktion als Wegnehmen und die

gleichzeitige Vernachlässigung der Grundvorstellung als Unterschiedsbestimmung bewirken, dass zwar der Abstand zwischen 601 und 598 mit 3 angegeben werden kann, dieser aber nicht als Ergebnis der Rechenaufgabe 601 – 598 verwendet wird.

- Keine Alternativen: Die unterrichtliche Schwerpunktsetzung auf *einen Lösungsweg* (z. B. schriftlicher Algorithmus) hat bewirkt, dass gerade leistungsschwächere Lernende keine Alternativwege kennen bzw. mit einer „Kultur der Diskussion" verschiedener Wege nicht vertraut sind.

Stopp – Aktivität!

Dennis (Jahrgangsstufe 5) hat die Aufgabe 601 – 598 über einen schriftlichen Subtraktionsalgorithmus falsch bearbeitet (Abb. 4.4). Der Interviewer fragt nach:

I: Wenn du dir die Zahlen anschaust, fällt dir was auf?
D: Ja, die 598 ist 2 von der 600 weg und die 601 ist 1 von der 600 [entfernt].
I: Ok, und?
D: Die 601 ist 3 von der 598 entfernt.
I: Und wenn du dir das Ergebnis der Minusaufgabe anschaust (deutet auf 197)?
D: Ja, 197!

Beschreiben Sie Dennis' Bearbeitung kompetenz- und defizitorientiert (Was kann er gut, was kann er noch nicht?). Wie sollte er unterstützt werden?

Die unterrichtliche Herausforderung besteht nun darin, den Lernenden aller Leistungsstufen Lernangebote zu machen, mit denen über die Bearbeitung und Diskussion von Rechenaufgaben nicht nur tragfähige Strategien, sondern auch Grundvorstellungen zu Zahlen und Operationen aufgebaut werden. Dennis kann – zumindest auf Nachfragen – Grundvorstellungen zu Zahlen aktivieren und die Nähe der Zahlen beschreiben. Sein Problem ist vielmehr im Bereich der Grundvorstellungen zu Rechenoperationen zu suchen: Obwohl er weiß, dass der Abstand der Zahlen 3 ist, bringt er das nicht mit dem Subtraktionsterm in Verbindung. Mit anderen Worten: Er aktiviert nicht die Grundvorstellung der Subtraktion als Unterschiedsbestimmung.

Abb. 4.4 Falsche Bearbeitung der Aufgabe 601 – 598 von Dennis

Im Folgenden wird in diesem Zusammenhang davon gesprochen, dass die Lernenden einen „Aufgabenblick" entwickeln sollen. In Anlehnung an den „Zahlenblick" (Rathgeb-Schnierer und Rechtsteiner 2018; Schütte 2004) bedeutet Aufgabenblick, dass vor dem Berechnen eines Terms mit Hilfe eines möglichst passenden Wegs nicht nur die Zahlen in Beziehung gesetzt werden, sondern auch das Operationszeichen adaptiv gedeutet werden kann.

Im letzten Beispiel wurde aufgezeigt, dass häufig zwar Zahlbeziehungen (601 und 598) erkannt und in Kontexten zur Unterschiedsbestimmung genutzt werden, dass aber bei symbolischen Rechenaufgaben (601 − 598) über völlig andere (wegnehmende) Strategien vorgegangen wurde. Eine ausführliche Dokumentation dieses fehlenden Aufgabenblicks trotz gut ausgebildeter Zahlvorstellungen findet sich bei Benz (2007). Mit einem Aufgabenblick werden also Grundvorstellungen zu Zahlen („Nähe" der ordinal interpretierten Zahlen 601 und 598) *und* zu den Operationen („Minus als Abstandsbestimmung") verknüpft.

Stopp – Aktivität!
Gegeben sind die Zahlen 299 und 301.

- Was stellen Sie sich vor, wenn Sie die Zahlen betrachten? Wie beschreiben Sie den Zusammenhang?
- Welche Bedeutung erhält nun das Rechenzeichen bei 301 − 299? Wie werden die Zahlen interpretiert? Auf welchem Weg ermitteln Sie das Ergebnis?
- Über welche Strategie berechnen Sie 299 + 301? Werden die Zahlen genauso wie bei der letzten Aufgabe interpretiert? Über welche Strategie wird das Ergebnis bestimmt?
- Wie nutzen Sie die Zahlbeziehungen bei 301 · 299? Inwiefern hilft die Aufgabe 300 · 300? Ist das Ergebnis bereits 90 000 oder wie muss es noch geändert werden?
- Können Sie das Ergebnis der Aufgabe 301 : 299 abschätzen? Welche Zahlbeziehungen und welche Grundvorstellung zum Operationszeichen nutzen Sie hier?

Die vorausgegangene Aktivität soll aufzeigen, dass das Erkennen und flexible Nutzen von Zahlbeziehungen nur *eine* zentrale Voraussetzung für den Einsatz von möglichst günstigen Lösungsstrategien ist. Eine zweite unverzichtbare Voraussetzung ist die Aktivierung von Grundvorstellungen zu Rechenoperationen. Sie stellen die Basis für das Lernen und Anwenden von Rechenstrategien dar. Gleichzeitig können Zahl- und Operationsvorstellungen durch die anschauliche Besprechung von Rechenstrategien vertieft und vernetzt werden.

4.6 Voraussetzungen: Werkzeuge im ZR 10 und Strategien im ZR 100

Rechenstrategien, die mit Zahlen, nicht mit Ziffern durchgeführt werden, benötigen zahlreiche Vorkenntnisse bzw. Werkzeuge (Rathgeb-Schnierer und Rechtsteiner 2018; Rechtsteiner-Merz 2013; Schulz 2014, 2018b). Auch wenn diese Werkzeuge im großen Zahlenraum benötigt werden, sind sie eigentlich bereits im Zahlenraum bis 10 erfahrbar:

- Zahlen können zerlegt werden (Teil-Ganzes-Beziehung): $9=5+4$ oder $9-4=5$
- Erkennen von Zahlbeziehungen: $3+8$ als Nachbaraufgabe von $3+7$
- Kommutativgesetz bei der Addition: $4+5=5+4$
- Assoziativgesetz bei der Addition: $4+8=4+(6+2)=(4+6)+2=10+2=12$
- Nutzung der Teil-Ganzes-Beziehung beim Rechnen: $12-8=12-(2+6)=(12-2)-6=10-6=4$
- Konstanz der Summe: $4+5=3+6$
- Konstanz der Differenz: $9-4=10-5$
- Addition und Subtraktion als zueinander inverse Rechenoperationen

Auf der Grundlage eines Stellenwertverständnisses können diese Ideen als Analogien genutzt werden, um auch in größeren Zahlenräumen Rechenaufgaben zu lösen. Negativ ausgedrückt: Stehen diese Werkzeuge nicht zur Verfügung, dann ist auch im Zahlenraum über 100 davon auszugehen, dass kein effektives Zahlenrechnen möglich ist, sondern dass „Tricks“ mit Ziffern genutzt werden. Jeder Intervention und Förderung geht daher eine Diagnose der grundlegenden Inhalte und Werkzeuge voraus (Wartha und Schulz 2012).

Bei Wartha und Schulz (2012) wurde ausführlich dargestellt, wie über die auswendig abrufbaren Zerlegungen aller Zahlen bis 10 der Aufbau der Strategie *Schrittweise über den Zehner* durch die Verwendung geeigneten Materials unterstützt werden kann. Der Grundgedanke ist, dass bei Aufgaben des Typs ZE$\pm$E und ZE$\pm$Z zunächst am konkreten Material (der Rechenrahmen bei $72-5$ und das Zehnersystem-Material bei $67-30$) durch ständige handlungsbegleitende Versprachlichung eine Verinnerlichung der Materialhandlung angestrebt wird. Mit Hilfe des „Vier-Phasen-Modells“ (Schipper et al. 2011; Schulz 2015; Wartha et al. 2019) können zahlreiche Lern- und Übungsformate entwickelt werden, die den Lernenden helfen, einerseits die Strategien zu lernen und andererseits diese zu kommunizieren und darzustellen (Wartha et al. 2019).

Gemeinsam ist beiden Arbeitsmitteln, dass sie den kardinalen Zahlaspekt betonen und so in erster Linie Grundvorstellungen zur Zahl als Mengenangabe („Kardinalzahl") aktivieren (Kap. 2). Die Schwerpunktsetzung auf den kardinalen Zahlaspekt *zu Beginn der Entwicklung von Rechenstrategien* kann gut begründet werden:

- Das zentrale Konzept des Teil-Ganzes-Verständnisses wird über die kardinale Vorstellung, dass eine Zahl unterschiedlich zerlegt werden kann, ausgebildet (Fritz et al. 2018; Resnick 1983). Das ist die Grundlage dafür, dass Zahlzerlegungen beim Rechnen genutzt werden können.
- Die Eigenschaften des Stellenwertsystems werden durch Bündelungsaktivitäten und das Arbeiten mit verschiedenen Stellenwerten an kardinalen Repräsentanten erarbeitet und vertieft (Kap. 3). Somit können Analogien beim Rechnen herangezogen werden.

Beide Inhalte können mit ordinalen Zahlvorstellungen nicht gut handlungsorientiert *erarbeitet* werden. Bei der Besprechung von Strategien zu Rechenaufgaben des Typs ZE $\pm$ ZE wie $75 - 38$ stößt die Vorgehensweise mit den geschilderten Materialien jedoch an ihre Grenzen:

- Beim Arbeiten mit dem Rechenrahmen ist der Rechenschritt „$\pm$Z" nicht mit den Konventionen des Arbeitsmittels vereinbar – oder die handelnde Strategie am Rechenrahmen entspricht nicht der angestrebten Kopfrechenstrategie.
- Beim Arbeiten mit Zehnersystem-Material müsste beim Rechenschritt „$\pm$E" eine Zehnerstange ge-/entbündelt werden, was bei der Kopfrechenstrategie nicht nötig ist.
- Die Aufgabe ist so komplex, dass es sehr schwierig ist, alle Handlungen rein gedanklich mit den vorgestellten Repräsentanten durchzuführen.

Daher wird dieser Aufgabentyp zum Anlass genommen, nun ein weiteres Arbeitsmittel einzusetzen, das insbesondere eine hervorragende Kommunikationshilfe ist.

4.7 Rechenstrich als Arbeitsmittel für ordinale Zahldarstellungen

Zur Thematisierung des Aufgabentyps ZE $\pm$ ZE bietet sich der Rechenstrich an. Das Arbeitsmittel ist so tragfähig, dass es sowohl in größeren Zahlenräumen (über 100) als auch in anderen Zahlbereichen (ganze Zahlen, Dezimalbrüche) genutzt werden kann.

Um ein Anknüpfen an Vorkenntnisse zu ermöglichen, beziehen sich im Folgenden die ersten Beispiele auf den Zahlenraum bis 100.

Der Rechenstrich (Beishuizen 1999; Klein et al. 1998) ist eine Darstellung, an der wie beim Zahlenstrahl Zahlen (ordinal) eingetragen werden können. Wie beim Zahlenstrahl werden Zahlen nach rechts größer. Allerdings dient der Rechenstrich vor allem zur *Dokumentation von Rechenwegen,* daher wird nur ein passender Ausschnitt des Zahlenstrahls gewählt, es werden nur die für die Rechnung relevanten Zahlen ungefähr eingetragen und die Abstände der Zahlen höchstens näherungsweise skizziert (Abb. 4.5).

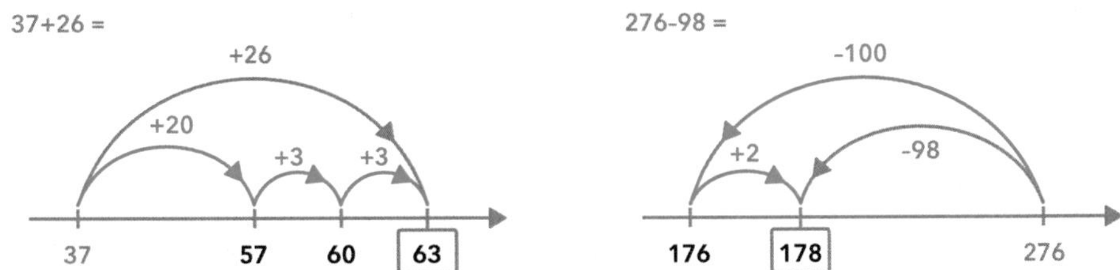

Abb. 4.5 Addition und Subtraktion am Rechenstrich

Der Rechenstrich ist eine hervorragende *Kommunikationshilfe,* das heißt, dass an ihm Rechenwege gut dargestellt, diskutiert und reflektiert werden können. Auch können am Rechenstrich die eingesetzten Strategien begründet und überlegt werden. Der Rechenstrich ist aber *keine Lösungshilfe.* Wenn noch Schwierigkeiten beim Berechnen der Teilschritte vorliegen, bietet der Rechenstrich keine sinnvolle Unterstützung.

Die vier zentralen Voraussetzungen für die Thematisierung des Rechenstrichs und der Strategien sind, dass die Lernenden …

- nicht mehr auf zählende Lösungsstrategien angewiesen sind und Aufgaben der Art ZE ± E und ZE ± Z sicher gedanklich ausführen können,
- die Stellenwerte sicher zuordnen und Analogien (30+40 oder 73+4 über 3+4) effektiv nutzen können,
- die Konventionen des Zahlenstrahls kennen und dort Zahlen über effektive Wege einzeichnen und ablesen können (vgl. Kap. 2 und 3) und
- wissen, dass am Zahlenstrahl die Addition als Sprung nach rechts und die Subtraktion als Sprung nach links bzw. als Bestimmung des Abstands zweier Zahlen dargestellt wird.

Stopp – Aktivität!

Zeichnen Sie jeweils einen Rechenstrich zu den Aufgaben 23 − 8, 78+5 und 72 − 68. Die Aufgaben sollen noch *nicht* berechnet werden.

- Warum haben Sie die 23 eher rechts, die 78 aber eher links eingezeichnet?
- Wo kann das Ergebnis abgelesen werden?
- Nutzen Sie Rechenpfeile oder nur Bögen?
- In welche Richtung zeigen Ihre Rechenpfeile?
- Wie kann eine Minusaufgabe, die über Unterschiedsbestimmung (hier besser ordinal: Abstandsbestimmung) gelöst wird, eingezeichnet werden?

Diese Fragen können Impulse für die Thematisierung von Grundlagen der Darstellung von Subtraktions- und Additionsstrategien am Rechenstrich sein (Abb. 4.6).

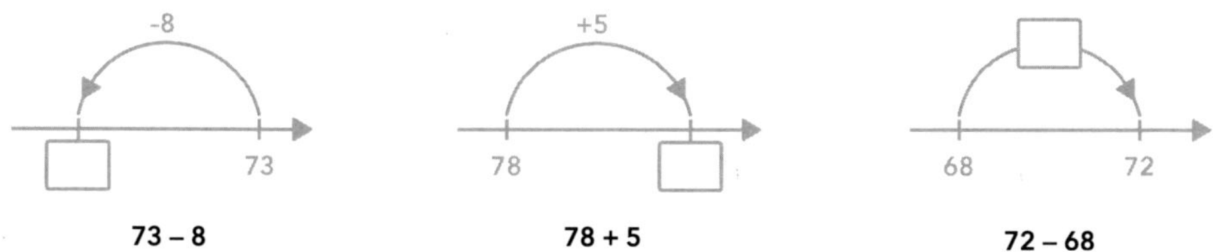

Abb. 4.6 Dynamische Darstellungen von Additions- und Subtraktionstermen am Rechenstrich

Die Diskussion dieser Fragen kann ordinale Zahlvorstellungen und Operationsvorstellungen unterstützen. Sie greifen damit Konventionen des Zahlenstrahls auf: Je größer die Zahl, desto weiter rechts liegt sie. Das kardinale Verständnis der Subtraktion als Wegnehmen wird hier als ordinales Zurückspringen nach links und die kardinale Bedeutung der Addition als Hinzufügen als Vorwärtsspringen nach rechts interpretiert.

Wenn Subtraktionsaufgaben über Strategien der Unterschiedsbestimmung kardinal über die Frage *„Wie viel mehr?"* bearbeitet werden, dann lassen sich diese am Rechenstrich darstellen, indem beide Zahlen der Minusaufgabe am Rechenstrich eingezeichnet werden und der Abstand zwischen ihnen ordinal mit der Frage *„Wie weit weg?"* bestimmt wird. Wichtig ist hierbei, dass das Ergebnis nicht wie bei den ersten beiden Arten von Aufgaben am Ende des Operationspfeils abzulesen ist, sondern durch die „Länge" des Operationspfeils dargestellt ist.

Weitere Impulse diskutieren die Rechenwege und Bearbeitungsstrategien. Hier steht die Frage im Mittelpunkt, wie das Ergebnis bestimmt werden kann (Abb. 4.7):

- Wie viele Sprünge werden bis zum Ergebnis benötigt?
- Geht es auch mit anderen Sprüngen?
- Kann das Ergebnis auch mit weniger Sprüngen erreicht werden?
- Wenn (aufgrund einer Zahl in der Nähe eines vollen Zehners/Hunderters) zu weit gesprungen wurde: Wie kann nun das Ergebnis mit der Gegenoperation erreicht werden? Bei welchen Zahlen wird „(zwischen-)gelandet"?

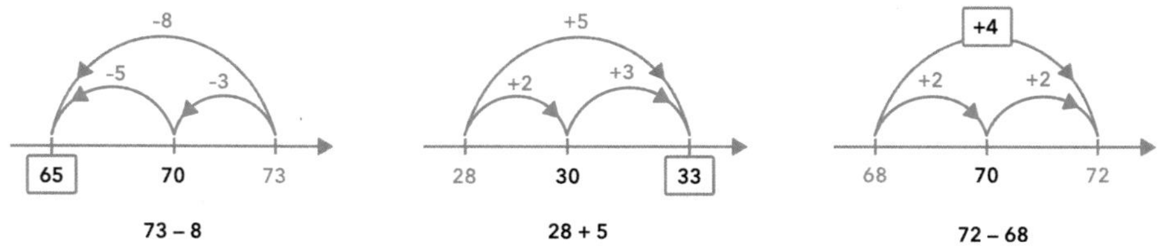

Abb. 4.7 Strategien zur Addition und Subtraktion am Rechenstrich darstellen

Konkrete und ausführliche weitere Vorschläge für unterrichtliche Besprechungen des Rechenstrichs finden sich bei Lorenz (2010) und Wartha et al. (2019).

Der Rechenstrich wird übrigens nicht nur als neue Schreibweise thematisiert, sondern als Angebot zur Entlastung des Gedächtnisses. Bei der Berechnung des Terms $73-8$ muss neben dem Abrufen der passenden Zahlzerlegungen (der 8 in 3 und 5 sowie anschließend der 10 in 5 und 5) und den Analogieüberlegungen ($10-5=5$, also $70-5=65$) mindestens ein Zwischenergebnis gemerkt werden: entweder die Zehnerzahl (70), während die zweite Zahlzerlegung bestimmt wird, oder die zweite Zahlzerlegung, während die erste Rechnung durchgeführt wird. Manche Kinder vergessen unter dem Rechnen entweder das Zwischenergebnis oder den nächsten Rechenschritt oder die Rechenaufgabe selbst. Der Rechenstrich kann hierzu eine Merkhilfe darstellen. An ihm sollen die gedanklichen Handlungen dokumentiert werden.

Es sei angemerkt, dass diese Vorgehensweise eine Verknüpfung zwischen kardinalen und ordinalen Zahlvorstellungen bedeuten kann: Die gedanklichen Handlungen können sowohl kardinal („ich nehme fünf Einer weg") als auch ordinal („ich springe fünf Einer zurück") sein. Das Beschreiben von Rechenwegen ist ein sehr geeigneter Anlass, kardinale und ordinale Zahlvorstellungen flexibel zu aktivieren und zu vernetzen.

Ein weiterer großer Vorteil des Rechenstrichs ist, dass an ihm naheliegenderweise nur Strategien zum Einsatz kommen, die *Zahlen* in den Fokus stellen. Ein stellen- oder ziffernweises Rechnen (Zehnerziffer minus Zehnerziffer, Einerziffer minus Einerziffer) kann hier *nicht* dargestellt werden. Damit unterstützt der Rechenstrich das gewünschte Zahlenrechnen und vermeidet das fehleranfällige und für den Aufbau von Grundvorstellungen abträgliche stellenweise bzw. ziffernweise Rechnen (Benz 2005).

Der Rechenstrich ist daher auch eine geeignete Intervention bei typischen Fehlern wie $82-37=55$, wenn stellenweise falsch mit „Tauschaufgabe bei den Einern" gerechnet wurde. Das Eintragen der Zahl 82 bewirkt eine Orientierung an schrittweisen Rechenstrategien mit Zahlen. Diese müssen nicht zwingend richtig sein, aber ein erster Schritt zur Ablösung vom Ziffernrechnen ist gegeben.

Im Abschn. 4.8 werden Vorschläge erarbeitet, wie verschiedene Strategien im Unterricht kommuniziert, argumentiert und dargestellt werden können.

4.8 Erarbeitung und Diskussion von Strategien: der Fünf-Punkte-Plan

Der „Fünf-Punkte-Plan" ist ein Vorschlag, wie durch Impulse die Strategien von Rechenaufgaben thematisiert werden können (Tab. 4.1).

Ist die Verwendung der Arbeitsmittel (z. B. Zehnersystem-Material für kardinale und Rechenstrich für ordinale Zahldarstellungen) hinreichend geklärt, so können verschiedene Strategien unterrichtlich thematisiert werden.

Tab. 4.1 Fünf-Punkte-Plan

Ziel	Impuls	Hintergrund
Operationsvorstellung aktivieren	**Was** machst du am Arbeitsmittel, um die Aufgabe zu lösen?	Bevor der eigentliche Rechenprozess beginnt, wird die angestrebte Materialhandlung geklärt (Dazulegen? Wegnehmen? Unterschied bestimmen?).
Auf Ergebnis fokussieren	**Wo** siehst du dann das Ergebnis?	Die Zielsetzung der Handlung wird explizit gemacht, sodass sie anschließend fokussiert durchgeführt werden kann.
Handlungsimpuls geben	**Wie** kannst du das machen?	Nun wird die Strategie handelnd (konkret oder in der Vorstellung) durchgeführt und versprachlicht.
Handlung dokumentieren	**Wie** kannst du das aufschreiben?	Verschriftlichung z. B. durch Gleichungen.
Handlung evaluieren	**Warum** stimmt das?	Rückbezug auf die Aufgabe – Kontrolle z. B. durch Überschlag, Proberechnung oder -handlung.

Stopp – Aktivität!
Wie lösen Sie die Aufgabe 845 – 399?
Mit welchen Schwierigkeiten der Lernenden rechnen Sie?
Wie kann den Schwierigkeiten begegnet werden?

Die Aufgabe 845 – 399 kann schrittweise berechnet werden, indem von der Startzahl 845 beispielsweise zunächst 3 Hunderter, vom Zwischenergebnis 545 anschließend 9 Zehner (eventuell zuerst 4 Zehner und dann nochmals 5 Zehner) zum Zwischenergebnis 455 subtrahiert werden. Abschließend werden 9 Einer (eventuell zuerst 5 und danach 4 Einer) zum Endergebnis 446 subtrahiert. Wird jeder Schritt dokumentiert, sind insgesamt fünf Schritte nötig.

Deutlich schneller ist die Bearbeitung dieser Aufgabe in zwei Schritten über eine Hilfsaufgabe. Zunächst wird 845 – 400 gerechnet und das Ergebnis so abgeändert, dass es der eigentlichen Aufgabe 845 – 399 entspricht. Hier stehen zahlreiche Lernende vor dem Problem, ob nun +1 oder –1 gerechnet werden muss. Eine Intervention soll hierbei Grundvorstellungen aktivieren, was bedeutet, dass nicht nur auf symbolischer Ebene die Strategie besprochen wird. Der Einsatz passender Arbeitsmittel ermöglicht die Diskussion von Strategien sowohl auf anschaulicher als auch auf symbolischer Darstellungsebene.

Eine Orientierung am Fünf-Punkte-Plan (Tab. 4.1) kann helfen, die zentralen Überlegungen bei der Thematisierung am konkreten oder vorgestellten Arbeitsmittel von Strategien deutlich hervorzuheben.

Am Beispiel der Bearbeitung der Aufgabe 845 – 399 über die Hilfsaufgabe wird dies sowohl für kardinale als auch für (in diesem Fall empfohlene) ordinale Dokumentation ausgeführt.

Ziel	Lehrperson FRAGE 1 bis 5	Lernender (kardinal denkend)	Lernender (ordinal denkend)
Operationsvorstellung aktivieren	**Was** musst du bei 845 – 399 *machen*?	Von 845 müssen 399 weggenommen (z. B. auf ein rotes Blatt gelegt) werden.	Von 845 müssen 399 zurückgesprungen werden.
Auf Ergebnis fokussieren	**Wo** siehst du dann das Ergebnis?	Was noch übrig bleibt.	Am Ende des Pfeils. -399 845
Handlungsimpuls geben	**Wie** kannst du das *machen*?	Ich nehme erst 4 H weg. Dann kommt 1 E wieder dazu.	Erst ein Schritt von 4 H zurück, dann wieder 1 E nach vorne. -400 +1 -399 445 446 845
Handlung dokumentieren	**Wie** kannst du das *aufschreiben*?	845 – 399 = 845 – 400 + 1 = 445 + 1 = 446	
Handlung evaluieren	**Warum** stimmt das?	Kontrolle rotes Blatt (Subtrahend), Gegenoperation, Überschlagen.	Kontrolle der Schritte und Positionen, Gegenoperation, Überschlagen.

Abb. 4.8 Fünf-Punkte-Plan konkret: 845 – 399

Ein erster Impuls ist, dass Lernende nicht aufgefordert werden, die Aufgabe zu *rechnen,* sondern eine Erinnerung an eine Handlung bzw. ein Bild zu einer Zahldarstellung und der Rechenoperation abzurufen. Dies aktiviert Grundvorstellungen – im geschilderten Beispiel zur Subtraktion. Bereits hier entscheidet sich, ob der eingeschlagene Lösungsweg erfolgreich sein kann. Wenn beispielsweise eine Wegnehm-Grundvorstellung aktiviert wird, dann ist es *nicht* naheliegend, sowohl den Minuenden als auch den Subtrahenden mit Zehnersystem-Material zu legen. Vielmehr wird nur die erste Zahl gelegt und die zweite hiervon weggenommen. Am Rechenstrich muss die Startzahl rechts eingezeichnet werden, da der Operationspfeil nach links zum Ergebnis geht.

Die Erfahrung in der Arbeit mit leistungsschwachen Lernenden hat gezeigt, dass bereits hier eine Fokussierung auf das Ergebnis zielführend ist. Häufig beginnen die

Lernenden zu handeln und fragen sich anschließend, unter welcher Zielsetzung sie begonnen haben. Die Frage „Wo siehst du nachher das Ergebnis?“ wird daher gestellt, *bevor* die Handlung oder Zeichnung begonnen wird. Am Zehnersystem-Material ist das Ergebnis die verbleibende Menge, nachdem die wegzunehmende Menge auf ein rotes Blatt gelegt wurde. Der Vorteil des *roten Blatts* ist, dass während und am Ende des Rechenprozesses kontrolliert werden kann, ob die Aufgabe vollständig durchgeführt wurde. Am Rechenstrich ist es die Position, an der der Rechenpfeil bei −399 endet.

Erst im dritten Schritt wird die Handlung der Strategie selbst durchgeführt. Ob dies konkret oder in der Vorstellung vorgenommen wird, ist vom Lernstand der Lernenden abhängig. Insbesondere am Rechenstrich kann die Handlung ohne großen Aufwand dokumentiert werden. Das Ergebnis kann entsprechend den Vorüberlegungen abgelesen werden.

Anschließend wird die Handlung symbolisch notiert. Dies kann beispielsweise in Gleichungs- oder Pfeilschreibweise geschehen. Auch bei diesem Schritt sollen Grundvorstellungen aktiviert werden, denn die Handlungsdurchführung bzw. -vorstellung wird direkt mit der mathematischen Symbolik verknüpft.

Der letzte Schritt, die Überprüfung des Ergebnisses, ist wohl der anspruchsvollste von allen. Hier können verschiedene Vorgehensweisen zum Tragen kommen:

- Schätzen des Ergebnisses unter Aktivierung von Zahl- und Operationsvorstellungen
- Überschlagen des Ergebnisses mit Rundungsregeln
- Lösung der Aufgabe mit alternativen Strategien
- Umkehraufgabe

Hier ist es von Vorteil, wenn die Rechnung auch am Arbeitsmittel durchgeführt wurde. Alle Vorgehensweisen der Prüfung können daher auch anschaulich besprochen werden.

Stopp – Aktivität!

Alois rechnet: $82-39=57$, weil $8-3=5$ Zehner und $9-2=7$ Einer.

Bendix rechnet: $82-39=41$, weil $82-40=42$ und dann noch -1, also 41.

Setzen Sie den Fünf-Punkte-Plan mit jeweils einem Impuls für jeden der fünf Punkte für Alois (aufzubauende Strategie: „Mischform“ oder „Schrittweise“) und für Bendix (aufzubauende Strategie: korrekte Hilfsaufgabe) um.

Bei Subtraktionsaufgaben ist zu berücksichtigen, dass grundsätzlich alle Strategien über wegnehmende und unterschiedsbestimmende Vorgehensweisen durchführbar sind. Der grundlegende Unterschied kommt durch die Vorgehensweisen am Arbeitsmittel zum Ausdruck (Abb. 4.9 und 4.10).

	Wegnehmend	Unterschiedsbestimmend
Vorgehen am Beispiel Aufgabe 41 – 39	Zuerst wird 41 als Menge gelegt. Davon werden 39 weggenommen und auf das rote Blatt gelegt.	Es können beide Zahlen als Menge gelegt und zur kleineren so viel ergänzt werden, bis beide Mengen gleichmächtig sind.
Ergebnis	Restmenge (auf dem grünen Blatt)	Unterschied (Ergänzung)
Darstellung	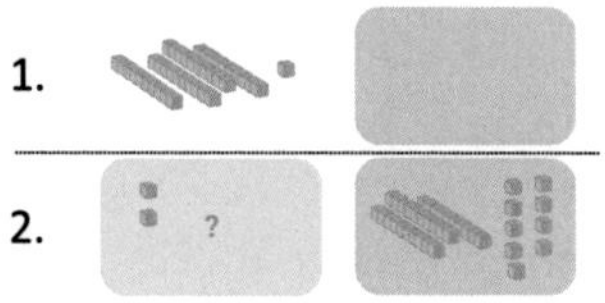 1. 2. ?	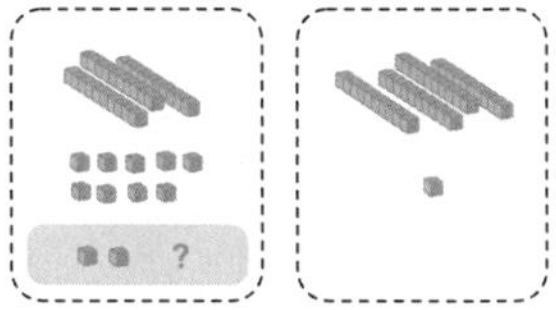 ?

Abb. 4.9 Wegnehmende und unterschiedsbestimmende Strategien (kardinal dargestellt)

	Zurückgehend	Abstandsbestimmend
Vorgehen am Beispiel Aufgabe 41 – 39	Die 41 ist Startposition und „minus 39" ist ein Pfeil nach links.	39 und 41 werden eingetragen.
Ergebnis	Position der Pfeilspitze	Abstand der beiden Positionen
Darstellung	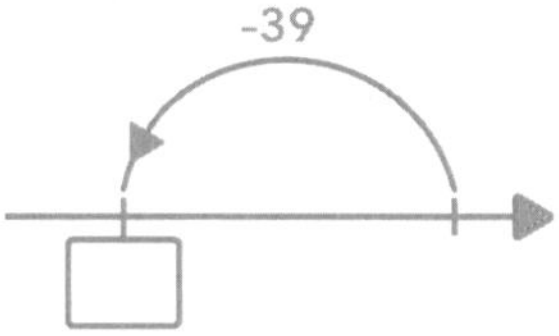 -39	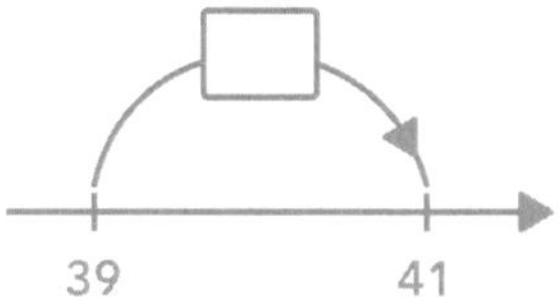 39 41

Abb. 4.10 Zurückgehende und abstandsbestimmende Strategien (ordinal dargestellt)

Bei manchen Aufgaben sind unterschieds- bzw. abstandsbestimmende Strategien deutlich effektiver als wegnehmende. Es wurde nachgewiesen, dass diese oft als „indirekte Addition" beschriebene Rechenrichtung auch bei Aufgaben mit großen Differenzen häufiger zu richtigen Ergebnissen führt (Torbeyns et al. 2009). Insbesondere kann beispielsweise 601 – 598 durch Unterschiedsbestimmen sogar über Zählstrategien schnell bestimmt werden, während wegnehmende Vorgehensweisen mehr Aufwand bedeuten. Die Kunst besteht darin, flexibel und aufgabenangemessen zu entscheiden, welche Strategie und welche Rechenrichtung besonders geeignet sind. Unterrichtliche Vorschläge für die Diskussion wegnehmender und unterschiedsbestimmender Strategien am Beispiel der Jahrgangsstufe 2 finden sich bei Wartha et al. (2018).

4.9 Angemessene Rechenwege nutzen und auswählen lernen

Mit dem Aufbau von Grundvorstellungen zu den Rechenstrategien ist noch nicht gewährleistet, dass diese aufgabenadäquat eingesetzt werden. Ziel ist, dass die Lernenden aus einem Repertoire verstandener Bearbeitungswerkzeuge besonders effektive auswählen können. Für die Entscheidung, wie eine Aufgabe angemessen bearbeitet werden kann, sind außerdem flexible Grundvorstellungen zu den Zahlen der Aufgabenstellung sowie Grundvorstellungen zu der Rechenoperation nötig. Deren Aktivierung und Vernetzung ist gleichzeitig der Hauptgrund für die Thematisierung der verschiedenen und der besonders effektiven Bearbeitungswege. Eine ausführliche Diskussion dieser Zusammenhänge sowie zahlreiche praktische Vorschläge zum Aufbau der Kompetenzen werden bei Rathgeb-Schnierer und Rechtsteiner (2018) dargestellt.

Die Auswahl und Bewertung der Angemessenheit eines Rechenwegs kann beispielsweise durch Fragen wie in Tab. 4.2 angeregt und gesteuert werden.

Tab. 4.2 Sortierfragen an Subtraktions- und Additionsaufgaben

Frage	Beispielaufgabe 1	Beispielaufgabe 2
Schriftlich, gestützt oder im Kopf?	734 – 356	701 – 351
Wegnehmen oder Unterschied bestimmen?	381 – 7	481 – 478
Schrittweise oder stellenweise?	472 + 69	425 + 32
1, 2 oder 3 Schritte?	371 – 60	481 + 50
Hundertnähe nutzen oder nicht?	376 + 158	242 + 497

Im Folgenden werden Ideen für den Unterricht vorgestellt, mit denen die Flexibilität bei der Strategiewahl auf der Basis eines zu entwickelnden „Aufgabenblicks" gefördert werden kann. Voraussetzung ist die Aktivierung eines „Zahlensinns" (Greeno 1991; Lorenz 1997) bzw. „Zahlenblicks", der bereits in kleinen Zahlenräumen angebahnt wird (Rathgeb-Schnierer 2008; Rechtsteiner-Merz 2011; Schütte 2004).

Idee 1: Aufforderung zum Ausprobieren

Je zwei Rechnungen werden über beide Möglichkeiten (z. B. schriftlich *und* im Kopf) bearbeitet. Anschließend wird diskutiert, welcher Weg weniger Aufwand bedeutet und warum (Höhtker und Selter 1999; PIK AS 2010). Die Begründungen und die Entscheidung hängen in hohem Maße von den Kompetenzen der Lernenden ab – weshalb es hier auch kein „falsch" oder „richtig" geben kann.

Idee 2: Sortieren

Ein weiterer Impuls in Richtung „Aufgabenblick“ kann darin bestehen, verschiedene Aufgaben nach unterschiedlichen Kriterien zu sichten: Mit welcher Methode (im Kopf, gestützt oder schriftlich), in welcher Rechenrichtung wird gerechnet (Wegnehmen oder Unterschiedsbestimmen) oder wie schwer sind die Aufgaben (leicht – mittel – schwer) (Rathgeb-Schnierer 2006; Schütte 2004, 2008)? Auch hier kann die Aufgabe nach mehreren Strategien bearbeitet und anschließend überlegt werden, welcher Weg besonders effektiv war, oder aber nach dem Sortieren diskutiert werden, warum die Aufgabe so einsortiert wurde und ob eine andere Zuordnung eventuell günstiger gewesen wäre. Hierdurch werden Zahl- und Operationsvorstellungen vor der Handlung bzw. dem Rechnen aktiviert. Damit tritt das Ausrechnen zugunsten der Aktivierung von Grundvorstellungen in den Hintergrund.

So können klassische „Aufgabenplantagen“ nicht zum Ausrechnen, sondern zum Sortieren genutzt werden (Rathgeb-Schnierer 2004, 2006; Rathgeb-Schnierer und Rechtsteiner 2018; Schütte 2008): „Kreise alle Aufgaben mit Blau ein, die du über Unterschiedsbestimmen löst, und kreise alle mit Grün ein, die du über Wegnehmen löst.“

Empfehlenswert ist die Herstellung eines „Spielraums“, indem die Aufgaben einzeln auf Zettel geschrieben und in Einzel- oder Partnerarbeit sortiert werden. So können die Kategorien und die Zuordnungen sichtbar dargestellt und flexibel verändert werden.

Die so sortierten Aufgaben können nun nach Gemeinsamkeiten innerhalb der Kategorien und Unterschieden zwischen diesen untersucht werden (Abb. 4.11).

Kommen verschiedene Lernende(ngruppen) zu unterschiedlichen Zuordnungen, bietet das hervorragende Diskussionsanlässe mit Kommunikation und Argumentation über Zahlen und Rechenoperationen. Insbesondere können auch „zweidimensionale Sortierungen“ in einer Kreuztabelle bzw. Matrix nach zwei Kriterien (z. B. Wegnehmen vs. Unterschied *und* ein Schritt vs. mehrere Schritte in vier Feldern) vorgenommen werden.

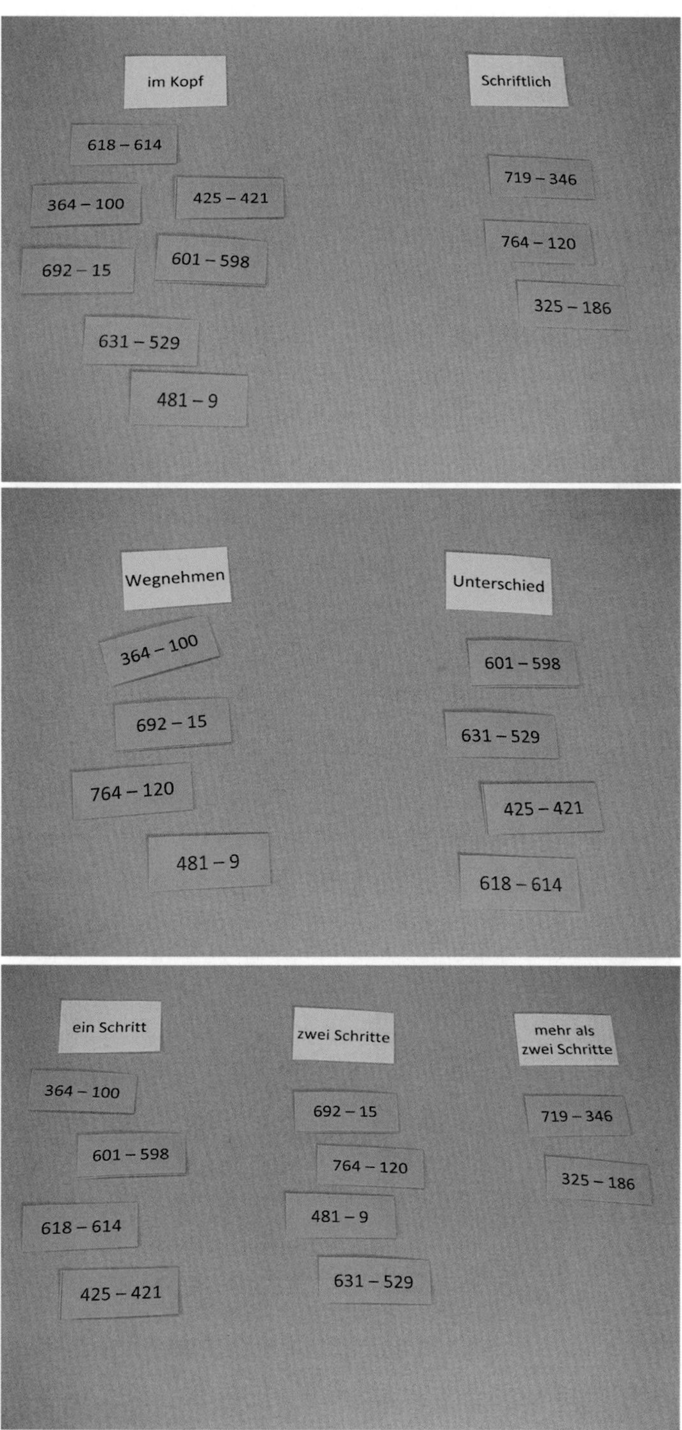

Abb. 4.11 Sortieren von Aufgaben nach verschiedenen Kriterien (oben: Rechenmethode; Mitte: Rechenrichtung; unten: Anzahl Rechenschritte)

Idee 3: Rechnen – nach Innehalten

Damit das Rechnen nicht völlig in Vergessenheit gerät, kann abschließend aus jeder Kategorie eine oder zwei der Aufgaben ausgerechnet werden. Allerdings sollen die Lernenden zunächst wie bei Idee 2 „ihren Rechendrang unterdrücken" (Höhtker und Selter 1999; Rechtsteiner-Merz 2013, 2015; Schütte 2008) und vor dem Ausrechnen kurz innehalten, um die Zahlen zu betrachten und Grundvorstellungen zu den Zahlen und der Rechenoperation zu aktivieren. Die Lernenden dürfen sich aussuchen, welchen Term sie mit der jeweiligen Strategie lösen möchten.

Eine weitere Idee ist, dass zwischen Term und Rechenweg zunächst – zum Beispiel im Multiple-Choice-Format wie in Abb. 4.12 – die Auswahl der Strategie abgefragt wird (Wartha et al. 2018).

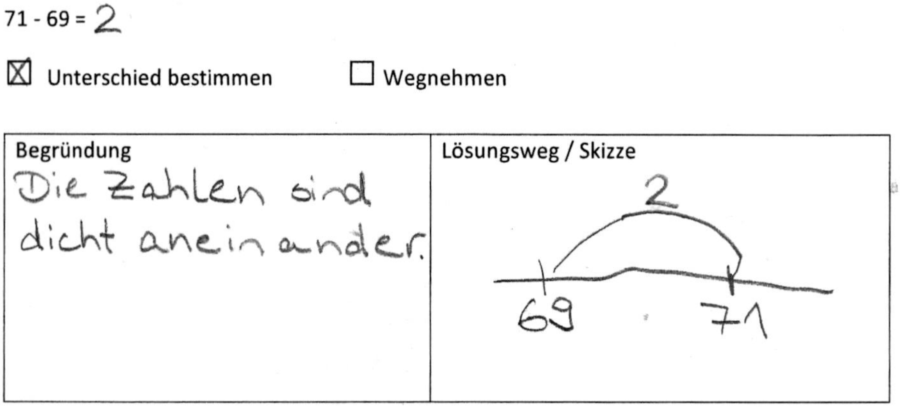

71 - 69 = 2

☒ Unterschied bestimmen ☐ Wegnehmen

Begründung	Lösungsweg / Skizze
Die Zahlen sind dicht aneinander.	2 69 71

Abb. 4.12 Rechenrichtung vor dem Rechnen festlegen

Die Kommunikation bzw. Darstellung des Rechenwegs (z. B. durch den Rechenstrich) ist die Grundlage für Begründungen der Wahl der Rechenoperation. Somit können sowohl das Rechnen als auch die damit verbundenen prozessbezogenen Kompetenzen gelernt und geübt werden.

Idee 4: Aufgaben erfinden
Abschließend sei angeregt, dass sich die Lernenden selbst Aufgaben überlegen, die nach der diskutierten Strategie besonders einfach zu lösen sind (PIK AS 2010). Beispielsweise kann zusätzlich vorgegeben werden, dass …

- Minusaufgaben „dreistellig minus dreistellig“ erfunden werden sollen, bei denen das Ergebnis kleiner als 9 ist,
- Plus- und Minusaufgaben „dreistellig und dreistellig“ überlegt werden, bei denen das Ergebnis ungefähr 300 von der ersten Zahl entfernt ist,
- Plusaufgaben gefunden werden, bei denen das Ergebnis in genau zwei Rechenschritten bestimmt werden kann.

Im Rahmen der „Zahlenblickschulung“ (Rathgeb-Schnierer und Rechtsteiner 2018) ist dies eine Aktivität zum Strukturieren, bei der zahlreiche Aufgaben erfunden werden, die untereinander oder nach bestimmten Kriterien zusammenpassen.

Die hier vorgestellte Vorgehensweise eignet sich nicht nur für die Vertiefung von Rechenstrategien im dritten Schuljahr, sondern insbesondere auch für die Wiederholung des Rechnens mit natürlichen Zahlen im fünften und die Diskussion von Rechenwegen mit Dezimalbrüchen im sechsten Schuljahr. Das eigentliche Ziel der Aufgaben ist die Entwicklung von Grundvorstellungen zu den Zahlen und den Operationen.

4.10 Bedeutung der schriftlichen Subtraktion und Addition

In den bisherigen Kapiteln wurde vorgeschlagen, einem „Zahlenrechnen“ den Vorrang gegenüber einem „Ziffernrechnen“ einzuräumen. Die Lösung von Rechenausdrücken über schriftliche Algorithmen ist jedoch gerade am Übergang von Primar- zu Sekundarstufe die vorherrschende Rechenmethode – wie dargelegt auch bei Aufgaben wie $701 - 698$, bei denen sie keinen überzeugenden Rechenvorteil bieten (Selter 2000; Wartha et al. 2014). Aus didaktischer Sicht spricht daher einiges gegen eine Überbetonung der schriftlichen Rechenverfahren. Aber verhindern oder erschweren die schriftlichen Rechenverfahren nun den Aufbau von Zahl- und Operationsvorstellungen?

Nicht unbedingt, wenn die Verfahren „verstanden“ werden (Schipper 2007). Diese Forderung der meisten Bildungspläne (Tab. 4.3) wird auch in diesem Kapitel dahingehend gedeutet, dass es möglich ist, Grundvorstellungen zu aktivieren und so Darstellungswechsel zu vollziehen. Auch bieten die schriftlichen Rechenverfahren zahlreiche Anlässe, über das dezimale Stellenwertsystem nachzudenken und es damit zu vertiefen. In den folgenden Abschnitten wird beschrieben, wie unter diesen wichtigen Zielsetzungen – Aktivierung von Grundvorstellungen und Vertiefung des Stellenwertverständnisses – die schriftlichen Rechenverfahren zur Subtraktion und Addition erarbeitet und wiederholt werden können.

Tab. 4.3 Aussagen in ausgewählten Bildungsplänen zur schriftlichen Addition und Subtraktion

Land (Quelle)	Aussage im Curriculum Primarstufe
Baden-Württemberg (Ministerium für Kultus, Jugend und Sport Baden-Württemberg 2016, S. 26)	„Die Kinder entdecken schriftliche Verfahren der Addition und Subtraktion [...] auf der Grundlage von Handlungen."
Nordrhein-Westfalen (Ministerium für Schule und Weiterbildung des Landes Nordrhein-Westfalen 2008)	„... erläutern die schriftlichen Rechenverfahren der Addition (mit mehreren Summanden), der Subtraktion (mit einem Subtrahenden), [...] indem sie die einzelnen Rechenschritte an Beispielen in nachvollziehbarer Weise beschreiben."
Rheinland-Pfalz (Ministerium für Bildung, Wissenschaft, Weiterbildung und Kultur Rheinland-Pfalz 2014, S. 45)	„Der Teilrahmenplan Mathematik gibt kein bestimmtes Verfahren zur schriftlichen Subtraktion als verpflichtend vor. [...] Im Rahmen eines eigenverantwortlichen und flexiblen Mathematikunterrichts liegt die Entscheidung, welches Verfahren favorisiert wird, in der Verantwortung der Schule. Dabei sind die Vor- und Nachteile gegeneinander abzuwägen. Wichtig ist die Einsicht der Schülerin oder des Schülers in das Verfahren."
Hessen (Hessisches Kultusministerium 1995, S. 152)	„Die schriftlichen Rechenverfahren sollen mit geeignetem Material (Geld, Plättchen, Wertetafel) handelnd erarbeitet werden (Zehner bündeln, Zehner entbündeln)."
Niedersachsen (Niedersächsisches Kultusministerium 2017, S. 30)	„Die Schülerinnen und Schüler verstehen die Verfahren der schriftlichen Addition mit mehreren Summanden, die schriftliche Subtraktion (mit einem Subtrahenden) ..."
Brandenburg (Berlin-Brandenburg 2015, S. 34)	„Ausführen der schriftlichen Rechenverfahren der Addition, Subtraktion und Multiplikation sowie Beschreiben und Erklären einzelner Rechenschritte in nachvollziehbarer Weise"
Thüringen (Thüringer Ministerium für Bildung, Wissenschaft und Kultur 2010, S. 12)	„Der Schüler kann die Rechenschritte der schriftlichen Addition, Subtraktion, Multiplikation und Division an Aufgabenbeispielen erklären ..."

4.11 Fünf Verfahren zur schriftlichen Subtraktion

Gebräuchlich sind im deutschsprachigen Raum verschiedene Algorithmen zur schriftlichen Subtraktion. Besonders häufig werden Verfahren unterrichtet, die mit „Abziehen und Entbündeln", „Ergänzen und Erweitern" und „Ergänzen und Auffüllen" bezeichnet werden. Zwei weitere Verfahren „Abziehen mit Erweitern" und „Ergänzen und

Entbündeln“ sind theoretisch möglich, aber nur vereinzelt in Gebrauch. In vielen curricularen Vorgaben ist es den Lehrkräften freigestellt, mit welchem Verfahren gearbeitet wird. In Tab. 4.3 werden einige Aussagen der Bildungspläne verschiedener Bundesländer zitiert. Es handelt sich um eine unvollständige Auswahl, die die Bandbreite der Vorgaben und Ansprüche aufzeigen soll.

Wartha (2014) konnte für 23 fünfte Klassen im Großraum Karlsruhe zeigen, dass mit dem Übergang zur Sekundarstufe in so gut wie allen untersuchten Klassen mindestens zwei unterschiedliche Verfahren seitens der Kinder „mitgebracht“ werden. Daher ist es für Lehrpersonen in der Sekundarstufe wichtig zu diagnostizieren, welches Verfahren die Kinder in der Grundschule gelernt haben. Nur durch Anknüpfen an bereits gelerntes Wissen können Übergangsprobleme vermindert und kann bei Fehlern angemessen reagiert werden.

Die Verfahren unterschieden sich zunächst in der Rechenrichtung und somit in der zu aktivierenden Grundvorstellung der Subtraktion: Wegnehmen oder Unterschiedsbestimmung. Liegen keine Zehnerübergänge vor, so unterscheiden sich die Verfahren nur in dieser Rechenrichtung: Beim Wegnehmen wird die „untere“ Zahl von der „oberen“ weggenommen, beim Unterschiedsbestimmen wird die Differenz von der „unteren“ und der „oberen“ dazugelegt.

Liegen Überträge vor, können drei verschiedene Techniken zum Umgang mit den Überträgen zur Unterscheidung der Verfahren herangezogen werden:

- Entbündeln des Minuenden (obere Zahl) – auch „Borgen“ genannt
- Gleichsinniges Verändern beider Zahlen – auch „Erweitern“ genannt
- Bündeln beim Subtrahenden (untere Zahl) – auch „Auffüllen“ genannt

Hier sei angemerkt, dass mit „Minuend“ auch im Folgenden immer die erste Zahl einer Minusaufgabe, mit „Subtrahend“ immer die zweite Zahl einer Minusaufgabe gemeint ist. Diese Bezeichnungen werden unabhängig von der Rechenrichtung (wegnehmend oder unterschiedsbestimmend) verwendet.

Durch Kombination der Übertragstechniken mit den Grundvorstellungen ergeben sich fünf verschiedene Verfahren (Tab. 4.4; vgl. auch Krauthausen 2018; Padberg und Benz 2011;

Tab. 4.4 Fünf Verfahren zur schriftlichen Subtraktion

	Grundvorstellung Wegnehmen	Grundvorstellung (Ergänzendes) Unterschiedsbestimmen
Übertrag durch Entbündeln des Minuenden	I Wegnehmen und Entbündeln	II Unterschiedsbestimmen und Entbündeln
Übertrag durch gleichsinniges Verändern	III Wegnehmen und gleichsinniges Verändern (Erweitern)	IV Unterschiedsbestimmen und gleichsinniges Verändern (Erweitern)
Übertrag durch Bündeln des Subtrahenden		V Unterschiedsbestimmen und Bündeln (Auffüllen)

Schipper 2009). Hierbei ist zu beachten, dass die Grundvorstellung des Wegnehmens nicht mit der Übertragsidee des Auffüllens kombiniert werden kann.

Im Folgenden werden die fünf verschiedenen Subtraktionsverfahren auf zwei Darstellungsebenen beispielgebunden beschrieben. Die Sprech- und die Schreibweise können hierbei von denen in den Lehrplänen bzw. Schulbüchern abweichen. Zentral erscheint jedoch die Vorstellung der (teils sehr komplexen) Darstellung der Rechenschritte auf *handelnder* Ebene. Diese ist unverzichtbar, wenn – wie in einigen Curricula gefordert – die Verfahren auch *verstanden* werden sollen. Mit den Beispielen soll gezeigt werden, wie unterschiedlich anspruchsvoll das verstehende Nachvollziehen der jeweiligen Verfahren ist und welche überhaupt geeignet sind, auf mehreren Darstellungsebenen thematisiert zu werden.

Verfahren I: Wegnehmen und Entbündeln

Liegt die Subtraktionsvorstellung des Wegnehmens zugrunde, dann wird bei einem handlungsorientierten Zugang z. B. bei der Aufgabe 512 − 257 *nur* der Minuend 512 mit Zehnersystem-Material gelegt. Davon sind 257 wegzunehmen und das Ergebnis ist der übrig gebliebene Rest (Abb. 4.13, 4.14, 4.15 und 4.16).

Abb. 4.13 Nur der Minuend wird dargestellt. Es sollen 7 Einer weggenommen werden – das geht nicht ohne Weiteres.

Abb. 4.14 Ein Zehner wird zu 10 Einern entbündelt. Von den 12 Einern können 7 weggenommen werden, 5 Einer bleiben liegen.

	H	Z	E
	4	10	12
	~~5~~	~~1~~	~~2~~
-	2	5	7
		5	5

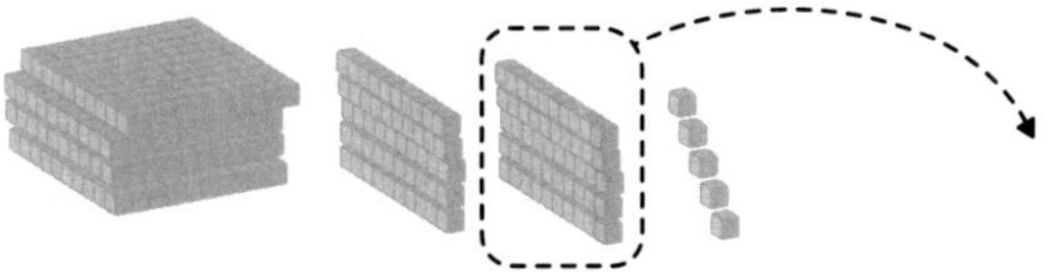

Abb. 4.15 Es sind 0 Zehner da und es sollen 5 weggenommen werden. Also wird ein Hunderter in 10 Zehner entbündelt. Von den 10 Zehnern werden 5 weggenommen, 5 Zehner bleiben übrig.

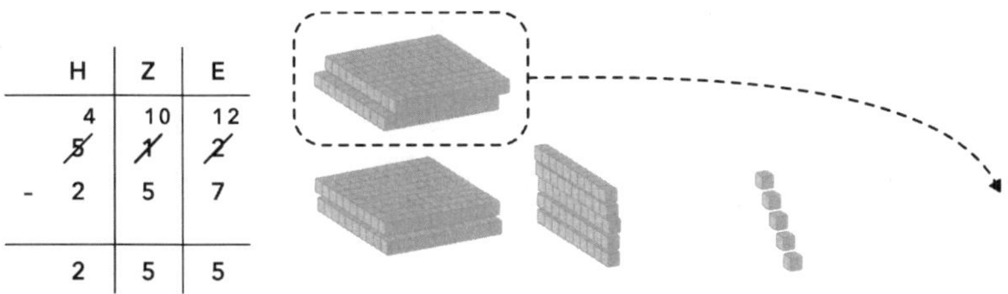

Abb. 4.16 Abschließend werden von den verbliebenen 4 Hundertern 2 Hunderter weggenommen. Die restlichen 2 Hunderter bleiben übrig.

Hier wird deutlich, dass der Begriff „Borgetechnik" etwas Falsches suggeriert. Wenn etwas geborgt wird, dann sollte es zunächst einmal nicht kaputt gemacht und darüber hinaus auch wieder zurückgegeben werden. Bei diesem Verfahren werden die „geborgten" Zehner und Hunderter zunächst aufgelöst und dann so verwendet, dass sie nicht mehr retourniert werden können.

Verfahren II: Ergänzendes Unterschiedsbestimmen und Entbündeln

Wenn die Grundvorstellung des Unterschiedsbestimmens dem Verfahren zugrunde gelegt wird, dann sollten beim ergänzenden Lösen des Rechenausdrucks 512 – 257 *beide* Zahlen gelegt werden. Zur unteren Zahl muss nun so viel ergänzt werden, dass sie auch 512 ist. Das Ergebnis ist in dieser Ergänzung zu sehen (Abb. 4.17, 4.18 und 4.19).

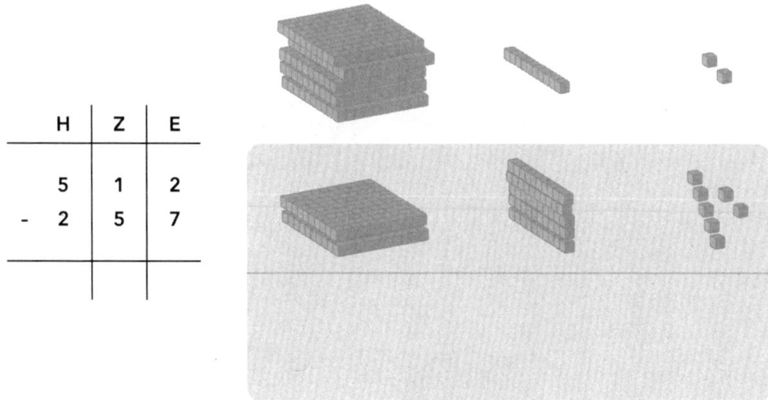

Abb. 4.17 Wie viele Einer müssen zu 7 Einern unten gelegt werden, damit es 2 Einer (so wie oben) sind? Da dies nicht lösbar ist, wird oben 1 Zehner in 10 Einer entbündelt. Oben verbleiben 0 Zehner, dafür sind es 12 Einer.

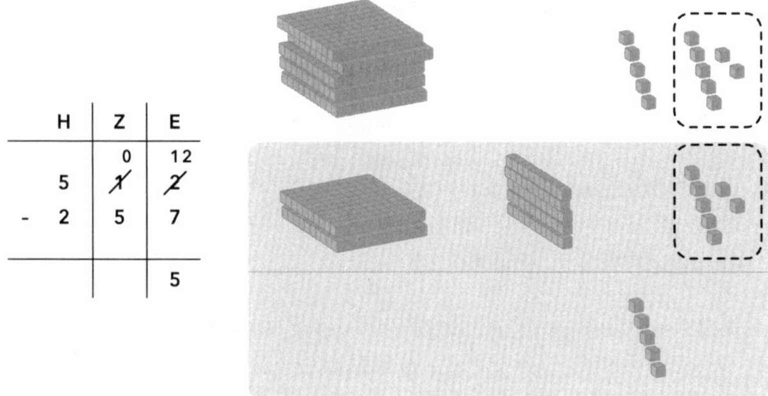

Abb. 4.18 Nun kann die Frage beantwortet werden: Zu den 7 Einern unten müssen noch 5 Einer gelegt werden, um 12 Einer so wie oben zu erhalten. Im nächsten Schritt muss überlegt werden, wie viele Zehner zu 5 Zehnern (unten) hinzugefügt werden müssen, um 0 Zehner (oben) zu erhalten. Auch diese Frage kann erst beantwortet werden, wenn oben ein Hunderter entbündelt wurde.

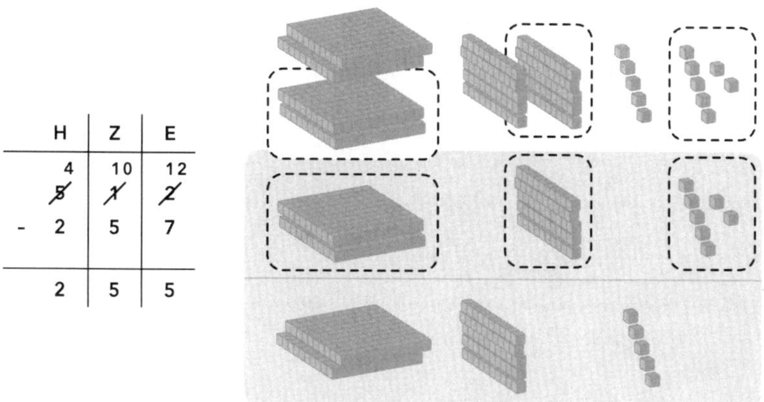

Abb. 4.19 Nun liegen oben 4 Hunderter und 10 Zehnerstangen. Zu den 5 Zehnern unten müssen nun 5 Zehner ergänzt werden, um den Unterschied zu 10 Zehnern auszugleichen. Bei den Hundertern kann der Unterschied mit einem Blick erkannt werden: Es müssen 2 Hunderter hinzugefügt werden.

Bei den ersten beiden Verfahren werden Zusammenhänge zwischen den Stellenwerten (z. B. 1 Hunderter = 10 Zehner) durch das Entbündeln wiederholt und handelnd thematisiert. Das Entbündeln findet sowohl bei der Materialhandlung als auch bei deren Dokumentation beim geschriebenen Algorithmus statt.

Verfahren III: Wegnehmen und gleichsinniges Verändern (Erweitern)

Bei diesem Verfahren ist die Entscheidung, wie die Aufgabe 512 − 257 mit Zehnersystem-Material gelegt wird, nicht trivial. Wenn das Minuszeichen als Wegnehmen interpretiert wird, dann würde 512 gelegt und davon 257 weggenommen. Da allerdings die Strategie des gleichsinnigen Veränderns auf der Konstanz der Differenz, also der Unterschiedsvorstellung beruht, sollten *beide Zahlen* gelegt werden. Der Minuend 512 soll nun um den Subtrahenden 257 vermindert werden, es wird also von 512 in jeder Stelle genau dasselbe weggenommen, das bereits im Subtrahenden liegt. Das Ergebnis ist, was von 512 nach dem Wegnehmen und Erweitern oben noch liegen bleibt (Abb. 4.20, 4.21, 4.22 und 4.23).

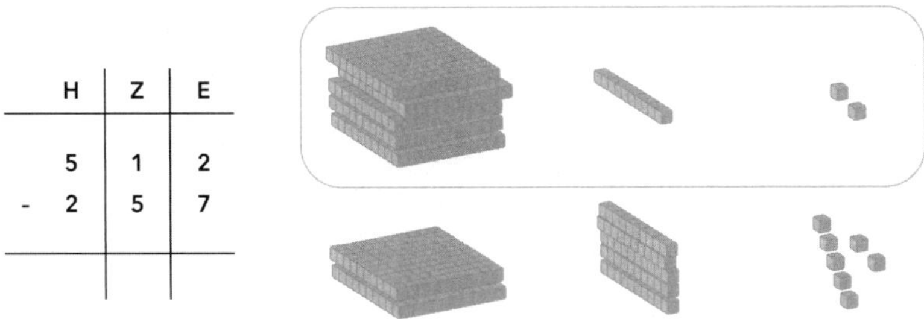

Abb. 4.20 Von 2 Einern oben sollen so viele weggenommen werden, wie unten liegen. Das geht nicht.

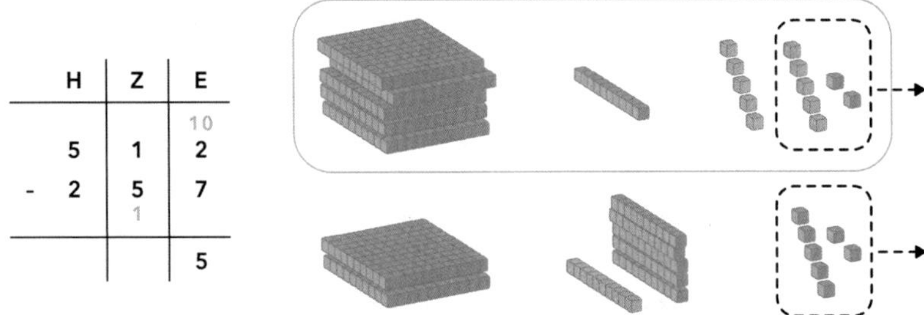

Abb. 4.21 Beide Zahlen werden um 10 vergrößert. Dafür werden oben 10 Einer und unten 1 Zehner hinzugefügt. Die Differenz bleibt gleich und nun können oben die 7 Einer weggenommen werden. Oben bleiben 5 Einer übrig.

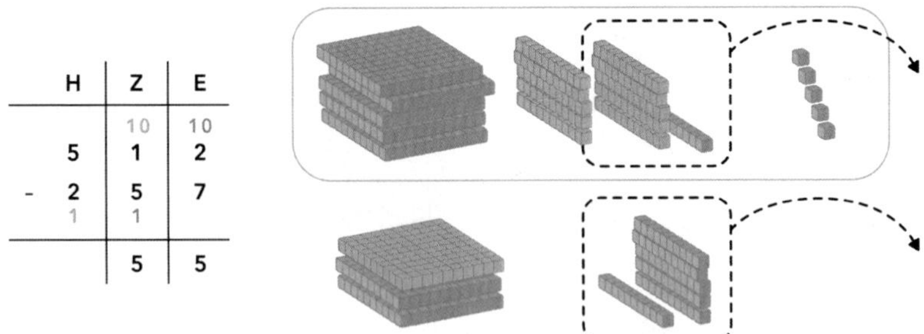

Abb. 4.22 Von 1 Zehner oben können keine 6 Zehner entfernt werden. Also werden oben 10 Zehner und gleichzeitig unten 1 Hunderter dazugelegt. Die Differenz bleibt gleich und nun können oben von den 11 Zehnern die 6 Zehner weggenommen werden. Es bleiben oben 5 Zehner liegen.

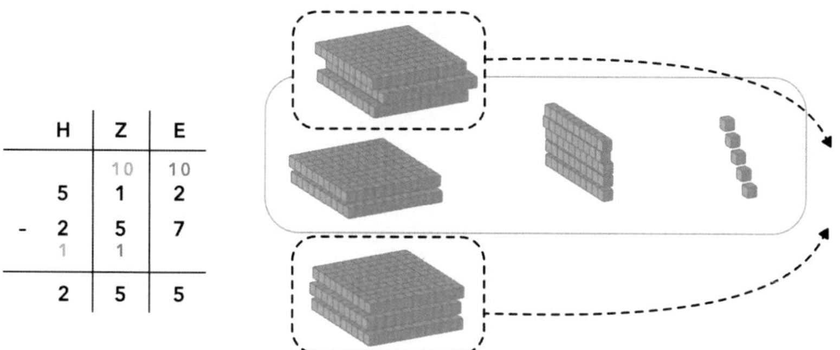

Abb. 4.23 Im letzten Schritt werden oben so viele Hunderter entfernt, wie unten liegen. Die Restmenge oben sind 2 Hunderter.

Die Idee des gleichsinnigen Veränderns wird in diesem Zusammenhang in der Literatur mit dem Begriff „Erweitern" beschrieben. Dieser Ausdruck wird auch im Kontext Bruchzahlen und im Alltag verwendet. Im Alltag bedeutet ein „Erweitern" eine Vergrößerung oder Vermehrung, in der arithmetischen Fachsprache bedeutet „Erweitern", dass Einträge einer Zahl oder eines Terms so geändert werden, dass die Zahl oder der Termwert selbst gleich bleibt. Diese Änderungen sind beim Erweitern von Subtraktionsaufgaben additiv bzw. subtraktiv $(8-3=(8+10)-(3+10)=18-13)$ und beim Erweitern von Brüchen multiplikativ $(\frac{2}{3}=\frac{2\cdot 2}{2\cdot 3}=\frac{4}{6})$.

Verfahren IV: Unterschiedsbestimmen und gleichsinniges Verändern (Ergänzen und Erweitern)

Wie bei allen unterschiedsbestimmenden Strategien und Verfahren werden bei der handelnden Durchführung dieses Verfahrens auch hier sowohl der Minuend 512 als auch der Subtrahend 257 mit Zehnersystem-Material gelegt. Günstig ist hier, dass – im Gegensatz zum Verfahren III – das Unterschiedsbestimmen sowohl für die Grundvorstellung der Subtraktion als auch für die Thematisierung der Konstanz der Differenz genutzt werden kann. Das Ziel ist, zum Subtrahenden 257 so viel dazuzulegen, dass dieser mit der dazugelegten Menge den gleichen Wert wie der Minuend hat. Das Ergebnis ist die Menge, die zum Subtrahenden dazugelegt wird. Diese wird hier unter den Strich gelegt, um das Ergebnis ablesen zu können (Abb. 4.24, 4.25, 4.26, 4.27 und 4.28).

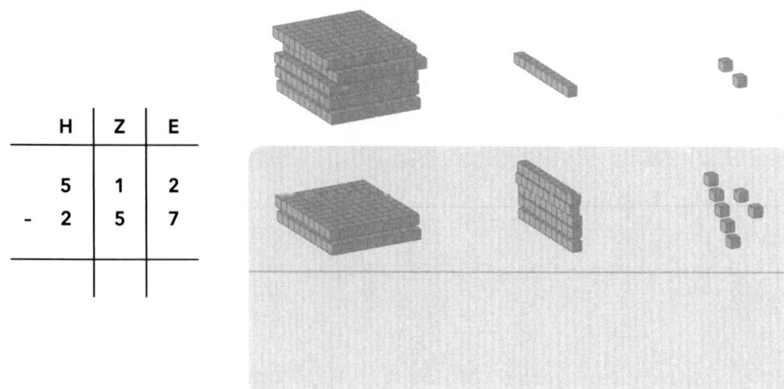

Abb. 4.24 Wie viele Einer müssen zu 5 Einern gelegt werden, damit es 2 Einer sind? Ohne Weiteres kann die Aufgabe nicht bearbeitet werden.

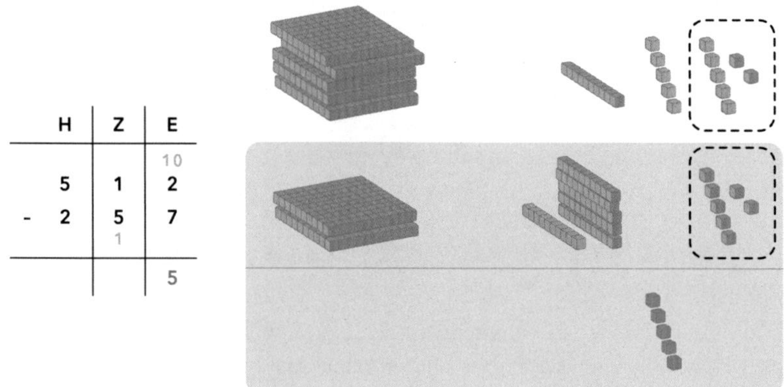

Abb. 4.25 Also werden 10 zusätzliche Einer zum Minuenden gelegt und 1 zusätzlicher Zehner zum Subtrahenden. Die Differenz bleibt gleich. Nun kann der Unterschied bestimmt werden: Zu den 7 Einern müssen 5 Einer gelegt werden, um 12 zu erhalten. Der Unterschied zwischen den Zahlen ist der gleiche, auch wenn nun eigentlich die Differenz von 522 und 267 bestimmt wird. Nun sollen zu den 6 Zehnern so viele dazugelegt werden, dass es genauso viele wie 1 Zehner sind.

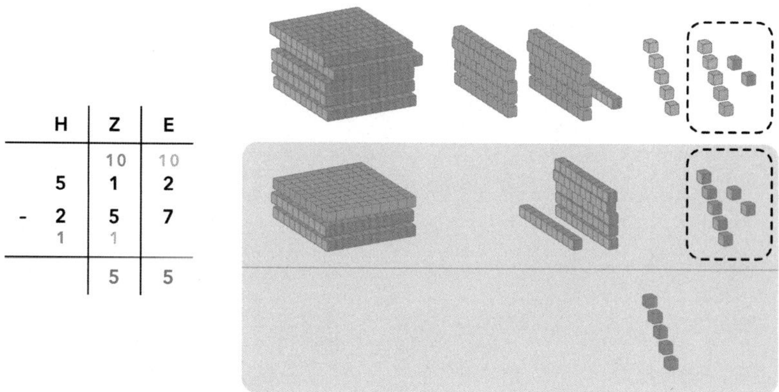

Abb. 4.26 Dies gelingt erst, nachdem beim Minuenden 10 Zehner und – um die Konstanz der Differenz zu wahren – beim Subtrahenden 1 Hunderter dazugelegt worden sind.

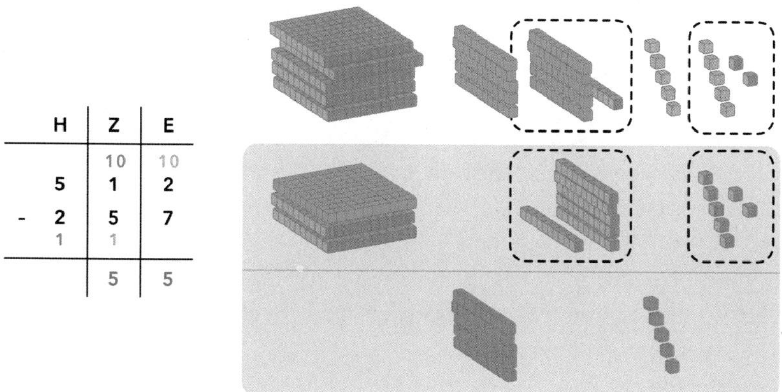

Abb. 4.27 Nun können 5 Zehner ergänzt werden.

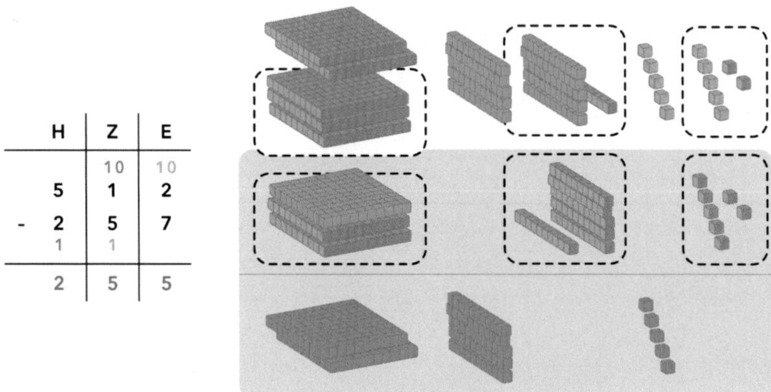

Abb. 4.28 Bei den Hundertern sind zu den mittlerweile 3 Hundertern im Subtrahenden noch 2 Hunderter dazuzulegen, um die gewünschten 5 Hunderter im Minuenden zu erhalten. Durch das schrittweise Erweitern wurde schließlich die Differenz zwischen den Zahlen 622 und 367 bestimmt.

Dieses Verfahren war im letzten Jahrhundert im deutschsprachigen Raum sehr populär, da die KMK es bis 2001 als „empfohlenes Standardverfahren" de facto festgelegt hatte (Schipper 2009, S. 200). So geläufig dessen Durchführung auf symbolischer Ebene vielen Erwachsenen heute erscheinen mag, so anspruchsvoll ist sie auf handelnder Ebene. Da die meisten curricularen Vorgaben jedoch ein Verstehen des Algorithmus einfordern, ist die Verknüpfung beider Ebenen unverzichtbar. Darüber hinaus setzt es voraus, dass Lernende in der Jahrgangsstufe 3 die Strategie des gleichsinnigen Veränderns bei Subtraktionsaufgaben anwenden und Subtraktionsaufgaben als Unterschiedsbestimmen interpretieren können.

Verfahren V: Unterschiedsbestimmen und Bündeln (Auffüllen)

Bei diesem Verfahren wird ebenfalls die Differenz von 512 und 257 bestimmt. Bei Überträgen wird jedoch nicht wie bei Verfahren IV gleichsinnig verändert. Der Minuend 512 bleibt unverändert, der Subtrahend hingegen wird beim Auffüllen zum Betrag des Minuenden bei Bedarf gebündelt.

Hier empfiehlt es sich, *sowohl* die untere Zahl 257 als auch die obere Zahl 512 „als Referenzmenge" zu legen. Es wird dokumentiert, wie viel zum Subtrahenden ergänzt werden muss, um die Zahl 512 zu erreichen. Diese Ergänzung ist das Ergebnis der Aufgabe 512 – 257. Diese Ergänzung muss schriftlich festgehalten werden, da auf Materialebene das Ergebnis am Ende des Rechenwegs kaum noch sichtbar ist (Abb. 4.29, 4.30, 4.31, 4.32).

	H	Z	E
	5	1	2
-	2	5	7

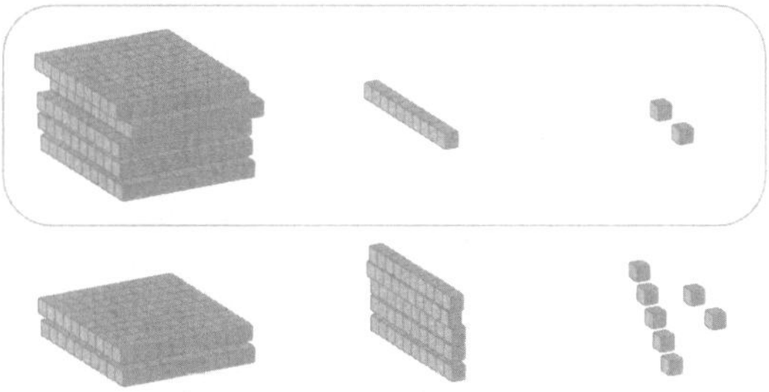

Abb. 4.29 Der Subtrahend wird gelegt und stellenweise aufgefüllt, bis die Zielzahl 512 (Minuend) erreicht ist. Der Minuend kann als „Referenzmenge“ ebenfalls darstellt werden (hier eingekreist).

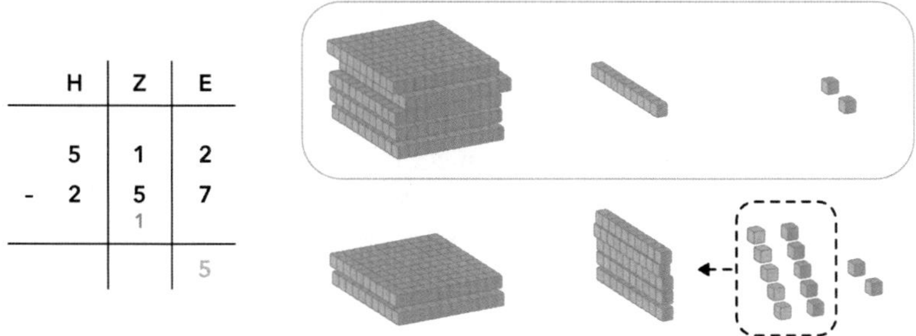

Abb. 4.30 Um die gelegten 7 Einer zu 2 Einern aufzufüllen, müssen 5 Einer dazugelegt werden. Auf diese Weise liegen im Subtrahenden jetzt 12 Einer. 10 der entstandenen 12 Einer werden nun zu einer Zehnerstange gebündelt, es bleiben die geforderten 2 Einer an der Einerstelle. Die ergänzten 5 Einer sind nach dem Bündeln nicht mehr richtig sichtbar, jedoch Bestandteil des Ergebnisses.

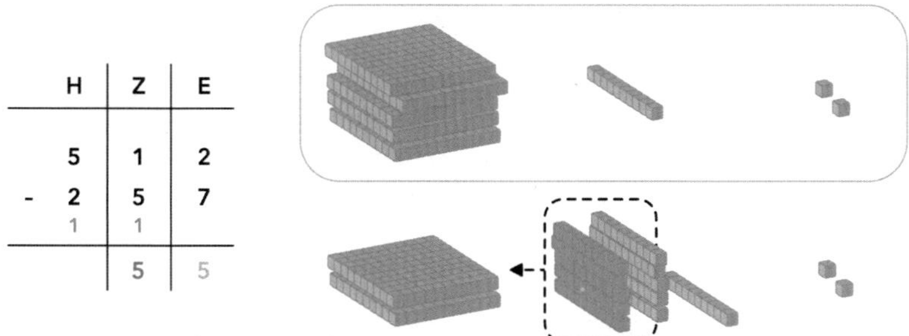

Abb. 4.31 Durch das Auffüllen mit 5 Einern wird nun mit 6 Zehnern im Subtrahenden weitergerechnet. Um die 6 Zehner zu 1 Zehner aufzufüllen, müssen 5 Zehner gelegt werden. Insgesamt liegen im Subtrahenden nun 11 Zehner. 10 Zehner werden zu einem Hunderter gebündelt, es bleibt der eine geforderte Zehner an der Zehnerstelle. Nach dem Bündeln sind die 5 Zehner nicht mehr direkt sichtbar, obwohl sie die Zehnerstelle des Ergebnisses sind.

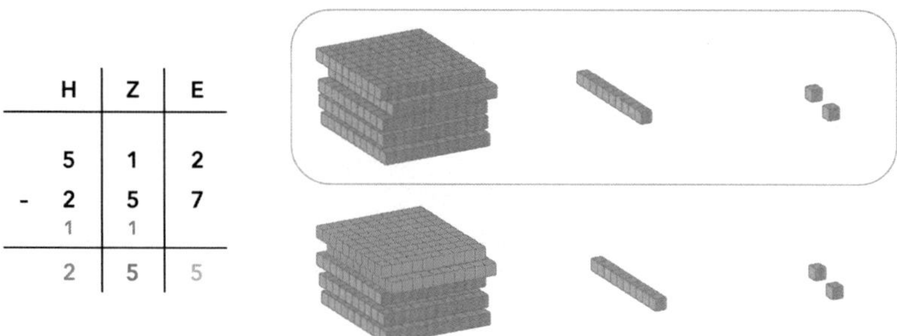

Abb. 4.32 Durch das Auffüllen mit 5 Zehnern wird mit 3 Hundertern im Subtrahenden weitergerechnet. Zu diesen 3 Hundertern werden schließlich noch 2 Hunderter gelegt, um auf die geforderten 5 Hunderter aufzufüllen. Wenn die dazugelegten Objekte schriftlich dokumentiert wurden, kann nun der Unterschied angegeben werden: 2H, 5Z, 5E also 255.

An diesem Beispiel und dem Versuch der ikonischen Dokumentation wird deutlich, dass nach dem jeweiligen Bündeln (10 Einer → 1 Zehner, 10 Zehner → 1 Hunderter) die aufgefüllte Menge und somit das Ergebnis nicht mehr direkt sichtbar ist – liegen bleibt nur die „Zielzahl“, also die obere Zahl. Aber diese war vorher schon bekannt.

Eine Möglichkeit, das Aufgefüllte und die Entstehung der Überträge sichtbar zu machen, bietet der Rechenstrich (Abb. 4.33).

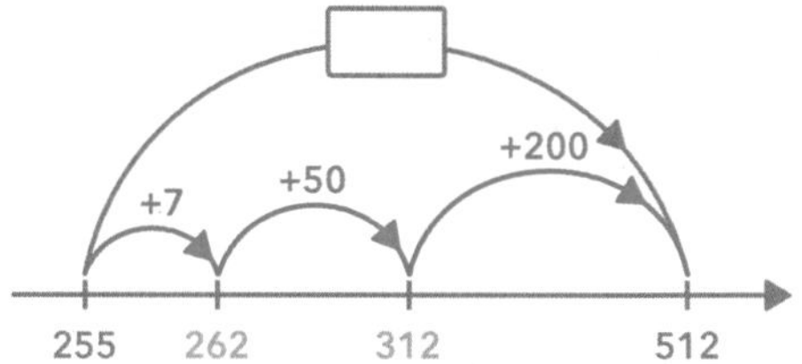

Abb. 4.33 Ordinale Darstellung beim Unterschiedsbestimmen mit Bündeln

Um den Unterschied von 255 und 512 zu bestimmen, wird stellenweise aufgefüllt. Allerdings wird der Rechenstrich genutzt, um mit Zahlen zu rechnen und nicht mit Ziffern. Somit könnte dargestellt werden, was mit den verwendeten Zahlen geschieht. Das *Verfahren* selbst wird so nicht dargestellt, denn bei ihm werden nicht die Zahlen, sondern nur Ziffern verrechnet.

Die Verfahren I bis V unterscheiden sich deutlich darin, wie intuitiv und wie leicht nachvollziehbar sie auf handelnder Ebene durchzuführen sind.

Stopp – Aktivität!
Berechnen Sie die Aufgabe 324 − 176 mit den schriftlichen Algorithmen IV (Unterschiedsbestimmen und gleichsinniges Verändern bzw. Ergänzen und Erweitern) und V (Unterschiedsbestimmen und Bündeln bzw. Auffüllen).

Klappen Sie bitte dieses Buch zu (ja, wirklich!) und führen Sie nun diesen Algorithmus mit Zehnersystem-Material auf der handelnden Darstellungsebene durch.

Wie in Abschn. 4.13 aufgezeigt wird, sind alle Verfahren geeignet, um Eigenschaften des Stellenwertsystems zu wiederholen. Jedes Verfahren ist universell, d. h. unabhängig vom Zahlenmaterial einsetzbar. In Bezug auf die Fehleranfälligkeit bei bestimmten Zahlen und auf ein Verständnis der Verfahren gibt es jedoch Unterschiede (Jensen und Gasteiger 2019). Die Thematisierung eines zweiten Verfahrens ist verzichtbar, wenn bereits ein universelles Verfahren zur Lösung aller Aufgaben zur Verfügung steht. Eine Arbeitserleichterung durch ein weiteres Verfahren bei verschiedenen Zahlen ist in der Regel nicht zu erwarten. Daher empfiehlt sich nicht, mit Lernenden mehr als ein Subtraktions*verfahren* zu thematisieren – im Gegensatz zur Besprechung mehrerer Kopfrechen*strategien*.

4.12 Verschiedene Richtungen bei der schriftlichen Addition

Stopp – Aktivität!
Berechnen Sie die Aufgabe 258 + 347 mit dem schriftlichen Algorithmus. Notieren Sie Ihre Sprechweise.

Eine Unterscheidung zwischen mehreren Verfahren ist bei der schriftlichen Addition im Gegensatz zur schriftlichen Subtraktion nicht nötig, denn die Grundvorstellungen zur Addition als Hinzufügen und als Zusammenfassen sind sehr ähnlich. Bei Überträgen gibt es lediglich eine Technik: das Bündeln.

Stopp – Aktivität!
Betrachten Sie nun bitte Ihre Sprechweise der letzten Aktivität: Haben Sie nur mit Ziffern oder mit Stellenwerten gerechnet?

Wie bei der Subtraktion empfiehlt es sich, die Addition in einer Stellenwerttafel zu notieren und die Handlung am Zehnersystem-Material zu versprachlichen. Dies aktiviert

Grundvorstellungen zu Handlungen, die zu Beginn des Lernprozesses konkret, später gedanklich durchgeführt werden:

Gelegt werden beide Summanden mit Zehnersystem-Material. Werden die Mengen zusammengefasst (oder eine der beiden Mengen zur anderen hinzugefügt), so ist die Gesamtmenge das Ergebnis (Abb. 4.34, 4.35, 4.36 und 4.37).

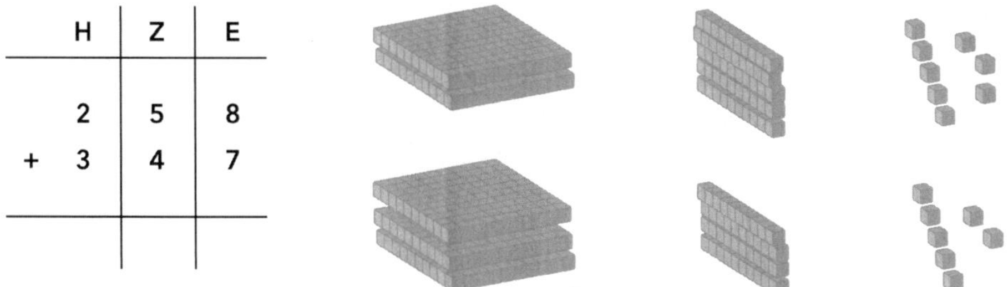

Abb. 4.34 Gelegt werden 2 Hunderterplatten, 5 Zehnerstangen und 8 Einerwürfel für den ersten Summanden sowie 3 Hunderterplatten, 4 Zehnerstangen und 7 Einerwürfel für den zweiten Summanden.

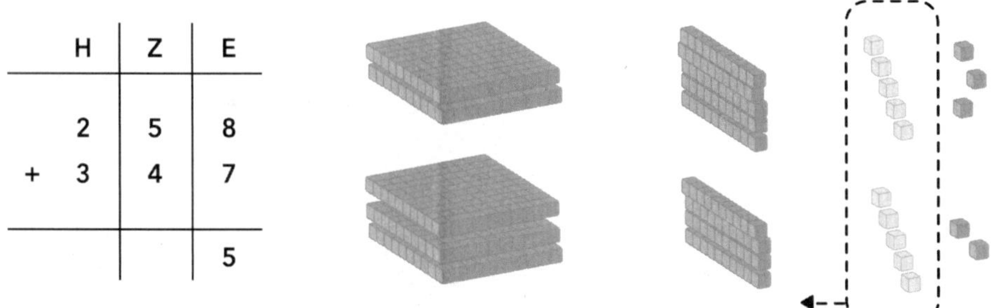

Abb. 4.35 8 Einer und 7 Einer sind 15 Einer, also 1 Zehner und 5 Einer.

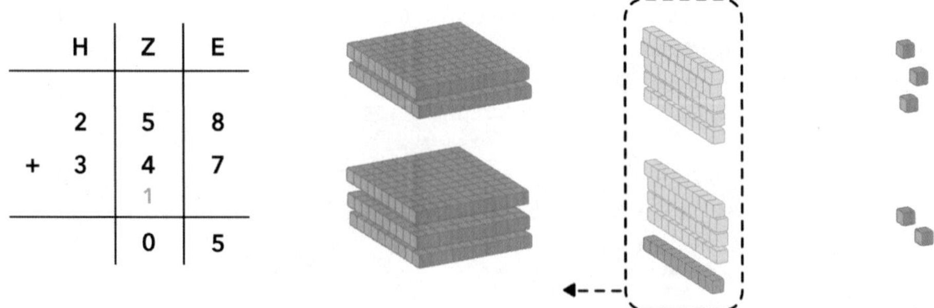

Abb. 4.36 5 Zehner, 4 Zehner und der gebündelte neue Zehner sind zusammen 10 Zehner, also 1 Hunderter.

	H	Z	E
	2	5	8
+	3	4	7
	1	1	
	6	0	5

Abb. 4.37 2 Hunderter, 3 Hunderter und der gebündelte neue Hunderter sind zusammen 6 Hunderter.

Stopp – Aktivität!
In welcher Reihenfolge haben Sie die Stellenwerte verrechnet? Warum haben Sie diese Reihenfolge gewählt?

Am Beispiel der Aufgabe $258+347$ sind nun verschiedene weiterführende Beobachtungen möglich:

1. Wird bei den Einern $8+7$ („von oben nach unten") oder $7+8$ („von unten nach oben") gerechnet?
2. Wird bei den Zehnern $5+4+1$ oder $4+1+5$ oder $5+1+4$ oder $1+4+5$ gerechnet?
3. Wird bei der kleinsten Stelle (hier: Einer) oder bei der größten Stelle (hier: Hunderter) gestartet?

Die Punkte (1) und (2) können rasch geklärt werden. Während bei der Subtraktion die Rechenrichtung wesentlich ist, da $8-7 \neq 7-8$, gilt bei der Addition das Kommutativgesetz, also $8+7=7+8$. Darüber hinaus können bei der Addition die Überträge „beliebig" addiert werden, während dies bei der Subtraktion nicht möglich ist. Empfehlenswert ist, genau das zu thematisieren bzw. gegenüberzustellen: Bei Minus ist die Richtung wichtig, bei Plus können manchmal Rechenvorteile genutzt werden, indem die Tauschaufgabe gebildet wird. Das beinhaltet insbesondere auch die Überträge.

Punkt (3) verdient besondere Beachtung: Beim Schreiben der Zahlen und evtl. bei ihrer Darstellung (mit Zehnersystem-Material) haben Kinder jahrelang gelernt, mit der größten Stelle zu beginnen und „von links nach rechts" die absteigenden Stellenwerte zu berücksichtigen. Bei den schriftlichen Rechenverfahren zur Addition und Subtraktion ist es hingegen üblich, mit dem kleinsten Stellenwert zu beginnen.

Wird bei der Addition „intuitiverweise" mit dem größten Stellenwert begonnen, so hält dies jedoch auch konstruktive Diskussionsanlässe und Entdeckungen bereit (Scherer und Steinbring 2004). In Schulbüchern wird dieser Aspekt jedoch nur vereinzelt thematisiert.

Wird von links mit der Addition begonnen, so entsteht eine (höchst wünschenswerte) nichtkanonische Darstellung des Ergebnisses: 5 Hunderter, 9 Zehner und 15 Einer (vgl. Abb. 4.38). Das Ergebnis kann nicht sofort abgelesen werden, denn die Darstellung muss in zwei Schritten in eine kanonische Darstellung überführt werden: 15 Einer sind 1 Zehner und 5 Einer, 10 Zehner sind ein zusätzlicher Hunderter.

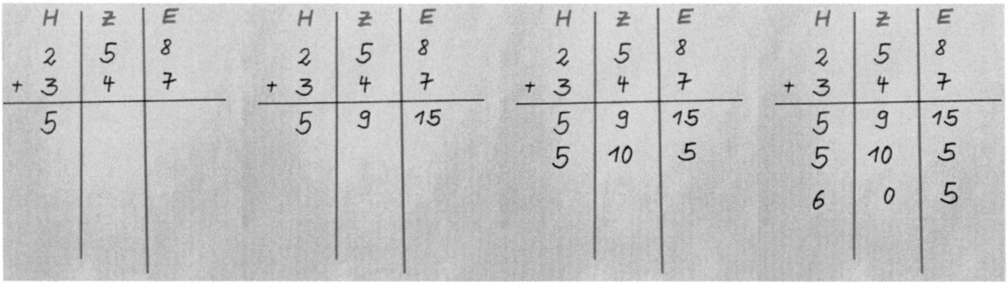

Abb. 4.38 Schriftlicher Additionsalgorithmus, beginnend mit dem größten Stellenwert: Es werden erst die Hunderter, dann Zehner und Einer addiert. Anschließend wird die nichtkanonische Darstellung in eine kanonische durch Bündelungen überführt.

Hier liegt ein Anlass vor, die Eigenschaften des Stellenwertsystems im Zuge des Rechnens zu wiederholen. Ein weiterer Diskussionsanlass kann sein, bei welcher Reihenfolge der Verrechnung der Stellenwerte (bei den Hundertern oder bei den Einern anfangen) Schreibarbeit gespart wird. Lernende haben so die Möglichkeit, den Algorithmus nicht als Vorgabe wahrzunehmen, sondern die Gründe für die Optimierung im Verfahren kennenzulernen.

4.13 Vertiefung des Stellenwertverständnisses durch schriftliche Algorithmen

Auch die Subtraktionsverfahren sind geeignet, um Eigenschaften des dezimalen Stellenwertsystems zu wiederholen:

- Beim Auffüllen wird das Bündeln (z. B. 10 Z → 1 H) bei Überträgen benötigt.
- Beim Entbündeln wird das Entbündeln (z. B. 1 H → 10 Z) eingesetzt.
- Beim gleichsinnigen Verändern wird z. B. der Zusammenhang 1 H = 10 Z genutzt, um die Konstanz der Differenz aufrechtzuerhalten.

Besonders gut zur erneuten Thematisierung des Stellenwertsystems eignet sich das Verfahren I „Abziehen und Entbündeln“, wenn viele Nullen im Minuenden stehen. Häufig wird in der Literatur angegeben, dass die vielen Nullen das Verfahren besonders aufwendig machen. Genau das ist jedoch für die Vertiefung des Stellenwertverständnisses sehr wünschenswert.

Stopp – Aktivität!
Bitte berechnen Sie die Aufgabe 1 001 020 − 729 032 über das Verfahren I „Wegnehmen und Entbündeln".

Diese Aufgabe ist sehr fehleranfällig, zumindest wenn sie auf symbolischer Ebene durchgeführt wird. Wird die Aufgabe hingegen auf handelnder Darstellungsebene mit Zehnersystem-Material gedanklich gelöst, so wird das Potenzial von Aufgaben mit vielen Nullen im Minuenden erst richtig deutlich. Außerdem ist dann die Lösung deutlich einfacher.

Die Aufgabe wird daher in einer Stellenwerttafel notiert, die Buchstaben stehen für folgende Darstellungseinheiten: E = Einerwürfel, Z = Zehnerstangen, H = Hunderterplatten, T = Tausenderwürfel, ZT = Zehntausenderstangen, HT = Hunderttausenderplatten, M = Millionenwürfel (Abb. 4.39).

Abb. 4.39 Darstellung der Subtraktionsaufgabe in der Stellenwerttafel

	M	HT	ZT	T	H	Z	E
	1	0	0	1	0	2	0
−		7	2	9	0	3	2

Ausgangspunkt ist, dass 1 Millionenwürfel, 1 Tausenderwürfel und 2 Zehnerstangen vorhanden sind. Davon sollen 2 Einerwürfel weggenommen werden. Das geht erst, nachdem eine Zehnerstange eingetauscht wurde. Nun sind es 10 Einerwürfel, von denen 2 weggenommen werden können. Es verbleiben 8 Einerwürfel (Abb. 4.40).

Abb. 4.40 Entbündeln eines Zehners in 10 Einer und Berechnung der Einer

	M	HT	ZT	T	H	Z	E
						1	10
	1	0	0	1	0	~~2~~	~~0~~
−		7	2	9	0	3	2
							8

Im nächsten Schritt sollen 3 Zehnerstangen entfernt werden, obwohl nur 1 Zehnerstange vorhanden ist. Da keine Hunderterplatten vorhanden sind, muss nun *fortgesetzt entbündelt* werden: 1 T = 10 H = 9 H 10 Z. Nach diesem Schritt können Hunderter und Zehner berechnet werden (Abb. 4.41).

Abb. 4.41 Entbündeln eines Tausenders in 9 Hunderter und 10 Zehner sowie Berechnung der Zehner und Hunderter

	M	HT	ZT	T	H	Z	E
						11	
				0	9	4	10
	1	0	0	1	0	2	0
–		7	2	9	0	3	2
					9	8	8

Es ist kein Tausenderwürfel vorhanden, jedoch sollen 9 weggenommen werden. Auch hier ist wieder eine fortgesetzte Entbündelung nötig: Der Millionenwürfel wird in 10 Hunderttausenderplatten entbündelt. 9 davon bleiben unverändert, eine wird in 10 Zehntausenderstangen entbündelt. Auch davon bleiben 9 unverändert und eine Zehntausenderstange wird ein 10 Tausenderwürfel entbündelt.

Der Vorgang kann auch anders gedanklich durchgeführt werden: Was bleibt, wenn aus einem Millionenwürfel 9 Tausenderwürfel entfernt werden? 9 Hunderttausenderplatten, 9 Zehntausenderstangen und 1 Tausenderwürfel (Abb. 4.42).

Abb. 4.42 Fortgesetztes Entbündeln von 1 Mio. in 9 Hunderttausender, 9 Zehntausender und 10 Tausender

	M	HT	ZT	T	H	Z	E
				10		11	
		9	9	0	9	4	10
	1	0	0	1	0	2	0
–		7	2	9	0	3	2
					9	8	8

Jetzt kann die restliche Rechnung „in einem Schwung“ durchgeführt werden, indem in den Spalten die Hunderttausender, die Zehntausender und die Tausender weggenommen werden (Abb. 4.43).

	M	HT	ZT	T	H	Z	E
				10		11	
		9	9	0	9	1	10
	1	0	0	1	0	2	0
–		7	2	9	0	3	2
		2	7	1	9	8	8

Abb. 4.43 Berechnung der Tausender, Zehntausender und Hunderttausender

Die wichtigen mathematischen Inhalte werden „vor dem Rechnen" aktiviert. Über vertiefte Einsichten in das dezimale Stellenwertsystem können die benötigten (ggf. sogar fortgesetzten) Entbündelungen vorgenommen werden. Obwohl mit Ziffern gerechnet wird, können bei dieser Vorgehensweise Zahlvorstellungen aktiviert und vertieft werden.

Auch wenn die Handlungen im fortschreitenden Lernprozess nicht mehr ständig konkret durchgeführt werden, so bieten sich doch zwei Impulse an, um Grundvorstellungen zu aktivieren:

- „Nutze eine Stellenwerttafel und sprich die Stellenwerte mit." (z. B. 5 Hunderter minus 3 Hunderter). Auf diese Weise bleibt bewusst, dass hier mit Bündelungseinheiten und nicht nur mit Ziffern gerechnet wird.
- „Denke an das Zehnersystem-Material und erkläre deine Schritte mit dem Material." (z. B. 3 Zehnerstangen statt 3 Zehner). Auf diese Weise kann die Materialhandlung in der Vorstellung aktiviert werden.

Zusammenfassend kann festgehalten werden, dass auch die schriftlichen Rechenverfahren zahlreiche Gelegenheiten bieten können, um Zahlen und deren Eigenschaften – gerade im Stellenwertsystem – besser kennenzulernen.

4.14 Zusammenfassung und Ausblick

Die inhaltlichen Kompetenzen zur Addition und Subtraktion lassen sich in zwei große Bereiche einteilen: 1) Grundvorstellungen zu den Rechenoperationen und 2) Lösungswege zur Berechnung von Termen.

Grundvorstellungen

Grundvorstellungen ermöglichen die Nutzung des Zusammenhangs zwischen mathematischen Zeichen (in diesem Fall + und –) und deren Bedeutung. Diese Bedeutung kann in Form von Textaufgaben, Bildern bzw. ikonischen Modellen (Rechenstrich) oder Handlungen dargestellt und kommuniziert werden. Die Grundvorstellungen zur Subtraktion und Addition sind unabhängig vom Zahlenraum und Zahlbereich: Auch bei Brüchen kann die Addition als Hinzufügen oder Zusammenfassung interpretiert werden. Die Subtraktion kann sowohl bei natürlichen als auch bei positiv-rationalen Zahlen dynamisch als Wegnehmen oder Ergänzen und statisch als Teilmengen- oder Unterschiedsbestimmung interpretiert werden. Einseitige Operationsvorstellungen bei der Subtraktion werden hierbei nicht nur im Primarbereich dokumentiert, sondern sind auch in der Sekundarstufe ein systematisches Problem. Im Rahmen der Normierung von *ILeA plus* wurden Lernende zu Beginn der Jahrgangsstufen 3, 5, 6 und 7 aufgefordert, zu Rechengeschichten einen passenden Term auszuwählen (Abb. 4.44). Die Lösung selbst sollte hierbei nicht ermittelt werden. Nähere Informationen zu Aufbau, Zeitpunkt, Strichprobe und Konzeption von *ILeA plus* finden sich bei Wartha et al. (2019a, b) und Schulz et al. (2019a).

Abb. 4.44 Auswahl der Rechenoperation bei *ILeA* plus für die Jahrgangsstufen 3 und 5 (links) und 6 und 7 (rechts). (© ILeA plus, LISUM, 2019)

Bei der Rechengeschichte der Jahrgangsstufen 3 und 5 liefert die Subtraktion der Zahlen das Ergebnis. Es handelt sich allerdings nicht um eine dynamische Situation des Wegnehmens, sondern um eine statische Bestimmung des Unterschieds. Bei der Rechengeschichte der Jahrgangsstufen 6 und 7 liefert die Addition der beiden Zahlen das Ergebnis, da eine Längenangabe mit dem Differenzbetrag zur anderen Längenangabe zusammengefasst werden soll. Die Textaufgaben sind so konstruiert und formuliert, dass eine Orientierung an Oberflächenmerkmalen wie an den Wörtern „mehr“ oder „weniger“ *keinen* Hinweis auf die benötigte Rechenoperation gibt, sondern die Struktur der Aufgabe erfasst und die passende Grundvorstellung aktiviert werden muss. Kompetenzen zum Rechnen werden nicht abgefragt.

Der häufigste Fehler ist die Auswahl des Terms mit den Zahlen der Aufgabenstellung und der Umkehroperation. Die Anteile korrekter Lösungen sowie der Anteil des häufigsten Fehlers sind in Tab. 4.5 dargestellt.

Tab. 4.5 Wahl der korrekten und inversen Rechenoperation bei Textaufgaben

	Anfang Jgst. 3	Anfang Jgst. 5	Anfang Jgst. 6/7
Subtraktion	28 % (richtig)	63 % (richtig)	43 %
Addition	38 %	13 %	36 % (richtig)
N	3 576	3 033	1 086

Den Zahlen kann entnommen werden, dass Grundvorstellungen zur Addition und Subtraktion auch am Übergang zur Sekundarstufe von vielen Lernenden nicht aktiviert werden können. Das trifft insbesondere auf statische Situationen zu. Es handelt sich zwar um Inhalte, die bereits ab der Jahrgangsstufe 1 thematisiert werden können, offenkundig aber von rund einem bis zwei Dritteln der Lernenden am Übergang von der Primar- zur Sekundarstufe nicht sicher angewandt werden.

Das Erarbeiten bzw. Wiederholen *aller* Grundvorstellungen am Übergang von der Primar- zur Sekundarstufe ist unverzichtbar, denn ohne Grundvorstellungen …

- können die Zeichen + und − weder bei natürlichen Zahlen noch bei Brüchen gedeutet und interpretiert werden,
- können Sach- und Textaufgaben nicht in mathematische Terme bzw. Gleichungen übersetzt und auch mit technischen Hilfsmitteln (Taschenrechner) nicht gelöst werden,
- können Darstellungen von Termen an Arbeitsmitteln (Rechenstrich) nicht in Verbindung mit den Operationszeichen gebracht werden,
- ist eine anschauliche Kommunikation über Rechenwege nicht möglich,
- ist das Nutzen von Zusammenhängen wie dem gegen- oder gleichsinnigen Verändern höchstens auf technischer, nicht aber auf anschaulich-argumentativer Ebene möglich,
- können Strategien und Verfahren, bei denen die Subtraktion als Unterschiedsbestimmung interpretiert wird, nicht verstanden werden.

Positiv für eine unterrichtliche Thematisierung der „problematischen“ statischen Grundvorstellungen ist, dass sie einen Inhalt darstellen, der sich nicht bei der Erweiterung des Zahlbereichs ändert. Während Operationsvorstellungen zur Multiplikation und Division mit der Einführung der Brüche erweitert oder eingeschränkt werden, sind die Grundvorstellungen zur Addition und Subtraktion eine Konstante im Lernweg durch die Zahlenräume und -bereiche.

Lösungswege: Rechenstrategien und -verfahren

Das Berechnen von Termen wie $2\,502 - 121$ oder $2{,}28 + 0{,}271$ oder $\frac{3}{5} + \frac{2}{10}$ ist kein Selbstzweck, denn technische Hilfsmittel zur Lösung stehen im 21. Jahrhundert in der Regel zur Verfügung. Die zentrale Berechtigung für die Thematisierung von Rechenstrategien und -verfahren ist, dass sie Grundvorstellungen zu Zahlen und Operationen aktivieren, vernetzen und vertiefen können. Hierzu steht der Lösungsweg und nicht das Ergebnis im Mittelpunkt. Die Kommunikation über die Bearbeitungsstrategie und die Argumentationen über die nötigen Lösungsschritte bzw. die Auswahl eines bestimmten Lösungswegs können anhand von tragfähigen Arbeitsmitteln erfolgen. Insbesondere der Rechenstrich ermöglicht die Darstellung von Rechenstrategien mit natürlichen Zahlen und Dezimalbrüchen. Er stellt somit ein besonders tragfähiges Arbeitsmittel zum Lernen von Zahlen und dem Kommunizieren über schrittweise Strategien dar. Bei diesen Strategien werden Zahlbeziehungen genutzt, indem beispielsweise eine der beiden zu verrechnenden Zahlen in die Stellenwerte zerlegt (3,6+0,83 wird berechnet über 3,6+0,8+0,03) oder die Nähe zu leicht zu verrechnenden Zahlen genutzt wird (4,6+1,99 wird berechnet über 4,6+2−0,01) Diese operativen Rechenstrategien können offenkundig unabhängig vom Zahlenraum sowohl mit natürlichen Zahlen als auch mit (endlichen) Dezimalbrüchen verwendet werden.

Für das (anschauliche) Wiederholen bzw. Lernen von Strategien empfiehlt sich nach dem „Fünf-Punkte-Plan“ zunächst eine Thematisierung des Operationszeichens (z. B. „Was wird bei Minus am Arbeitsmittel gemacht?“) mit Fokussierung auf das Ergebnis („Wo ist am Arbeitsmittel das Ergebnis zu sehen?“). Wie im vorherigen Abschnitt geschildert, kann nicht davon ausgegangen werden, dass alle Grundvorstellungen zur Addition und Subtraktion aktiviert werden können. Anschließend wird der Rechenweg am Modell durchgeführt, handlungsbegleitend versprachlicht bzw. verschriftlicht und das Ergebnis evaluiert.

Anlässe für die Aktivierung von Operationsvorstellungen bietet auch die Thematisierung von wegnehmenden und unterschiedsbestimmenden Strategien bei der Berechnung von Subtraktionstermen. Während Aufgaben wie 927−19 mit wenigen Schritten über wegnehmende Strategien ausgerechnet werden können, empfiehlt sich bei Aufgaben wie 2,03−1,9 die Bestimmung der Differenz. Ein Innehalten vor dem Rechnen zur Betrachtung des Zahlenmaterials kann hierbei die Ausbildung eines Zahlen- und Aufgabenblicks unterstützen. Eine „Kultur“ der Diskussion über verschiedene Wege sowie der Darstellung dieser Wege ist für natürliche Zahlen und Dezimalbrüche gleichermaßen wünschenswert. Die Auswahl geeigneter Zahlen und Aufgaben sowie die Verwendung der gleichen Arbeitsmittel bzw. Modelle (Rechenstrich) können helfen, unnötige „Brüche“ zu vermeiden.

Während bei Rechenstrategien Zahlbeziehungen genutzt und Operationsvorstellungen flexibel eingesetzt werden können, ist bei den schriftlichen Rechenverfahren eher eine ziffernweise Betrachtung der zu verrechnenden Zahlen naheliegend. Die schriftlichen Algorithmen zur Subtraktion und Addition sind universell, das heißt unabhängig vom Zahlenmaterial einsetzbar. Das ist Vor- und Nachteil zugleich, denn ein „Innehalten vor dem Rechnen“ ist in der Regel ebenso wenig nötig wie die Aktivierung von Zahlvorstellungen. Ein Vorteil kann sein, dass es Lernenden die Sicherheit bietet, auch bei komplex erscheinenden Zahlen ein Verfahren anwenden zu können, das ein Rechnen im Zahlenraum bis 20 ermöglicht. Alle Verfahren sind strukturgleich für natürliche Zahlen und Dezimalbrüche einsetzbar. Die zentrale Vorgabe ist, dass immer die gleichen Stellenwerte verknüpft werden. Sollte es sich um einen Term mit „Kommazahlen“ handeln, bewirkt diese Vorgabe, dass die Kommata bündig untereinander stehen. In vielen Curricula ist nicht vorgeschrieben, welcher schriftliche Algorithmus zur Subtraktion unterrichtlich thematisiert wird. Für einen gelungenen Übergang von der Primar- zur Sekundarstufe ist es daher wesentlich, dass Lehrende beider Schulstufen die Vor- und Nachteile *aller* Subtraktionsverfahren kennen. Die Kenntnis der verschiedenen Verfahren ist nicht nur für eine Analyse der Darstellungen im verwendeten Schulbuch, sondern auch zur Diagnose der von den Lernenden verwendeten Verfahren unverzichtbar.

Auf den ersten Blick unterstützen die schriftlichen Algorithmen *nicht* den Auf- und Ausbau von Zahlvorstellungen. Wenn sie jedoch anschaulich und kritisch reflektiert werden, dann bieten sie zahlreiche Anlässe, den Aufbau der (natürlichen und gebrochenen) Zahlen im dezimalen Stellenwertsystem zu wiederholen und zu vertiefen. Alle Algorithmen nutzen Zusammenhänge zwischen den Stellenwerten, indem beispielsweise bei der Subtraktion im Minuenden entbündelt (1 Hunderter = 10 Zehner) oder Minuend und Subtrahend gleichsinnig erweitert (10 Zehner und 1 Hunderter) oder im Subtrahenden gebündelt (10 Zehner zu 1 Hunderter) wird. Eine anschauliche Besprechung der Verfahren mit Zehnersystem-Material und dessen gedanklichen Fortsetzungen „nach oben (1 Millionenwürfel) und unten (1 Hundertstelstange)“ bietet zahlreiche Anlässe nicht nur die Verfahren zu verstehen, sondern das Stellenwertsystem auch für Kommunikation und vor allem Argumentationen zu nutzen.

Abschließend wird in Tab. 4.6 ein Überblick gegeben, welche Inhalte und Kompetenzen beim Übergang von der Primar- zur Sekundarstufe in Bezug auf die Subtraktion und Addition eine besondere Rolle spielen.

Tab. 4.6 Inhalte in Bezug auf Addition und Subtraktion am Übergang

	Natürliche Zahlen bis 100	Natürliche Zahlen über 100	Dezimalbrüche	Gemeine Brüche
GV Addition dynamisch	Hinzufügen	Hinzufügen	Hinzufügen	Hinzufügen
GV Addition statisch	Zusammenfassung	Zusammenfassung	Zusammenfassung	Zusammenfassung
GV Subtraktion dynamisch	Wegnehmen/Ergänzen	Wegnehmen/Ergänzen	Wegnehmen/Ergänzen	Wegnehmen/Ergänzen
GV Subtraktion statisch	Restmenge/Unterschied bestimmen	Restmenge/Unterschied bestimmen	Restmenge/Unterschied bestimmen	Restmenge/Unterschied bestimmen
Operative Rechenstrategien	Schrittweise, Hilfsaufgabe, …	Schrittweise, Hilfsaufgabe, …	Schrittweise, Hilfsaufgabe, …	*Nicht übertragbar*
Schriftliche Rechenverfahren	*Bietet sich nicht an*	Ja	Ja	*Nein*

Die Thematisierung, Diskussion und prozessorientierte Darstellung der Inhalte kann an Arbeitsmitteln wie in Tab. 4.7 verortet erfolgen.

Das Bearbeiten von Subtraktions- und Additionsaufgaben bietet somit zahlreiche Anlässe, Zahlen und Zahlbeziehungen näher zu untersuchen und zu nutzen sowie die Eigenschaften dieser Rechenoperationen näher kennenzulernen. Die (materialgestützte) Diskussion über Rechenwege ermöglicht die Schulung der prozessbezogenen Kompetenzen des Darstellens und Kommunizierens. Begründungen für die Wahl eines bestimmten Rechenwegs schaffen Anlässe zum Argumentieren – der Königsdisziplin der Mathematik.

Fundierte Kompetenzen zur Addition und Subtraktion sind die Grundlage für den Aufbau von Grundvorstellungen und Rechenstrategien zur Multiplikation und Division, die im folgenden Kap. 5 diskutiert werden.

Tab. 4.7 Arbeitsmittel in Bezug auf Addition und Subtraktion am Übergang

	Natürliche Zahlen bis 100	Natürliche Zahlen über 100	Dezimalbrüche	Gemeine Brüche
Grundvorstellungen Addition & Subtraktion (kardinal)	Alltagssituationen und -materialien, Textaufgaben, Plättchen, Rechenrahmen, Zehnersystem-Material	Alltagssituationen und -materialien, Textaufgaben, Zehnersystem-Material	Alltagssituationen und -materialien, Textaufgaben, Zehnersystem-Material	Alltagssituationen und -materialien, Textaufgaben, Rechteckmodelle
Grundvorstellungen Addition & Subtraktion (ordinal)	Alltagssituationen und -materialien, Textaufgaben, Zahlenstrahl, Rechenstrich	Alltagssituationen und -materialien, Textaufgaben, Zahlenstrahl, Rechenstrich	Alltagssituationen und -materialien, Textaufgaben, Zahlenstrahl, Rechenstrich	Alltagssituationen und -materialien, Textaufgaben, Zahlenstrahl
Kardinale Arbeitsmittel zur Darstellung von Rechenstrategien	Rechenrahmen Zehnersystem-Material	Zehnersystem-Material	Zehnersystem-Material (gedanklich erweitert) *Decimat**	Rechteckmodelle
Ordinale Arbeitsmittel zur Darstellung von Rechenstrategien	Rechenstrich	Rechenstrich	Rechenstrich	–
Kardinale Arbeitsmittel zur Darstellung der schriftlichen Verfahren	–	Zehnersystem-Material (konkret und gedanklich erweitert)	Zehnersystem-Material (gedanklich erweitert)	–

* Das Arbeitsmittel *Decimat* (Roche 2010) ist für den Einsatz bei Addition und Subtraktion ausführlich beschrieben bei Padberg und Wartha (2017, S. 177)

Multiplikation und Division 5

Eines der wichtigsten Ziele im Arithmetikunterricht der Grundschule ist die Erarbeitung tragfähiger Grundvorstellungen zu Multiplikation und Division und die *darauf aufbauende* Automatisierung des sog. kleinen-Einmaleins – also aller Multiplikationsaufgaben mit Faktoren im Zahlenraum (ZR) bis 10 bzw. deren Umkehraufgaben (zum Verhältnis von Verstehen und Automatisieren vgl. Abschn. 1.3, Schulz (2017), Wartha und Schulz (2012), Schipper et al. (2015), Prediger et al. (2013) und Röhr (1992)). In der Sekundarstufe wird dann auf dieser Grundlage weitergearbeitet. Unterrichtsinhalte wie Termumformungen, vor allem aber die Beschäftigung mit Bruchzahlen machen tragfähige Grundvorstellungen zu den beiden Operationen und das Auswendigwissen der Zahlensätze des Einmaleins unverzichtbar (Abschn. 1.1).

In den nächsten Abschnitten werden folgende Inhalte dargestellt:

- die verschiedenen Grundvorstellungen zu Multiplikation und Division und deren Zusammenhänge,
- die Modelle und Anschauungsmittel, die sich zu ihrer Erarbeitung eignen,
- Rechenwege und -methoden, mit deren Hilfe Ergebnisse von Multiplikations- und Divisionsaufgaben bestimmt werden können.

Dabei wird in den folgenden Abschnitten der Darstellung der Inhalte der Primarstufe viel Raum gegeben – auch wenn sich dieses Buch gleichermaßen an Lehrkräfte und Studierende des Lehramts für die Primar- und die Sekundarstufe wendet. Die Gründe für diese Schwerpunktsetzung lassen sich auch in der Sekundarstufe finden. So zeigen unter anderem große (Vergleichs-)Untersuchungen, dass ein nicht zu vernachlässigender Anteil der Sekundarstufenschülerinnen und -schüler große Probleme beim Lösen einfacher Rechenaufgaben hat, und auch, dass ein Verstehen der Operationen zum

© Der/die Autor(en), exklusiv lizenziert durch Springer-Verlag GmbH, DE, ein Teil von Springer Nature 2021

A. Schulz und S. Wartha, *Zahlen und Operationen am Übergang Primar-/Sekundarstufe,* Mathematik Primarstufe und Sekundarstufe I + II,
https://doi.org/10.1007/978-3-662-62096-0_5

Ende der Primarstufe nicht notwendigerweise vorausgesetzt werden kann (vgl. z. B. TIMMS 2015, vgl. auch Abschn. 5.9). Darüber hinaus gibt es einen kleinen Anteil an Kindern in der Sekundarstufe, die besondere Probleme beim Rechnenlernen haben (Moser Opitz 2007; Moser Opitz 2009; Schäfer 2005; Schulz et al. 2019a). Der Anteil der Schülerinnen und Schüler, die von einer sog. Rechenstörung betroffen sind, wird mit ca. 5 % angegeben (vgl. z. B. Schipper 2009, S. 332). Diese Kinder sitzen also (rein rechnerisch) in jeder Klasse der Sekundarstufe; wenn man dem Literaturwert von ca. 5 % Glauben schenkt, also ungefähr ein bis zwei dieser Kinder in jeder Klasse – je nach Schulart selbstverständlich auch mehr. Gerade mit Blick auf inklusiven Unterricht müssen auch diese Kinder angemessen unterstützt werden – und zwar auf ihrem Niveau.

Es scheint also dringend notwendig, grundlegende Inhalte und basale Fähigkeiten auch noch am Übergang im Blick zu behalten: aus Sicht der Primarstufe die Kinder angemessen vorzubereiten, und aus Sicht der Sekundarstufe zu prüfen, ob notwendige Kompetenzen gegeben sind oder gegebenenfalls wiederholt bzw. erarbeitet werden müssen.

5.1 Grundvorstellungen zur Multiplikation

Grundvorstellungen können verstanden werden als die Voraussetzung dafür, zwischen verschiedenen Darstellungsformen zu übersetzen (Abb. 5.1). Das bedeutet einerseits, dass diese Grundvorstellungen dazu befähigen, einen mathematischen Term (Abb. 5.1 unten) angemessen zu deuten und anschauliche Beispiele für diesen Term zu finden – zum Beispiel eine Geschichte, ein Bild, eine Handlung (Abb. 5.1 oben). Umgekehrt heißt das aber auch, dass (alltägliche) Situationen, Bilder, Handlungen mathematisch gedeutet und in einem mathematisch-symbolischen Ausdruck notiert bzw. ausgesprochen werden können.

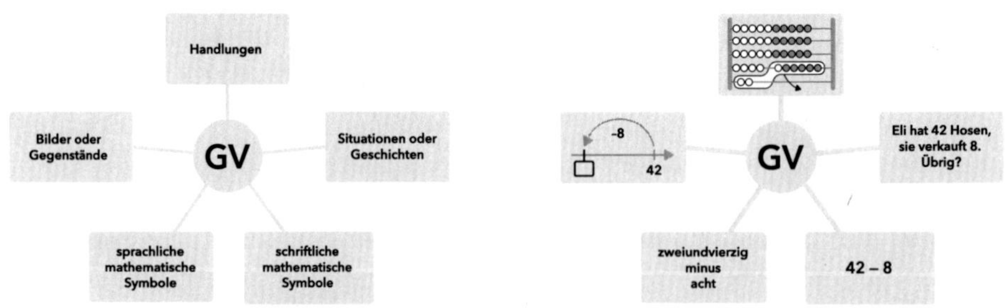

Abb. 5.1 Grundvorstellungen als Grundlage für Übersetzungen

Diese Bilder, Handlungen, Situationen, Geschichten sind immer an konkrete Kontexte bzw. Situationen geknüpft, wohingegen die mathematisch-symbolischen Darstellungen situationsunabhängig sind. Die entsprechenden Grundvorstellungen sind somit auch immer an die jeweiligen Situationen geknüpft, die ihnen zugrunde liegen (Wessel 2015, S. 31).

Aus zahlreichen empirischen Befunden kann gefolgert werden, dass dabei die jeweilige *Grundsituation,* die den Bildern, Geschichten, Handlungen zugrunde liegt, einen großen Einfluss darauf hat, ob die jeweilige Übersetzung gelingen kann. Für die Addition und Subtraktion konnte beispielsweise gezeigt werden, dass es einen großen Unterschied macht, ob Kindern Rechengeschichten mit einer eher dynamischen oder einer eher statischen Grundsituation gestellt werden (Schipper 2009, S. 101). Analog zur Addition und Subtraktion können nun auch bei der Multiplikation und Division statische von dynamischen Grundsituationen unterschieden werden.

In Bezug auf die *Multiplikation* werden in vielen Veröffentlichungen diese beiden verschiedenen Grundsituationen als der zeitlich-sukzessive Aspekt (dynamisch) und der räumlich-simultane Aspekt (statisch) der Multiplikation bezeichnet. Um ein besonders tragfähiges und beziehungsreiches Grundvorstellungsnetz zu entwickeln, ist es sinnvoll, die dynamischen und statischen Aspekte zu verknüpfen, wann immer dies möglich ist (vgl. Kuhnke 2013, S. 39; Padberg und Benz 2020, S. 149 f., Rottmann 2011 und Abb. 5.2).

	dynamisch geprägte Situation	Möglicher Zusammenhang	statisch geprägte Situation
❶	Petra geht dreimal in den Garten und holt jeweils vier Blumen. erstes Mal, zweites Mal, drittes Mal	→	Jeweils vier Blumen stehen in drei Vasen, nachdem Petra dreimal im Garten war.
❷	Drei Viererschritte auf dem Zahlenstrich 1. SCHRITT 2. SCHRITT 3. SCHRITT 0 4 8 12	→	Drei Viererabstände auf dem Zahlenstrich 0 4 8 12
❸	Axel zeichnet drei mal vier Kringel: erstes Mal, zweites Mal, drittes Mal	→	Axel hat drei mal vier Kringel gezeichnet, auf seinem Blatt ist diese Anordnung zu sehen:

Abb. 5.2 Zusammenhang zwischen statischen und dynamischen Situationen der Multiplikation

Beim Nachdenken über den unmittelbaren Zusammenhang zwischen statischen und dynamischen Situationen und Darstellungen der Multiplikation fällt mindestens zweierlei auf:

Sobald es sich um bildliche Darstellungen (im Rahmen von Printmedien oder anderen *unbewegten* Bildern, also auch auf einem Bildschirm) handelt, sind selbstverständlich auch die dynamischen Situationen statisch, denn sie sind ja fixiert und es kann sich nichts bewegen. Erst durch die Deutung des Betrachters können diese Abbildungen „in Bewegung gebracht werden".

Für den Mathematikunterricht bedeutet dies, dass dynamische Situationen, zumindest zu Beginn der Thematisierung der Multiplikation, tatsächlich auch *dynamisch* sein sollten: Musa soll immer vier Plättchen legen, und zwar dreimal, Eva geht dreimal zur Scheren-Box und holt jeweils vier Scheren, Valentin zeichnet drei Vierer-Bögen auf den Zahlenstrich.

Es sind Situationen denkbar, bei denen der Zusammenhang zwischen dynamisch-multiplikativen und statisch-multiplikativen Situationen nicht unmittelbar hergestellt werden kann. In Abb. 5.3 sind beispielhaft zwei dieser Situationen beschrieben. In Situation ❹ kann der Zusammenhang noch rekonstruiert werden. In Situation ❺ hingegen würfelt Ella zwar (das ist dynamisch), aber sie würfelt nur einmal (und nicht dreimal hintereinander) – hier gibt es keine dynamisch-multiplikative Situation im Sinne des

	Dynamisch geprägte Situation	Möglicher Zusammenhang	Statisch geprägte Situation
❹	Ella würfelt dreimal mit jeweils einem Würfel: *erst* den ersten, *dann* den zweiten, *dann* den dritten. Alle Würfel landen auf der vier.	⟶	
❺	Ella würfelt *einmal* mit drei Würfeln. **Keine dynamisch-multiplikative** Situation der Aufgabe 3 · 4	Die statische Darstellung entsteht **nicht** aus einer dynamischen.	
❻	Ella würfelt drei Mal *hintereinander* mit *einem Würfel*: Jedes Mal landet der Würfel auf der Vier.	Aus der dynamischen Darstellung entsteht **keine** statische.	**Keine statisch-multiplikative** Situation der Aufgabe 3 · 4

Abb. 5.3 Besonderheiten beim Zusammenhang zwischen statischen und dynamischen Situationen

wiederholten Hinzufügens gleich großer Mengen. Die drei Vieren rechts in Abb. 5.3 sind also *nicht* aus einer *dynamisch-multiplikativen* Situation entstanden. Umgekehrt bei Situation ❻: Hier würfelt Ella dreimal hintereinander *einen* Würfel. Nachdem sie damit fertig ist, sieht man keine drei Vieren – höchstens die Augenzahl des letzten Wurfs: Aus der dynamisch-multiplikativen Situation entsteht keine statisch-multiplikative Situation. Für den Mathematikunterricht können solche Situationen gut genutzt werden, um multiplikative Situationen zu reflektieren. Besonders die Situation ❻ scheint geeignet, um sich über die Dokumentation einer wiederholten Addition auszutauschen: „Wie kannst du gut aufschreiben/aufmalen, was du gewürfelt hast? Was ist dabei wichtig?" (Vgl. hierzu z. B. die Unterrichtsidee „Pasch würfeln" https://pikas-mi.dzlm.de/node/557; Abschn. 1.7.)

Zusammengefasst kann festgehalten werden, dass zwei Grundvorstellungen zur Multiplikation unterschieden werden können: das Hinzufügen gleichmächtiger Mengen (zeitlich-sukzessive, dynamische Vorstellung) und das Zusammenfassen gleichmächtiger Mengen (räumlich-simultane, statische Vorstellung) (vgl. Abb. 5.4). Diese beiden Vorstellungen sind an konkrete Grundsituationen geknüpft, die in einem direkten Zusammenhang stehen können. Dieser Zusammenhang kann in Abb. 5.4 über die statische Darstellung hergestellt werden. Hier sind sowohl die gleichmächtigen Mengen (vier Elemente in Orange), die Anzahl der Wiederholungen bzw. Zusammenfassungen (drei Elemente in Grün) als auch die Gesamtmenge (12 Elemente in Lila) sichtbar.

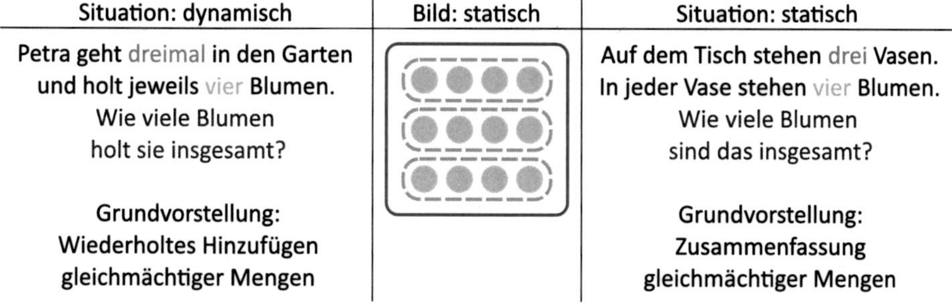

Abb. 5.4 Grundvorstellungen der Multiplikation am Beispiel der Aufgabe $3 \cdot 4$

5.2 Zur Verknüpfung von Multiplikation und Division

Vor der systematischen Darstellung der Grundvorstellungen zur Division in Abschn. 5.3 soll zunächst geklärt werden, warum es sehr sinnvoll sein kann, die Operationen Multiplikation und Division *nicht* getrennt voneinander zu thematisieren. Statt einer zeitlichen Trennung sollten die beiden Operationen frühzeitig und langanhaltend verknüpft werden. Dies hat verschiedene Gründe:

- Wie bei Addition und Subtraktion handelt es sich bei Multiplikation und Division um Gegenoperationen. Dieser unmittelbare Zusammenhang zwischen den beiden Operationen kann und sollte im Unterricht frühzeitig und immer wieder aufgegriffen, genutzt und vor allem reflektiert werden.
- Ein weiterer Grund ist praktischer Natur. Wenn jemand verstanden hat, dass es zur Multiplikationsaufgabe $3 \cdot 9 = 27$ zwei komplementäre Divisionsaufgaben gibt, nämlich $27 : 3 = 9$ und $27 : 9 = 3$, fällt das Automatisieren von Aufgabensätzen sehr viel leichter als ohne dieses Verständnis.
- Erst die beziehungsreiche Thematisierung der Umkehroperationen kann zu einem tragfähigen und beziehungsreichen Grundvorstellungsnetz führen.
- Die handelnde oder ikonische Thematisierung von Divisionsaufgaben – vor allem in höheren Zahlenräumen – *kann* sehr unübersichtlich und langwierig sein (s. u.). Wenn jedoch der Zusammenhang zur Multiplikation grundsätzlich verstanden ist, kann – auch in höheren Zahlenräumen – auf diese „sekundäre Grundvorstellung" (vom Hofe, 2014) zurückgegriffen werden.

Die Division (Abschn. 5.3) kann direkt mit den oben beschriebenen Vorstellungen der Multiplikation verknüpft werden. Hierzu können z. B. alle Beispiele aus der linken Spalte in Abb. 5.2 „rückwärts gelesen" werden. Alle diese Beispiele können sich als Film vorgestellt werden, der vorwärts- und rückwärtslaufen kann, so wie in Tab. 5.1 skizziert. Diese Situationen entsprechen dabei der Vorstellung des Aufteilens bzw. Ausmessens (Abschn. 5.3).

Tab. 5.1 Beispiele für den Zusammenhang zwischen Multiplikation und Division (Aufteilen) in Abb. 5.2

Situation vorwärts	Situation rückwärts
❶ Petra kommt dreimal aus dem Garten, jeweils mit vier Blumen, und stellt diese jeweils in eine Vase auf den Tisch, bis drei Vasen mit vier Blumen – also 12 Blumen – auf dem Tisch stehen. Term: $3 \cdot 4 = 12$	❶ Petra nimmt von den insgesamt 12 Blumen immer eine Blumenvase mit jeweils vier Blumen vom Tisch, und zwar so oft, bis keine mehr da ist – das kann sie dreimal machen. Term: $12 : 4 = 3$
❷ Valentin zeichnet drei Vierersprünge auf den Zahlenstrich – so erreicht er die 12. Term: $3 \cdot 4 = 12$	❷ Valentin startet bei der 12 und macht Vierersprünge, bis er die Null erreicht – das sind drei Sprünge. Term: $12 : 4 = 3$

Der unmittelbare Zusammenhang zwischen Multiplikation und Division kann auf diese Weise einerseits durch die Ähnlichkeit zwischen diesen dynamischen Situationen hergestellt (als Vor- und Rücklauf der gleichen Handlung), andererseits auch aus der statischen Situation bzw. Darstellung „herausgelesen" werden (vgl. Abb. 5.5):

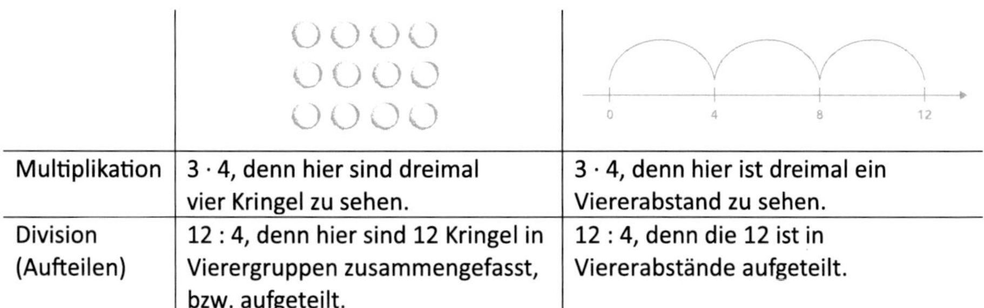

Multiplikation	3 · 4, denn hier sind dreimal vier Kringel zu sehen.	3 · 4, denn hier ist dreimal ein Viererabstand zu sehen.
Division (Aufteilen)	12 : 4, denn hier sind 12 Kringel in Vierergruppen zusammengefasst, bzw. aufgeteilt.	12 : 4, denn die 12 ist in Viererabstände aufgeteilt.

Abb. 5.5 Zusammenhang zwischen Multiplikation und Division (Aufteilen)

Stopp – Aktivität!
Recherchieren Sie in einem Mathematik-Schulbuch: Wie oft, zu welchem Zeitpunkt und wie genau wird der *Zusammenhang zwischen Multiplikation und Division* situationsgebunden und mit Beispielen (!) thematisiert?

Aus welchen Situationen im Schulbuch lässt sich dieser Zusammenhang thematisieren?

Würden Sie diesen Zusammenhang schon besprechen, bevor die Kapitelüberschrift „Division" in Ihrem Schulbuch auftaucht? Warum? Warum nicht?

5.3 Grundvorstellungen zur Division

Bei der Division können zwei Grundsituationen unterschieden werden und diese können beide wiederum statisch oder dynamisch sein. Zunächst werden im Folgenden die Merkmale der *dynamischen* Situationen beschrieben. Diese Grundsituationen sind das *Aufteilen* und das *Verteilen* (vgl. Padberg und Benz 2020, S. 174-175, Müller und Wittmann 1984, S. 189). Während beim Aufteilen vorgegeben ist, wie groß die Menge, wie lang die Strecke ist, die sukzessive abgezogen bzw. mit der ausgemessen wird, so ist beim Verteilen vorgegeben, wie oft abgezogen bzw. ausgemessen werden soll.

Im Fall des *Aufteilens* wird also danach gefragt: *Wie oft* kann ich aufteilen, ausmessen bzw. wie viele Teilmengen können gebildet, wie viele Teilschritte gemacht werden? Beispiele für das Aufteilen finden sich in Tab. 5.1 und Abb. 5.5. Weitere Beispiele für das Aufteilen sind:

- Felix stellt immer 6 Gläser auf ein Tablett. Er hat 30 Gläser. Wie viele Tabletts braucht er?
- Aylin packt Päckchen mit jeweils 4 Schokoriegeln. Sie hat insgesamt 24 Riegel. Wie viele Päckchen kann sie packen?

- Im Sportunterricht sollen Dreiergruppen gebildet werden. In der Klasse gibt es 24 Kinder. Wie viele Gruppen entstehen?

Im Fall des *Verteilens* wird gefragt: *Wie groß* sind die Teilmengen, die gebildet werden, wie lang die Sprünge, die gemacht werden? In Schulbüchern finden sich zur Einführung des Verteilens häufig Situationen, in denen eine gegebene Grundmenge *sukzessive* auf eine vorgegebene Anzahl von Teilmengen verteilt wird. Grundlage dieser Situation ist, dass etwas *gerecht* verteilt werden soll wie in folgendem Beispiel, das an die erste Situationen in Abb. 5.2 angelehnt ist:

- Beispiel ❶: Petra hat zwölf Blumen, diese will sie gerecht auf drei Vasen verteilen. Wie viele Blumen stehen nach dem Verteilen in jeder Vase? Dazu stellt sie zuerst in alle drei Vasen eine Blume, dann in alle noch eine, noch eine und noch eine. Jetzt stehen in jeder Vase vier Blumen, die zwölf Blumen sind verteilt.

Diese sukzessive Verteil-Situation (immer erst eine Blume in jede Vase, dann noch eine usw.) ist eine zielführende, wenn auch sehr zeitintensive *Lösungsmöglichkeit* für Verteil-Situationen (zu Lösungswegen vgl. Abschn. 5.7). Weitere Beispiele, bei denen die Größe der entstehenden Teilmengen ermittelt werden sollen, sind folgende:

- Beim Kartenspielen sollen 32 Karten gerecht an die vier Spieler verteilt werden. Wie viele bekommt jeder?
- Drei Freunde wollen sich einen Lottogewinn von 1800 € gerecht teilen. Wie viel bekommt jeder?

Ein anderes Beispiel für das Verteilen ist das Springen am Zahlenstrahl und an das zweite Beispiel in Abb. 5.2 angelehnt:

- Beispiel ❷: Valentin macht von der 12 aus drei gleich große Sprünge, bis er die Null erreicht. Wie groß ist jeder Sprung? Damit ihm das gelingt, muss jeder Sprung ein Viererspung sein.

Neben diesen dynamischen gibt es auch *statische* Situationen, die jeweils die oben beschriebenen charakteristischen Merkmale des Verteilens und Aufteilens aufweisen. Bei der Aufteilung soll die Anzahl der Teilmengen bestimmt werden, bei der Verteilung die Anzahl von Elementen in je einer Teilmenge. Vor allem bildliche Darstellungen (wenn es keine Bilderfolgen sind) sind in diesem Sinne statisch (vgl. z. B. die Abbildungen in Abb. 5.5 und Abb. 5.6 Mitte). Aber auch reale Situationen können statisch sein: Charakteristisch für diese ist, dass es hier keine Hinweise auf einen Handlungsablauf gibt (vgl. Abb. 5.6 rechts).

Situation: dynamisch	Bild	Situation: statisch
Petra hat 12 Blumen. Sie stellt nacheinander immer vier Blumen in eine Vase. Wie viele Vasen kann sie befüllen? Grundvorstellung: Wiederholtes Aufteilen in gleichmächtige Teilmengen Ziel: Bestimmung der Anzahl der Teilmengen	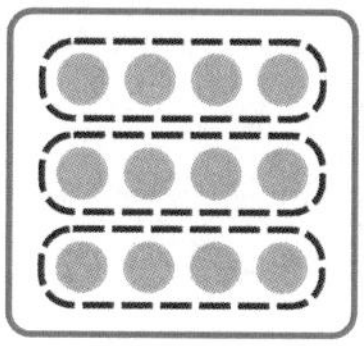	Auf dem Tisch stehen 12 Blumen. In jeder Vase stehen vier Blumen. Wie viele Vasen stehen auf dem Tisch? Grundvorstellung: Simultanes Bilden gleichmächtiger Teilmengen (Aufteilung) Ziel: Bestimmung der Anzahl der Teilmengen
Petra hat 12 Blumen. Diese verteilt sie auf vier Vasen. Wie viele Blumen stehen dann in je einer Vase? Grundvorstellung: Wiederholtes Verteilen auf eine Anzahl von Teilmengen Ziel: Bestimmung der Anzahl der Elemente in je einer Teilmenge	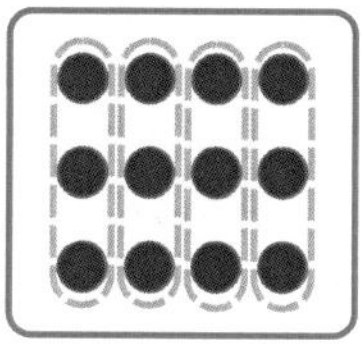	Auf dem Tisch stehen 12 Blumen. Insgesamt stehen vier Vasen auf dem Tisch. Wie viele Blumen stehen in je einer Vase? Grundvorstellung: Simultanes Bilden einer Anzahl von Teilmengen (Verteilung) Ziel: Bestimmung der Anzahl der Elemente in je einer Teilmenge

Abb. 5.6 Grundvorstellungen zur Division am Beispiel der Aufgabe 12 : 4

Zusammengefasst kann festgehalten werden: Bei der Division können grundsätzlich Situationen des Verteilens und des Aufteilens unterschieden werden. Auch diese können sowohl dynamisch als auch statisch sein. In Abb. 5.6 lassen sich die Gemeinsamkeiten und Unterschiede der verschiedenen Situationen und bildlichen Darstellungen am Beispiel der Aufgabe $12:4=3$ nachvollziehen: Gegeben ist in allen Fällen eine Ausgangsmenge mit zwölf Elementen. Vier ist in allen Fällen die bekannte Information, je nach Situation eine andere. Die gesuchte Information ist in allen Fällen die Drei.

Durch die sehr ähnlichen Formulierungen und vor allem die ähnlichen oder sogar identischen bildlichen Darstellungen wird deutlich, wie wichtig es im Unterricht ist, folgende Fragen zu klären:

- Was wissen wir? Was ist die Ausgangssituation?
- Was wollen wir wissen? Was wollen wir rausbekommen?
- Wie kommen wir dahin? Was müssen wir machen?
- Was genau ist jetzt unser Ergebnis? Wo sehen wir das Ergebnis?
- Wie können wir das (zum Beispiel als Aufgabe) aufschreiben?

Stopp – Aktivität!
Prüfen Sie in einem Mathematik-Schulbuch und vergleichen Sie: Wie oft, zu welchem Zeitpunkt und wie genau werden die *Vorstellung des Aufteilens und des Verteilens* situationsgebunden und mit Beispielen (!) thematisiert?

Wie würden Sie im Unterricht vorgehen: Wie oft, zu welchem Zeitpunkt und wie genau wird die *Vorstellung des Aufteilens und des Verteilens* situationsgebunden und mit Beispielen (!) thematisiert?

Werden die oben skizzierten Fragen gemeinsam im Unterricht geklärt, können die Unterschiede zwischen einem aufteilenden und einem verteilenden Vorgehen deutlich werden. Auf diese Weise lernen Schülerinnen und Schüler, dass es verschiedene Grundsituationen gibt, die durch das Geteiltzeichen dargestellt werden können und umgekehrt (Radatz et al. 1998, S. 97). Ähnliches haben sie schon bei der Subtraktion kennengelernt, denn auch hier gibt es Situationen des Wegnehmens und des Unterschiedsbestimmens (Kap. 4).

Für die Lehrkraft kann das Folgendes bedeuten:

- Eine *begriffliche* Unterscheidung zwischen Situationen des Aufteilens und des Verteilens ist für die Kommunikation sinnvoll. Dies gilt natürlich auch für die Kommunikation im Unterricht.
- Welche *Begriffe* gemeinsam im Unterricht verwendet werden, sollte dann gut überlegt sein. Die „klassische" Unterteilung in „Verteilen" und „Aufteilen" kann Schwierigkeiten bergen, weil die Begriffe sehr ähnlich sind und im Alltag nicht immer in den hier beschriebenen Situationen genutzt werden. Andere, anschaulichere Begriffe wären das „gerechte Verteilen" und das „Bilden gleichgroßer Bündel". Günstig scheint hierbei ein fließender Übergang von den anschaulichen hin zu den klassischen Begriffen.
- Grundlegend ist dabei, dass die Begriffe durch viele Beispiele anhand von Darstellungswechseln angefüllt werden – denn erst so gewinnen sie an Bedeutung (Bauersfeld 2015).

Obwohl beide Grundsituationen – sowohl das Auf- als auch das Verteilen – im Alltag vorkommen und nur gemeinsam ein tragfähiges Vorstellungsnetz zum Verstehen der Division bilden, ist das Aufteilen die günstigere Vorstellung, wenn es um das Rechnen mit Dezimalbrüchen geht (vgl. Abschn. 5.9 und 6.9).

5.4 Weitere Grundvorstellungen zur Multiplikation und Division

Neben den hier beschriebenen Grundsituationen finden sich in der Literatur weitere Situationen zu Multiplikation und Division (vgl. z. B. Bönig 1995; Padberg und Benz 2020, S. 153 f.). So werden zur Beschreibung multiplikativer Vorstellungen z. B. auch immer *kombinatorische Grundsituationen* genannt:

- Matthias hat im Urlaub zwei Hosen und drei Shirts mitgenommen. Wie viele verschiedene Outfits könnte er damit zusammenstellen (unabhängig von modischem Stilempfinden)?

Im Gegensatz zur wiederholten Addition, bei der die beteiligten Elemente *direkt* als Teilmengen des Produkts visualisiert werden können und das Produkt direkt ablesbar ist (siehe z. B. Abb. 5.9), fehlt bei der Darstellung von Kombinationssituationen dieser *unmittelbare* Bezug zum Produkt: Gegeben sind hier zunächst nur zwei Hosen und drei Shirts (siehe Abb. 5.7).

Abb. 5.7 Zwei Hosen und drei Shirts: Die Anzahl möglicher Kombinationen ist nicht offensichtlich

Der Bezug zum Produkt muss also zunächst selbstständig durch die Herstellung und Visualisierung der Kombinationen geschaffen werden. Hier sind verschiedene Möglichkeiten denkbar (siehe Abb. 5.8; vgl. z. B. auch Büchter und Padberg 2019, S. 233 f.; Schipper 2009, S. 148).

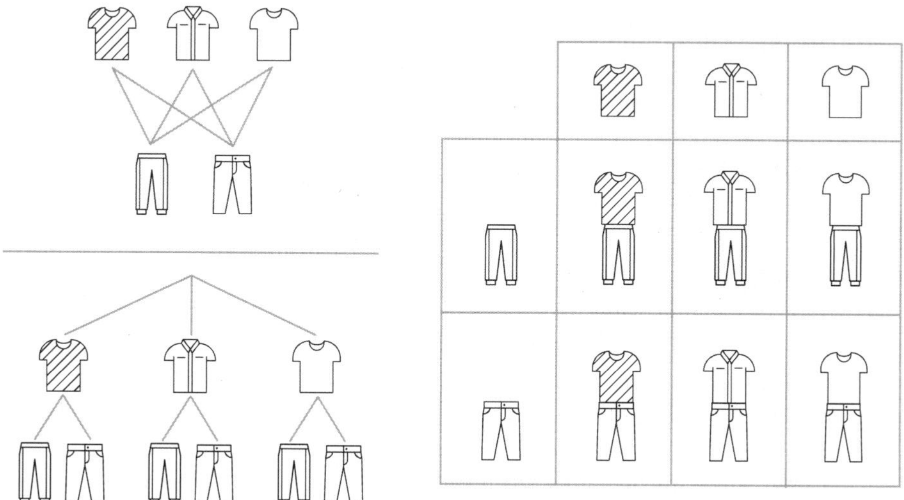

Abb. 5.8 Veranschaulichungen der Möglichkeiten, zwei Hosen und drei Shirts zu kombinieren

Das Herausfordernde beim kombinatorischen Aspekt der Multiplikation ist also weniger die Anzahlbestimmung der gefundenen Möglichkeiten (die z. B. über die wiederholte Addition möglich ist) als vielmehr das Finden der Möglichkeiten an sich. Dieses systematische Finden und Darstellen von Möglichkeiten sollte daher auch Inhalt des Unterrichts sein (Schipper 2009, S. 281; Wollring 2015a, b).

Eine weitere Grundvorstellung, die in der Literatur genannt wird, ist der sog. *multiplikative bzw. proportionale Vergleich* – sowohl im Zusammenhang mit der Multiplikation als auch mit der Division:

- Max hat fünf Euro. Peter hat dreimal so viel. Wie viel hat Peter? (Grundsituation für eine Multiplikation)
- Peter hat 12 €, das sind dreimal so viel, wie Max hat. Wie viel hat Max? (Grundsituation für eine Division)

Diese Situationen des multiplikativen Vergleichs zeigen strukturelle Ähnlichkeiten mit den Situationen ❺ und ❻ in Abb. 5.3, weil auch hier die jeweiligen Zustände nicht aus einer wiederholten Addition entstanden sind oder entstehen können. Dennoch: Obwohl Peters und Max' Vermögen unmittelbar nichts miteinander zu tun haben, kann man sich gut Gedanken darüber machen, was mit Max' Vermögen geschehen müsste, damit er genauso viel wie Peter hat (Abschn. 5.1, Abb. 5.4).

Das *Stauchen und Strecken* von Längen ist eine weitere Grundvorstellung der Multiplikation (vgl. Padberg und Wartha 2017, S. 232):

- Stell dir vor, du ziehst ein locker liegendes Gummiband der Länge 4 cm auf das Dreifache seiner ursprünglichen Länge. Wie lang ist es, wenn du nun misst?
- Zeichne eine Strecke mit der Länge 4 cm auf ein Blatt Papier. Lege dieses Blatt auf einen Kopierer und kopiere mit dem Vergrößerungsfaktor 3. Wie lang wird die Strecke auf der Kopie sein?

In diesen beiden Beispielen führt die Multiplikation zu einer Streckung der ursprünglichen Länge, da jeweils mit einem Faktor größer als 1 multipliziert wurde.

Die beiden zuletzt genannten Vorstellungen – also das multiplikative Verändern und Vergleichen sowie das Stauchen und Strecken – haben eine Besonderheit gegenüber den anderen bisher beschriebenen Vorstellungen: Die Vorstellungen der Multiplikation und Division als Zusammenfassung (räumlich-simultan) und wiederholtes Hinzufügen oder Wegnehmen (zeitlich-sukzessiv) von gleichmächtigen Mengen bzw. gleichlangen Strecken ist immer *diskret* – es geht immer um das abzählbare Vermehren oder Vermindern von Teilmengen bzw. Teilstrecken. Ähnliches gilt für das Bilden von Kombinationen. Das multiplikative Verändern bzw. Vergleichen und das Stauchen und Strecken hingegen sind eher *kontinuierliche* Vorstellungen.

Zur Verdeutlichung des Unterschieds werden die beiden Beispiele zum Strecken von Längen etwas umformuliert:

- Stell dir vor, du hast drei Gummibänder der Länge 4 cm und legst sie direkt aneinander. Wie lang sind nun alle drei Gummibänder zusammen?
- Stell dir vor, du zeichnest eine Strecke der Länge 4 cm auf ein Blatt. Kopiere dieses Blatt jetzt drei Mal. Wie lang sind die Striche auf den Kopien insgesamt?

In diesen Situationen geht es nicht um das Strecken, sondern um das Hinzufügen.

Diese Unterscheidung spielt vor allem bei der Thematisierung der Operationen mit nichtganzzahligen Faktoren eine Rolle. Beim Rechnen mit nichtganzzahligen Faktoren können Anteile von Anteilen betrachtet werden (vgl. auch Abschn. 6.9). Es kann sich aber auch vorgestellt werden, dass eine Strecke zum Beispiel um den Faktor 1,9 gestreckt oder 0,3 (in diesem Fall dann gestaucht) werden soll (vgl. Padberg und Wartha 2017, S. 232).

- Stell dir vor, ein gespanntes Gummiband hat die Länge 4 cm. Strecke das Gummiband um den Faktor 1,9 bzw. lass es sich um den Faktor 0,3 zusammenziehen. Wie lang ist das Gummiband nun?
- Stell dir vor, du zeichnest eine Strecke der Länge 4 cm auf ein Blatt. Lege dieses Blatt auf einen Kopierer und kopiere mit dem Faktor 1,9 bzw. 0,3. Wie lang wird die Strecke auf der Kopie sein?

Diese Vorstellung des Streckens und Stauchens wird bereits in der Grundschule im Rahmen von proportionalen Veränderungen angebahnt, in der Sekundarstufe dann sukzessive ausgebaut. In den folgenden Kapiteln wird der Schwerpunkt jedoch auf die grundlegenden diskreten Vorstellungen gelegt.

5.5 Darstellungen zur Erarbeitung von Multiplikation und Division

In Abschn. 5.1 und 5.3 wurde bereits angesprochen, dass es verschiedene Möglichkeiten gibt, Grundsituationen zur Multiplikation und Division darzustellen. Nun stellt sich die Frage, ob alle diese Situationen und deren Darstellungen geeignet sind, als tragfähige und fortsetzbare didaktische Modelle genutzt zu werden. Um diese Frage beantworten zu können, werden im Folgenden einzelne Darstellungsmöglichkeiten und Situationen genauer betrachtet und unterschieden.

Stopp – Aktivität!

Zeichnen Sie ein Bild, eine Skizze zur Aufgabe $3 \cdot 4$. Fällt Ihnen eine grundsätzlich andere Skizze ein? Können Sie auch eine passende Skizze für die Aufgaben $0{,}3 \cdot 0{,}6$ und $52 \cdot 367$ anfertigen?

Stellen Sie auch Skizzen zu den Termen $12 : 3$, $15 : 5$, $15 : \frac{1}{3}$, $\frac{8}{3} : \frac{1}{4}$ her.

Es ergeben sich folgende mögliche Unterscheidungsmerkmale zur genaueren Untersuchung didaktischer Darstellungsmöglichkeiten:

- dynamisch oder statisch (Abschn. 5.1 bis Abschn. 5.3)
- alltagsnah oder didaktisch (Tab. 5.2)
- linear oder flächig (Abb. 5.9)
- wenn flächig: in Bündeln oder rechteckig (Abb. 5.9)

Diese werden auf den folgenden Seiten näher betrachtet.

Tab. 5.2 Beispiele für eher alltagsnahe und eher didaktische Darstellungen

	Eher alltagsnah	Eher didaktisch
Beispiele:		
Objekte	Tische, Stühle, Personen, Spielkarten, Schokoriegel	Zehnersystem-Material, Wendeplättchen, Rechenrahmen
Handlungen	Einkaufen; Getränke, Stühle, Scheren etc. holen; Neue Tischgruppen aufteilen; Gerechtes Verteilen bzw. Aufteilen in Gruppen	Schieben am Rechenrahmen, Legen von Wendeplättchen, Aufteilen oder Verteilen von Wendeplättchen, Verschieben eines Malwinkels am 100er-Punktefeld
Bilder und Abbildungen	Fotos oder Zeichnungen von Alltagssituationen	Bild eines Rechenrahmens, Punkt-Strich-Darstellung des Zehnersystem-Materials, Punktebilder
Geschichten und Erklärungen	Geburtstage, Einkaufen, Spiele, Gruppeneinteilungen etc. planen; Handlungen versprachlichen (s. o.)	Rechengeschichten; Vorgehen beim Aufteilen von 16 Plättchen in Dreiergruppen beschreiben; Antwort auf die Frage „Wie muss der Malwinkel verschoben werden, um aus der Aufgabe $4 \cdot 5$ die Aufgabe $5 \cdot 5$ zu machen?"
Didaktische Überlegungen		
Unterscheidende Merkmale	Kontextgebunden und konkret merkmalsreich heterogene(s) Material, Abbildung greift Alltagserfahrungen auf	Kontextfrei und abstrakt weitgehend merkmalsarm homogene(s) Material, Abbildungen wird erst im schulischen Kontext relevant
Ziel	Anschluss an Vorerfahrungen und Verknüpfung zwischen Mathematik und Alltag	Abstraktion und Verallgemeinerung

Eine Unterscheidung, die an dieser Stelle vorgenommen werden kann, ist die in eher alltagsnahe und eher didaktisch geprägte Darstellungen bzw. Situationen (vgl. Schipper und Hülshoff 1984 und Kuhnke 2013, S. 42).

Die Unterscheidung in alltagsnahe und didaktische Darstellungen ist begrifflich nicht trennscharf, da selbstverständlich auch die alltagsnahen Darstellungen im Unterricht genutzt werden – wie in fast jedem Schulbuch zu sehen ist – und somit dort unter didaktischen Gesichtspunkten zu betrachten sind. Dafür werden alltagsnahe Situationen „didaktisch aufbereitet" (Kuhnke 2013, S. 42).

Beide Darstellungsarten haben ihre Berechtigung und durch ihren Einsatz im Unterricht können verschiedene Ziele erreicht werden (vgl. die didaktischen Überlegungen in Tab. 5.2). Aufgabe der Lehrkraft ist es dabei, die strukturellen Übereinstimmungen *zwischen* den beiden Darstellungsarten gemeinsam mit den Schülerinnen und Schülern aufzugreifen und zu reflektieren.

Hilfreiche Impulse zur Thematisierung des Zusammenhangs sind die folgenden:

- Du hast 3 mal die Zahl 6 gewürfelt. Kannst du das am Punktefeld zeigen?
- Am Punktefeld sind 3 mal 5 Punkte zu sehen. Kannst du passende Rechengeschichten dazu erzählen?
- Johannes kauft 4 Netze mit Zitronen. In jedem Netz sind 3 Zitronen. Kannst du am Punktefeld zeigen, wie viele Zitronen er eingekauft hat?

Eine weitere mögliche Unterscheidung kann in lineare und in flächige Anordnungen vorgenommen werden (Abb. 5.9, Kuhnke 2013, S. 44 und Radatz et al. 1998, S. 84). Im Sinne eines beziehungsreichen Lernens und Weiterlernens haben sowohl lineare als auch flächige Anordnungen ihren Platz im Unterricht – wobei die Lehrkraft sich darüber

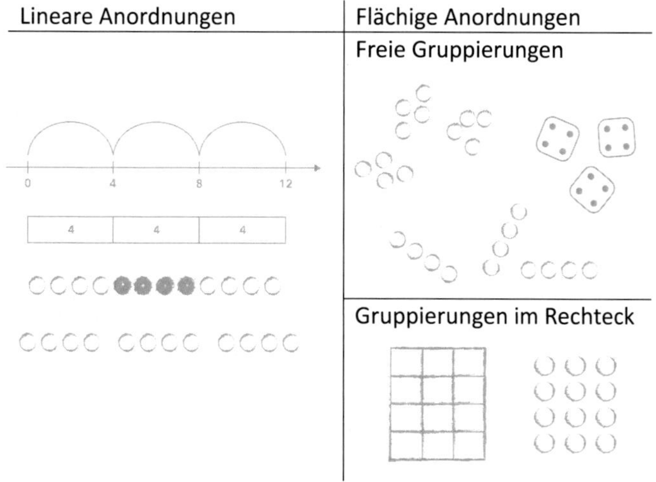

Abb. 5.9 Beispiele für lineare und flächige Darstellungen von Multiplikation und Division

bewusst sein sollte, welcher Zahlaspekt mit welcher Darstellung besonders betont wird (Kap. 2). Lineare Darstellungen (in Abb. 5.9 vor allem die erste) betonen häufig den ordinalen Zahlaspekt. Die flächigen Anordnungen betonen vor allem den Kardinalzahlaspekt. Mit den beiden Anordnungen unten links und rechts in Abb. 5.9 kann versucht werden, die Beziehungen zwischen den beiden Zahlaspekten herauszuarbeiten: „Wie musst du die Plättchen umlegen, um die Anordnung im Rechteck herzustellen?" (Kap. 2).

Werden die flächigen Anordnungen betrachtet, kann eine weitere Unterscheidung vorgenommen werden, nämlich in Darstellungen, in denen nur ein Faktor in Gruppen angeordnet ist (Abb. 5.9, rechts oben), und in Darstellungen, die als Rechteck angeordnet sind (Abb. 5.9, rechts unten).

Durch die Gruppierung nur eines Faktors kann eine Unterscheidung von Multiplikator und Multiplikand gut thematisiert werden (Schipper et al. 2015, S. 103). Dies gilt selbstverständlich auch für die linearen Darstellungen in Abb. 5.9. Zudem zeigen verschiedene Untersuchungen, dass die bildliche Anordnung in Gruppen von Kindern schon früh multiplikativ gedeutet werden kann (zusammenfassend vgl. Kuhnke 2013, S. 45). Durch diese Darstellung ist es sehr gut möglich, sicher zwischen Operator und Menge bzw. Größe zu unterscheiden. Und auch in Sachzusammenhängen und Textaufgaben ist die Unterscheidung von Operator und Menge bzw. Größe meist eindeutig (vgl. auch Tab. 6.8).

Während die Anordnung in Gruppen und die deutliche Unterscheidung zwischen Multiplikator und Multiplikand einen guten ersten Zugang für die multiplikative Deutung bieten, ist die Anordnung im Rechteck besonders tragfähig und fortsetzbar.

In der Rechteckanordnung wird nicht nur ein Faktor, sondern es werden beide Faktoren gruppiert. Die Rolle von Multiplikator und Multiplikand ist auf diese Weise nicht mehr eindeutig bestimmbar, sondern muss vom Betrachter in die Darstellung hineingedeutet werden. So können in ein und derselben Darstellung drei Vieren, aber auch vier Dreien gesehen werden (Abb. 5.10). Dies ist der erste Vorteil der Rechteckanordnung: Das Kommutativgesetz kann durch einen Perspektivwechsel „gesehen", erklärt und verstanden werden (Büchter und Padberg 2019, S. 230 f.).

Multiplikation	Beispiel	Division
$4 \cdot 3$ Viermal drei Punkte in einer Reihe	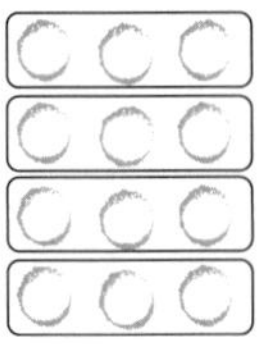	**Aufteilen** 12 : 3 = 4 Die zwölf Kreise sind in Dreier-Bündel aufgeteilt. Es sind vier Bündel.
		Verteilen 12 : 4 = 3 Die zwölf Kreise sind auf vier Gruppen verteilt. Jede Gruppe besteht aus drei Kreisen.
$3 \cdot 4$ Dreimal vier Punkte in einer Spalte	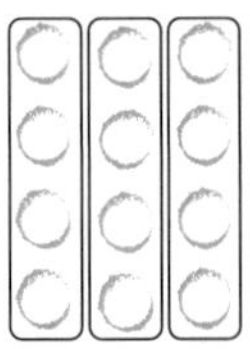	**Aufteilen** 12 : 4 = 3 Die zwölf Kreise sind in Vierer-Bündel aufgeteilt. Es sind drei Bündel.
		Verteilen 12 : 3 = 4 Die zwölf Kreise sind auf drei Gruppen verteilt. Jede Gruppe besteht aus vier Kreisen.

Abb. 5.10 Multiplikation, Aufteilen und Verteilen am 12er-Punktefeld

Die Kommutativität in den Situationen in Tab. 5.3 zu erkennen, ist kaum möglich, denn „dreimal vier Bonbons“ ist eine *andere Situation* als „viermal drei Bonbons“ – auch wenn es in beiden Fällen insgesamt 12 Bonbons sind. Ebenso wenig kann die Kommutativität unmittelbar in den gruppierten Anordnungen in Abb. 5.9 links und rechts oben thematisiert und gesehen werden, denn drei Vieren sind nicht dasselbe wie vier Dreien – auch wenn die Augenzahl übereinstimmt.

Tab. 5.3 Beispiele für die Vervielfachung einer Menge bzw. Größe

Menge bzw. Größe	Operator (z. B. mal 3)
5 kg	Drei mal 5 kg 5 kg + 5 kg + 5 kg = 15 kg $3 \cdot 5$ kg = 15 kg
4 Bonbons	Drei mal vier Bonbons 4 Bonbons + 4 Bonbons + 4 Bonbons = 12 Bonbons $3 \cdot 4$ Bonbons = 12 Bonbons
Halber Apfel	Drei mal ein halber Apfel $\frac{1}{2}$ Apfel + $\frac{1}{2}$ Apfel + $\frac{1}{2}$ Apfel = $1\frac{1}{2}$ Äpfel $3 \cdot \frac{1}{2}$ Apfel = $1\frac{1}{2}$ Äpfel (Bemerkung: Im echten Leben werden aus „dreimal einem halben Apfel“ *kein* ganzer und ein halber Apfel!)
3,5 km	Drei mal 3,5 km 3,5 km + 3,5 km + 3,5 km = 10,5 km $3 \cdot 3{,}5$ km = 10,5 km
0,25 l	Drei mal 0,25 l 0,25 l + 0,25 l + 0,25 l = 0,75 l $3 \cdot 0{,}25$ l = 0,75 l

Zudem können durch die Möglichkeit der „zweifachen Gruppierung“ in Rechteckanordnungen sowohl Aufteil- als auch Verteil-Situationen gesehen und hineingedeutet werden (Abb. 5.10).

Aus diesem Grund scheint es sinnvoll, von einer „Deutungsvorschrift“ abzusehen, die den Kindern vorgibt, zum Beispiel *ausschließlich* die Reihen einer Rechteckdarstellung als Multiplikand zu interpretieren – wie in Abb. 5.10 oben. Stattdessen sollte mit den Kindern immer wieder gemeinsam thematisiert werden, dass gleichmächtige Gruppierungen immer zusammengefasst werden können bzw. dass mit ihnen auf- und verteilt werden kann – unabhängig von ihrer „Lage“. Dabei sollte einerseits die Versprachlichung der Vervielfachung von gleichmächtigen Gruppierungen gefordert und gefördert (vgl. z. B. Baiker und Götze 2019) sowie andererseits der Bezug zu entsprechenden bildlichen oder konkreten Repräsentanten hergestellt werden.

Auch das Assoziativgesetz und das Distributivgesetz lassen sich gut mit Anordnungen in Rechtecken veranschaulichen und nachvollziehen (vgl. Abschn. 5.6).

Doch die Rechteckanordnungen sind nicht nur *tragfähig* in dem Sinne, dass mit ihnen die grundlegenden Eigenschaften der Multiplikation und entsprechende Lösungswege entdeckt und veranschaulicht werden können. Sie sind auch *fortsetzbar,* was andere Zahlenräume und Zahlbereiche betrifft.

Eine Darstellung der Aufgabe $13 \cdot 16$ über die Gruppierung eines Faktors (z. B. der 16) kann schnell unübersichtlich werden (Abb. 5.11).

Abb. 5.11 Die Aufgabe $13 \cdot 16$, dargestellt durch dreizehn Sechzehnerbündel

Die Darstellung von Aufgaben mit noch größeren Faktoren wäre – selbst als Skizze – über Gruppierungen nicht mehr herstell- und vor allem nicht mehr nachvollziehbar. Insbesondere wäre die Anzahlbestimmung des Ergebnisses nur über sehr wenige fortsetzbare Strategien (z. B. wiederholte Addition) naheliegend. Als skizzierte Rechteckdarstellung wären solche Aufgaben nicht nur nachvollziehbar, sondern aus diesen Skizzen können sogar die einzelnen Teilrechnungen abgeleitet werden (Abb. 5.12 Mitte; Abschn. 5.7 und Schulz 2017, S. 20).

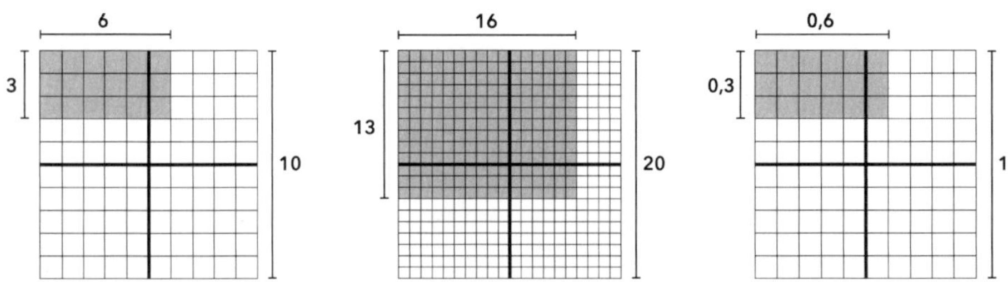

Abb. 5.12 Rechteckdarstellung der Aufgaben $3 \cdot 6$, $13 \cdot 16$ und $0{,}3 \cdot 0{,}6$

Auch die Multiplikation und Division mit (Dezimal-)Brüchen kann über Rechteckdarstellungen verstehensbasiert entdeckt, gezeigt und nachvollzogen werden (Abb. 5.12, rechts, Abschn. 6.9, Padberg und Wartha 2017).

Ein weiterer großer Vorteil von Rechteckdarstellungen ist, dass sie auch sehr rasch skizziert werden können.

Stopp – Aktivität!

Betrachten Sie sich die Skizze in Abb. 5.13 Welche Aufgabe wurde skizziert?

Welche Teilrechnungen/Zwischenergebnisse können auf Grundlage dieser Skizze entstehen?

Was müssten Sie an der Skizze ändern, um die Aufgabe $365 \cdot 52$ zu veranschaulichen? Um wie viel wird sich das Ergebnis ändern? Wie kann die Veränderung in der Skizze nachvollzogen werden?

Wie müsste die Skizze verändert werden, um die Aufgabe $367 \cdot 50$ zu veranschaulichen? Wie ändert sich das Ergebnis?

Wann ändert sich das Ergebnis mehr: wenn die größere Zahl um 2 reduziert wird oder wenn die kleinere Zahl um 2 reduziert wird?

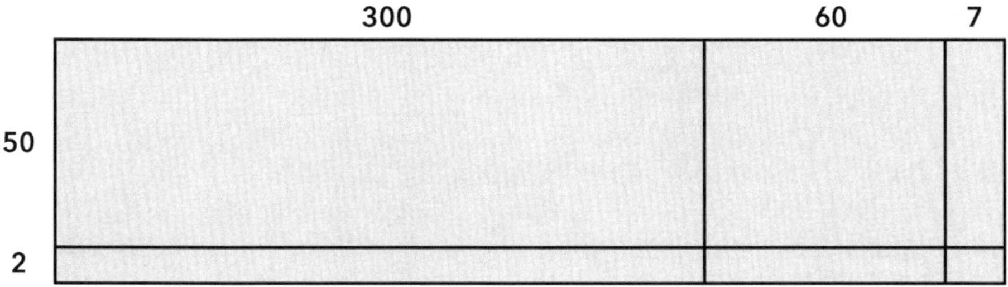

Abb. 5.13 Rechteckdarstellung als Skizze

Fazit: Statische Rechteckdarstellungen sind besonders gut geeignet als Grundlage für die Erarbeitung mentaler Modelle zu Multiplikation und Division, denn sie sind …

- tragfähig (auch zum Verstehen und Entdecken von Rechengesetzen und Aufgabenzusammenhängen),
- fortsetzbar (auch bei sehr großen und sehr kleinen Zahlen – zwischen Null und Eins),
- mental gut zu reproduzieren („Stell dir vor…“).

5.6 Mentale Werkzeuge als Grundlage für das Rechnen

Stopp – Aktivität!

Bitte lösen Sie die Aufgaben $25 \cdot 36$ und $495 : 5$ im Kopf.

Notieren Sie Ihre Rechenschritte möglichst ausführlich.

Wie gehen Sie vor? Welche Rechenschritte haben Sie genutzt?

Beim (gestützten) Kopfrechnen greifen Kinder und Erwachsene auf sogenannte mentale Werkzeuge zurück (Abschn. 4.6). Bei mentalen Werkzeugen handelt es sich um abrufbares Wissen, um Kenntnisse und Fähigkeiten. Dazu gehören:

- automatisierte Grundaufgaben (vgl. unten)
- tragfähiges Zahl- und Operationsverständnis (Abschn. 5.1 und 5.3)
- Kenntnisse über arithmetische Zusammenhänge und Regeln (vgl. unten)
- tragfähiges Stellenwertverständnis (Kap. 3)
- Zahl- und Aufgabenblick (vgl. unten)

Diese Werkzeuge entstehen und existieren nicht isoliert voneinander, sondern beeinflussen sich gegenseitig und wachsen mit- und aneinander (Abb. 5.14).

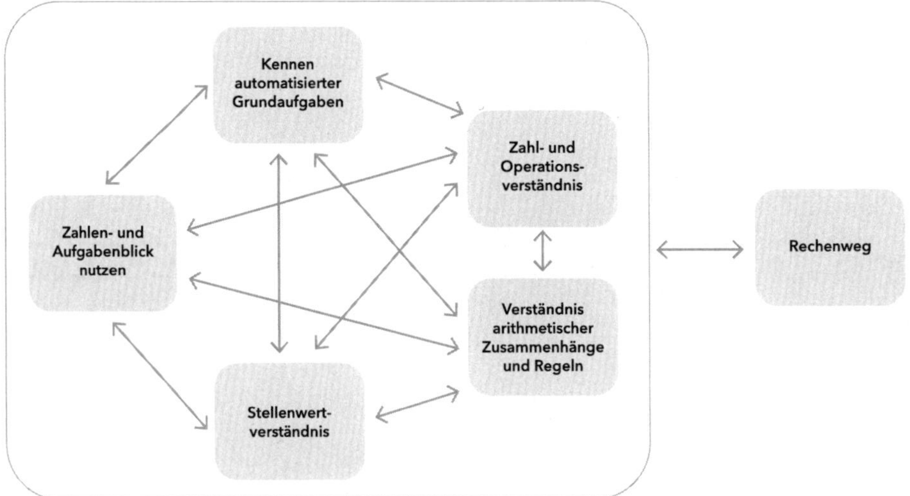

Abb. 5.14 Vernetzte mentale Werkzeuge als Grundlage für das Rechnen

Im Folgenden wird skizziert, welche mentalen Werkzeuge für das Lösen von Multiplikations- und Divisionsaufgaben im Kopf benötigt werden. Dabei werden die Aspekte „Zahl- und Operationsverständnis“ und „Stellenwertverständnis“ ausgespart, da diese sehr ausführlich in Abschn. 5.1 und 5.3 und Kap. 3 thematisiert sind.

Automatisierte Grundaufgaben

Beim Rechnen im Zahlenraum über 100, spätestens aber vor der Thematisierung von Bruchzahlen und dem flexiblen Erweitern und Kürzen von Brüchen ist es sinnvoll, dass Schülerinnen und Schüler *alle* Aufgabensätze des kleinen Einmaleins sicher auswendig abrufen können.

Für das Rechnen im Zahlenraum bis 100 jedoch müssen noch nicht alle Aufgaben sicher automatisiert sein (dennoch: je mehr, desto besser), denn hier können die meisten Aufgaben über sog. Ableitungsstrategien gelöst werden (s. u.). Für diese allerdings müssen die sog. Kernaufgaben automatisiert sein, von denen andere Aufgaben dann abgeleitet werden können. Diese Kernaufgaben sind die Aufgaben mit den Faktoren 1, 2, 5 und 10 sowie die Quadrataufgaben (Gaidoschik 2014).

Zwei Anmerkungen sind in diesem Zusammenhang besonders wichtig:

- Automatisierte Aufgaben sind nur ein Werkzeug von vielen. Daher ist es nicht zielführend, sich ausschließlich auf das Automatisieren von Aufgaben zu konzentrieren und anzunehmen, dass ein Verstehen sich anschließend automatisch einstellen wird.
- Das Auswendiglernen von Aufgabensätzen (z. B. $7 \cdot 5 = 35$) ohne Verständnisgrundlage ist nicht zielführend, da für die sichere und gezielte Anwendung der automatisierten Aufgabensätze verstanden sein sollte, in welchem mathematischen Zusammenhang diese Zahlen und das Rechenzeichen stehen. Grundvorstellungen zur Multiplikation bilden sich gerade über die anschauliche Thematisierung der Zusammenhänge zwischen Malaufgaben aus – und die Zusammenhänge können so verstanden werden.

Verständnis arithmetischer Zusammenhänge und Regeln

Die drei wichtigsten Rechengesetze für die Multiplikation sind das Kommutativgesetz (Abschn. 5.5), das Assoziativ- und das Distributivgesetz (Abb. 5.15 und 5.16). Wie bereits angedeutet, eignen sich für das Entdecken und Veranschaulichen dieser Gesetze vor allem Rechteckdarstellungen (vgl. z. B. Krauthausen und Scherer 2007, S. 41; Büchter und Padberg 2019, S. 230 ff.).

Ausgehend von diesen grundlegenden Eigenschaften der Multiplikation können mit Rechteckanordnungen auch Zusammenhänge zwischen Multiplikationsaufgaben und Divisionsaufgaben entdeckt, gezeigt und nachvollzogen werden. Auf diese Weise können verschiedene Lösungsmöglichkeiten für Multiplikations- und Divisionsaufgaben thematisiert werden (dazu mehr in Abschn. 5.7).

Zur Thematisierung von Tausch- und Umkehraufgaben unter Nutzung der Kommutativität und des Zusammenhangs zwischen Multiplikation und Division (Abschn. 5.2) eignen sich die sogenannten Aufgabenfamilien. Im Schulbuch *Welt der Zahl* finden sich diese z. B. unter dem Namen „Malduin" (Abb. 5.17). Neben dem Aufgaben*format* sollten unbedingt die Zusammenhänge der einzelnen Aufgaben anschaulich geklärt werden (Abb. 5.18).

Impulsfragen über das Ausfüllen von Formatvorlagen hinaus können folgende sein:

- Nur das Produkt ist gegeben. Welche Faktoren können passen? Gibt es mehrere? Finde alle. Warum bist du sicher, dass es alle sind?
- Gibt es Aufgabenfamilien, zu denen sich nur zwei Aufgaben finden lassen? Welche sind das?
- Es gibt auch Aufgabenfamilien mit vier Ausgangszahlen, z. B. 2, 3, 5, 30. Finde verschiedene Aufgaben. Wie viele verschiedene Aufgaben findest du? Wie gehst du vor?

Assoziativgesetz am konkreten Beispiel

$(3 \cdot 4) \cdot 2$

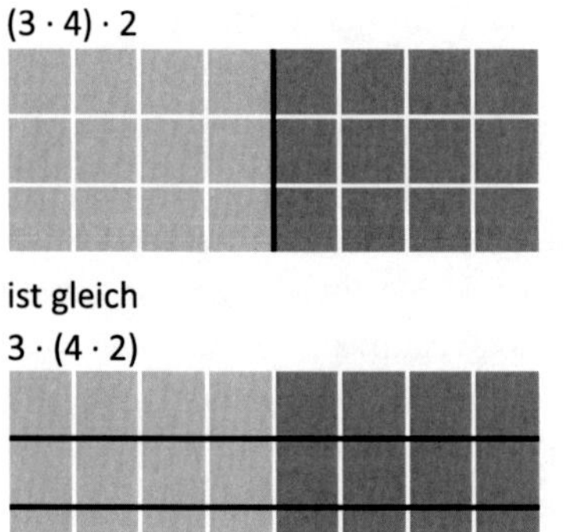

Assoziativgesetz als Skizze

$(a \cdot b) \cdot c = a \cdot (b \cdot c)$

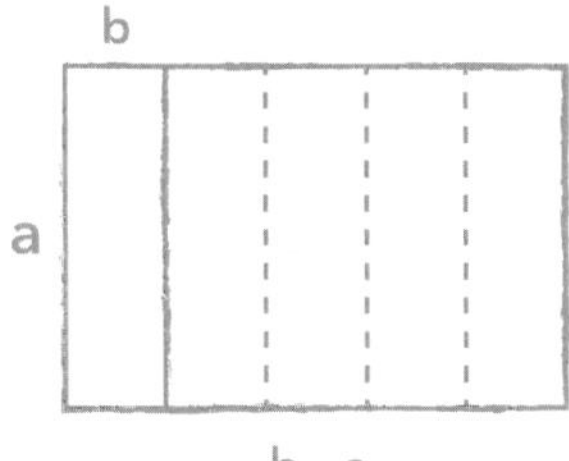

(unter Nutzung des Kommutativgesetzes)

Abb. 5.15 Veranschaulichung der Assoziativität an Rechteckdarstellungen

Distributivgesetz am konkreten Beispiel

Multiplikation

$7 \cdot 4 = (5 + 2) \cdot 4 = (5 \cdot 4) + (2 \cdot 4)$

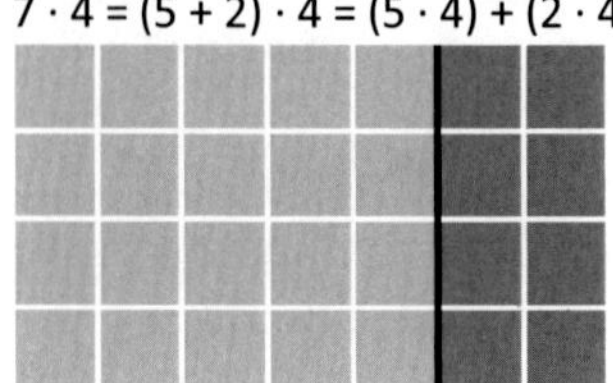

Distributivgesetz als Skizze

Multiplikation

$a \cdot (b + c) = (a \cdot b) + (a \cdot c)$
wobei a eine Seitenlänge ist,
b + c ist die benachbarte Seitenlänge.

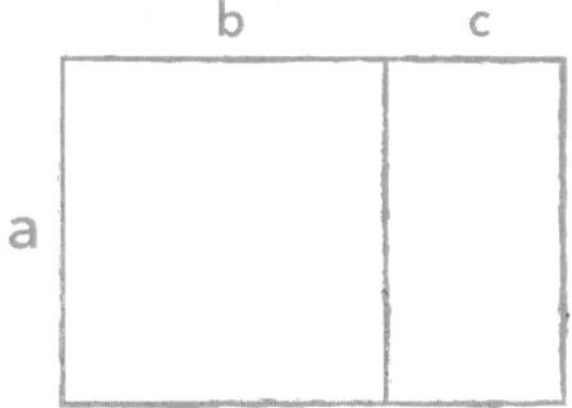

Division

$28 : 4 = (20 + 8) : 4 = (20 : 4) + (8 : 4)$

Division

$(b + c) : a = (b : a) + (c : a)$
wobei a eine Seitenlänge ist,
b und c sind die jeweiligen Flächeninhalte,
b und c sind jeweils restlos durch a teilbar.

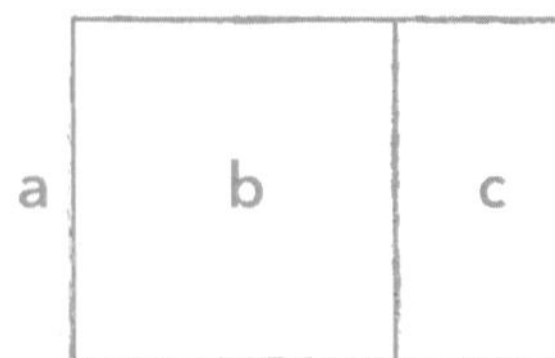

Abb. 5.16 Veranschaulichung der Distributivität an Rechteckdarstellungen

Abb. 5.17 Aufgabenfamilien als Aufgabenformat. (*Welt der Zahl 2,* S. 82, Illustration Markus Humbach © Westermann Gruppe, Braunschweig)

Abb. 5.18 Aufgabenfamilien anschaulich. (*Das Zahlenbuch 2,* S. 103 © Ernst Klett Verlag GmbH)

Beim Rechnen mit großen Zahlen ist die *Analogiebildung* besonders wertvoll, da auf diese Weise mit großen Zahlen wie mit kleinen gerechnet werden kann. Die Aufgabe $30 \cdot 40$ kann dann gut gelöst werden, wenn man die Lösung der Aufgabe $3 \cdot 4$ kennt und zudem weiß, dass $10 \cdot 10$ Hundert ist. Das Ergebnis der Aufgabe $30 \cdot 40$ ist also $12 \cdot 100$ bzw. 12 Hunderter, also 1 200 (Abb. 5.19).

Und umgekehrt können diese Analogien auch bei der Division genutzt werden. Hierbei ist es für einen verständnisbasierten Zugang *nicht* sinnvoll (ebenso wenig wie bei der Multiplikation), einfach „Nullen ab- oder dranzuhängen“. Stattdessen sollte mit den entsprechenden Zahlen gerechnet werden (Kap. 3).

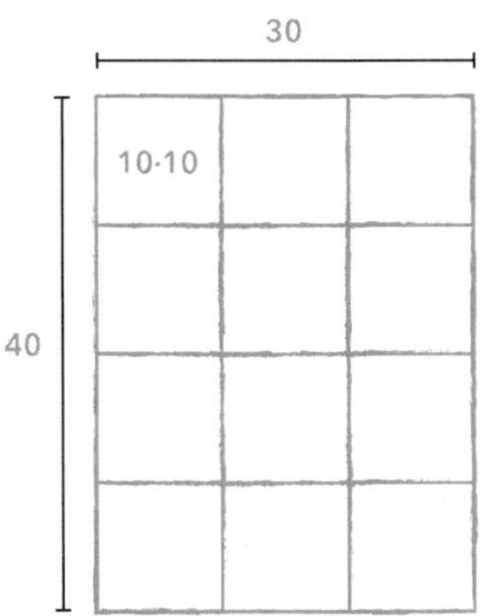

Abb. 5.19 Veranschaulichung der Analogie zwischen 30 · 40 und 3 · 4

Stopp – Aktivität!
Bitte lösen Sie die Aufgaben 2 400 : 6 und 2 400 : 600 und veranschaulichen Sie die Aufgaben samt Lösung in einer Rechteckskizze.
Überlegen Sie sich: Wo in Ihrer Skizze sehen Sie die Aufgabe, wo die Lösung?
Überlegen Sie zudem: Nutzen Sie das Aufteilen oder das Verteilen?

Anmerkungen zur anschaulichen Lösung der Aufgabe 2 400 : 6
Die 2 400 kann als Rechteck skizziert und in sechs Teilmengen unterteilt werden. Die Antwort auf die Frage „Wie groß sind die Teilmengen jeweils?" liefert dann die Lösung – hierbei greift man auf die Vorstellung des Verteilens zurück. Für die Lösungsfindung ist es überaus hilfreich zu wissen, dass 2 400 auch 24 Hunderter(platten) sind (Kap. 3), denn 24 Hunderter(platten) geteilt durch sechs können unter Rückgriff auf die Aufgabe 24 : 6 gelöst werden. Das Ergebnis sind also 4 Hunderter(platten).

Anmerkungen zur anschaulichen Lösung der Aufgabe 2 400 : 600
Die 2 400 werden in Sechshunderter unterteilt. Die Antwort auf die Frage „Wie viele Sechshunderter können auf diese Weise entstehen?" liefert dann die Lösung – es wird also auf die Vorstellung des Aufteilens zurückgegriffen. Auch hier ist es sinnvoll, mit ganzen Hundertern zu rechnen: Wie viele Sechshunderter passen in 24 Hunderter? (Kap. 3). Auch zur Lösung dieser Aufgabe kann die Aufgabe 24 : 6 gerechnet werden: Es passen vier Sechshunderter in 24 Hunderter.

Auf Grundlage dieser Regeln und Zusammenhänge können zahlreiche Lösungswege für die Multiplikation und Division abgeleitet werden: das Zerlegen und Zusammensetzen unter Nutzung auswendig gewusster Aufgaben, das Vereinfachen über gegen- bzw. gleichsinniges Verändern und das Bilden von Analogien.

Zahlen- und Aufgabenblick

Ein Ziel des verständnisorientierten Mathematikunterrichts ist es, das denkende Rechnen zu ermöglichen (Kap. 4). Hierbei hilft besonders die Entwicklung des sogenannten Zahlenblicks (Rechtsteiner-Merz 2015; Schütte 2004). Hinzu kommt ein Aufgabenblick, bei dem die Aufgabe inklusive Operationszeichen in den Blick genommen wird (Abschn. 4.4).

Sowohl der Zahlen- als auch der Aufgabenblick soll Kindern helfen, bereits *vor* oder *während* dem Rechnen einer Aufgabe zu erkennen, wie die Aufgabe am besten gelöst werden könnte. Hierbei geht es vor allem um das Erkennen von Zahlbeziehungen unter (meist intuitiver) Nutzung der anderen beschriebenen mentalen Werkzeuge sowie das Aktivieren passender Operationsvorstellungen. In Abschn. 4.9 finden sich verschiedene Ideen zur Stärkung des Zahlenblicks bezogen auf Rechenwege bei Addition und Subtraktion. Für den Zahlenraum bis 20 vgl. vor allem Rechtsteiner-Merz (2013, S. 107–114).

Vor allem Aufgaben zum Sortieren scheinen dabei geeignet, sich über das Zahlenmaterial, mögliche Rechenwege und vielleicht auch Ergebnisse Gedanken zu machen (Rathgeb-Schnierer und Rechtsteiner 2018, S. 86). Denn das Ziel von Sortierungsaufgaben ist ja gerade nicht, dass alle Aufgaben schnell und sicher ausgerechnet werden, sondern innezuhalten und die Aufgabe bzw. Zahl zu „sehen“.

Stopp – Aktivität!

Sortieren Sie die folgenden sieben Aufgaben nach eigenen Kriterien.

4·9	5·5	12·3	15·6	36:6	5·9	100:4

Sortieren Sie die folgenden sieben Zahlen nach eigenen Kriterien.

23	24	25	9	36	45	51

Beschreiben Sie Ihre Sortierungen. Nach welchen Kriterien haben Sie sortiert? Finden Sie eine andere Sortierung? Nach welchen Kriterien sortieren Sie nun?

Wenn *keine* Kategorien bzw. Kriterien beim Sortieren vorgegeben sind (z. B. „Aufgaben mit der 9 als Faktor“ und „Aufgaben ohne 9 als Faktor“ oder „Primzahlen“ und „Keine Primzahlen“ …), dann gelten folgende Überlegungen: Sortierungen sind subjektiv, und daher …

- sind sie weder richtig oder falsch noch konsistent noch eindeutig.
- müssen sie reflektiert werden, am besten in Partnerarbeit oder Mathekonferenzen.

Die oben beschriebenen mentalen Werkzeuge – zuzüglich Stellenwertverständnis und Zahl- und Operationsverständnis, die an anderer Stelle beschrieben werden – sind die Voraussetzung für das verstehende Rechnen, oder schärfer formuliert: Ohne die beschriebenen Werkzeuge ist verstehendes Rechnen nicht möglich (Threlfall, 2002). Die verschiedenen Werkzeuge entwickeln sich dabei nicht unabhängig voneinander, sondern beeinflussen ihre Entwicklung wechselseitig und bilden schließlich ein tragfähiges arithmetisches Netzwerk. Erst das Zusammenspiel der einzelnen mentalen Werkzeuge erlaubt schließlich das Beschreiten eines Rechenwegs (Abb. 5.14).

Die Erarbeitung der mentalen Werkzeuge und deren Anwendung beim Rechnen ist eines der wichtigsten Ziele des verständnisorientierten mathematischen Unterrichts und sollte immer wieder auch in größeren Zahlenräumen besprochen und gesichert werden.

Dabei spielt vor allem ein gut geschulter Zahlen- und Aufgabenblick eine leitende Rolle, denn dieser nutzt und organisiert das verfügbare Werkzeug für den schließlich auszuführenden Rechenweg.

Stopp – Aktivität!
Bitte schauen Sie sich Ihren eigenen Lösungsweg der Aufgaben $25 \cdot 36$ und $495:5$ noch einmal an (vgl. die Aktivität zu Beginn von Abschn. 5.6).
Welche mentalen Werkzeuge haben Sie genutzt?
Hätten Sie die Aufgabe auch anders lösen können? Hätten Sie dann andere Werkzeuge genutzt? Welche?

5.7 Lösungswege

In diesem Abschnitt werden zunächst verschiedene Lösungswege vorgestellt und auf ihre Fortsetzbarkeit untersucht. Im Anschluss werden didaktische Möglichkeiten vorgestellt, wie mit Schülerinnen und Schülern tragfähige Rechenstrategien erarbeitet werden können – zunächst am Beispiel des kleinen Einmaleins, anschließend mit Aufgaben im höheren Zahlenraum.

5.7.1 Lösungswege – ein beispielhafter Überblick

Je nach Verfügbarkeit der mentalen Werkzeuge (Abschn. 5.6) kann das individuelle Vorgehen beim Lösen von Multiplikations- und Divisionsaufgaben höchst unterschiedlich aussehen:

Lösungswege zur Aufgabe 25 · 36

- Rudi löst die Aufgabe 25 · 36, indem er zunächst 20 · 30 = 600 rechnet, dann noch 5 · 6 = 30 und schließlich seine Zwischenergebnisse addiert. Sein Ergebnis ist 630. Wie Rudi rechnen sehr viele Lernende am Ende der vierten bzw. zu Beginn der Jahrgangsstufe 5: Im Rahmen einer empirischen Untersuchung haben ca. 30 % der über 3 000 beteiligten Schülerinnen und Schüler bei einer analogen Aufgabe diesen unvollständigen Rechenweg eingeschlagen (Schulz et al. 2019a). Obwohl Rudi die Aufgabe 5 · 6 sicher abrufen kann und obwohl er weiß, dass die Aufgabe „2 Zehner mal 3 Zehner" zum Ergebnis „6 Hunderter" führt, fehlt ihm zur vollständigen Lösung noch die Einsicht, dass bei der Multiplikation mehrstelliger Zahlen alle beteiligten Stellenwerte miteinander verrechnet werden müssen – und nicht nur Zehner mit Zehnern und Einer mit Einern.
- Kerstin geht wie folgt vor: 36 · 100 = 3 600, dann noch 3 600 : 4 = 900. Sie „sieht", dass die 25 viermal in der Hundert enthalten ist, rechnet also zunächst die einfache Aufgabe „mal 100" und muss am Schluss ihres Lösungswegs rückgängig machen, dass sie zu Beginn „mal 4" gerechnet hat. Kerstin nutzt in sehr geschickter Weise den Zusammenhang zwischen Multiplikation und Division, und sie weiß die Aufgabe 25 · 4 auswendig und kann dieses Wissen nutzen.
- Auch Miriam greift auf die Aufgabe 25 · 4 zurück, denn sie nutzt das Assoziativgesetz und zerlegt die Aufgabe in die Faktoren 25, 4, 9 – damit kann auch sie das Zwischenergebnis 100 nutzen. Sie rechnet 25 · 4 = 100, 100 · 9 = 900.
- Michael zerlegt die Aufgabe – unter Nutzung des Distributivgesetzes – in vier Teilaufgaben, deren Ergebnisse er am Ende addiert: 30 · 20 und 30 · 5 und 20 · 6 und 5 · 6.
- Noch anders geht Andrea vor: 25 · 40 = 1 000, 1 000 – (4 · 25) = 1 000 – 100 = 900.

Stopp – Aktivität!

Versuchen Sie zu erklären, warum Rudi und ungefähr tausend andere Kinder diesen Rechenweg gewählt haben.

Wie würden Sie Rudi unterstützen, damit er demnächst keine Teilrechnungen mehr vergisst? Würden Sie anschauungsgebunden vorgehen wollen oder rein auf der symbolischen Ebene? Warum?

Lösungswege zur Aufgabe 495 : 5

- Olaf rechnet die Aufgabe 495 : 5, indem er das Distributivgesetz nutzt und die 495 in Summanden zerlegt, von denen er weiß, dass diese sicher durch 5 teilbar sind: 450 : 5 = 90, 45 : 5 = 9. Nun addiert Olaf seine Zwischenergebnisse.
- Auch Iris nutzt das Distributivgesetz, zerlegt aber in andere Teilaufgaben: 400 : 5 = 80, 50 : 5 = 10, 40 : 5 = 8, 5 : 5 = 1. Auch Iris addiert am Ende ihre Zwischenergebnisse.

- Während Olaf und Iris die 495 in Summanden zerlegen, ergänzt Ariane zur 500, da sie diese sehr leicht durch 5 teilen kann. Dabei nutzt sie ihr Wissen, dass die ergänzten 5 ebenfalls durch 5 teilbar sind. Arianes Erklärung lautet: „Wenn ich 500 durch 5 teile, dann sind das 100 Fünfer. Ich sollte aber nur 495 durch 5 teilen – also einen Fünfer weniger. In der 495 sind also nur 99 Fünfer enthalten."
- Matthias berechnet die Aufgabe mit dem schriftlichen Algorithmus (vgl. Abschn. 5.8.2).

Beim Lösen von Multiplikations- und Divisionsaufgaben können verschiedene Vorgehen unterschieden werden:

- Zählendes Vorgehen (vgl. das Beispiel im Folgenden).
- Zerlegen und Zusammensetzen unter Nutzung der beschriebenen Werkzeuge (vgl. die Lösungswege von Michael und Andrea bei der Multiplikation und die von Olaf, Iris und Ariane bei der Division).
- Gegen- bzw. gleichsinniges Verändern unter Nutzung der beschriebenen Werkzeuge (vgl. die Lösungswege von Kerstin und Miriam bei der Multiplikation).
- Nutzung eines Algorithmus (vgl. Matthias' Vorgehen bei der Division).

Im Folgenden werden verschiedene Vorgehensweisen näher analysiert und Möglichkeiten ihrer Erarbeitung vorgestellt.

Zählen und Rechnen – ein Beispiel

Bevor das Zerlegen und Zusammensetzen – also das Nutzen der Distributivität bei Multiplikation und Division – als Lösungsweg genauer in den Blick genommen wird, wird das zählende Vorgehen bei der Lösung von Multiplikationsaufgaben betrachtet. Das folgende Beispiel bezieht sich dabei auf den Zahlenraum bis 100. Obwohl das zählende Vorgehen und die Arbeit im Zahlenraum bis 100 am Übergang von der Primar- zur Sekundarstufe längst überwunden sein sollten, gibt es doch verschiedene Gründe, warum dieses Beispiel auch zu Beginn der Sekundarstufe noch relevant ist:

- Es gibt – weit über das vierte Schuljahr hinaus – Schülerinnen und Schüler, die noch große Probleme beim Rechnen haben, sogar im Zahlenraum bis 100 und auch beim Lösen von Multiplikations- und Divisionsaufgaben (Gaidoschik 2008; Schäfer 2005). Diese Schülerinnen und Schüler haben beim Rechnen eine Hauptstrategie, nämlich das Zählen (vgl. Schipper 2009, S. 335; Gaidoschik 2010, 2009; Kaufmann und Wessolowski 2006; Moser Opitz 2007). Die Lösungsprozesse, die Vivien im folgenden Beispiel nutzt, sind in dieser Form oder ähnlich bei einer nicht zu vernachlässigenden Anzahl von Kindern auch am Übergang von der Primar- zur Sekundarstufe beobachtbar. Diesen Lösungsprozessen sollte – gerade auch zu diesem Zeitpunkt – entsprechend begegnet werden.

- Damit die Bearbeitung von Multiplikations- und Divisionsaufgaben im Zahlenraum bis 1 000 und darüber hinaus auf einer tragfähigen Grundlage erfolgen kann, scheint es sinnvoll, diese Grundlage immer wieder zu thematisieren, zu aktivieren und zu festigen. Dies gilt auch, wenn zu Beginn der Sekundarstufe mit einer Wiederholung grundlegender Inhalte aus der Primarstufe begonnen wird, und dies gilt ebenso, wenn im dritten und vierten Schuljahr das sog. große Einmaleins erarbeitet wird. Nach einer grundlegenden Klärung möglicher Vorgehensweisen im Zahlenraum bis 100 können diese auf größere Zahlen übertragen werden. Entsprechend ist der folgende Abschnitt aufgebaut.

Das zählende Vorgehen ist für viele Schülerinnen und Schüler der erste Zugang zur Lösung von Multiplikations- und Divisionsaufgaben (Gaidoschik 2014; Gasteiger und Paluka-Grahm 2013; Selter und Spiegel 1997, S. 57). Bei diesem Vorgehen nutzen die Schülerinnen und Schüler zum Beispiel die Ergebnisse der jeweiligen „Mal-Reihen" und zählen die Ergebnisse durch (Radatz et al. 1998, S. 86). Auch Vivien (eine Viertklässlerin) löst beispielsweise einige Malaufgaben über Zählprozesse:

I: „Neun mal Zwei?"
V: Murmelt leise „Zwei, vier, sechs, acht, zehn, zwölf, vierzehn, sechzehn … achtzehn" und streckt bei jedem Zahlwort einen Finger aus. Laut: „Achtzehn."
I: „Gut. Sieben mal Zwei?"
V: Murmelt leise „Zwei, vier, sechs, acht, zehn, zwölf …" und streckt bei jedem Zahlwort einen Finger aus. Laut: „Vierzehn."
I: „Ok, und sieben mal Fünf?"
V: Streckt nacheinander sieben Finger aus und bewegt dabei die Lippen. „Fünfunddreißig."

Das umgekehrte Vorgehen bei der Division wäre ebenso zielführend bei einer Ergebnisfindung (Padberg und Benz 2020, S. 172) – und führt ebenso in eine Sackgasse bei der Entwicklung tragfähiger Strategien (Gaidoschik 2014).

Dieses Vorgehen kann – analog zu Addition und Subtraktion – als zählendes Rechnen bezeichnet werden: Es werden keine Zahl- und Aufgabenzusammenhänge genutzt, stattdessen wird das Ergebnis über einen Zählprozess ermittelt, der mit Material oder im Kopf kontrolliert werden muss. Vivien tut dies mit den Fingern.

Verfestigt sich dieses Vorgehen, besteht die Gefahr, dass ein Weiterlernen erheblich erschwert wird. Dies hat verschiedene Gründe, die sich gegenseitig bedingen:

- Die dynamischen Situationen der Division und Multiplikation sind häufig Einstiegsbeispiele in das Thema (Abschn. 5.1) und legen häufig auch eine dynamische Herangehensweise zur Ergebnisbestimmung nahe.
- Wenn das zählende Vorgehen erfolgreich ist und zu richtigen Lösungen führt und ein richtiges Ergebnis „die Hauptsache" ist, sind Überlegungen zu alternativen Vorgehensweisen nicht naheliegend (Schulz 2014, S. 92).

- Das zählende Vorgehen kann die Einsicht in Zahl- und Operationszusammenhänge, Rechenvorteile und Rechenregeln behindern, weil der Zählprozess die Aufmerksamkeit auf das Zählen beschränkt (Schulz 2014, S. 92).
- Wenn die Einsicht in Zahl- und Operationszusammenhänge, Rechenvorteile und -regeln fehlt, gibt es nur einen sicheren Lösungsweg: das zählende Vorgehen.
- Um auch Aufgaben, die den gut abzählbaren Zahlenraum bis 20 weit überschreiten, bearbeiten zu können, werden häufig unverstandene Hilfsregeln entwickelt – zum Beispiel das Rechnen mit Ziffern (vgl. Schipper 2009, 335 f.; Schulz 2014, 97 f.). Diese Hilfsregeln führen nicht selten zu fehlerhaften Lösungen (vgl. Abschn. 5.9).

Ein didaktischer Ausweg aus diesem Teufelskreis kann dann gelingen, wenn im Unterricht richtige *Ergebnisse nicht* im Mittelpunkt stehen, sondern *nichtzählende Prozesse* gemeinsam in den Blick genommen und verstärkt werden.

Das Interview mit Vivien geht weiter:

I: „Das hast du jetzt immer mit der Reihe gemacht, ja?"
V: Nickt.
I: „Ok, Zweier- und Fünfer- und Zehnerreihe ist einfach. Kannst du auch die Dreierreihe?"
V: Schüttelt den Kopf.
I: „Ok, dann krieg mal bitte die Aufgabe 7 mal 3 raus."
V: Überlegt kurz, streckt dann nacheinander sieben Finger aus (ziemlich zügig) und bewegt dabei die Lippen. „Einundzwanzig."

Stopp – Aktivität!
Stellen Sie Vermutungen über Viviens Rechenweg an. Welches Vorgehen wäre denkbar?

Auch der Interviewer stellt Vermutungen an: Er vermutet, dass Vivien die Dreierreihe *doch* auswendig aufsagen kann und die Ergebnisse dieser Reihe bis zum siebten Ergebnis abgezählt hat, mit den Fingern kontrollierend: „Drei, sechs, neun, zwölf, fünfzehn, achtzehn, einundzwanzig." Er teilt Vivien seine Vermutung mit:

I: „Die Dreier-Reihe hast du doch auswendig gewusst?!"
V: „Nein, ich hab gezählt."
I: „Ja, ich weiß. Aber du hast die Dreier-Reihe doch durchgezählt, oder nicht?"
V: Schüttelt den Kopf.
I: „Dann mach nochmal laut, bitte."
V: „Sieben plus sieben sind ja vierzehn. Vierzehn plus sieben sind einundzwanzig."
I: „Und was hast du gezählt eben?"
V: „Vierzehn" … wartet … „fünfzehn, sechzehn, siebzehn, achtzehn, neunzehn, zwanzig, einundzwanzig" – streckt dabei pro Zahlwort einen Finger aus.

Stopp – Aktivität!
Welche mentalen Werkzeuge nutzt Vivien?
Was kann und weiß sie schon?
Was kann und weiß sie noch nicht?

Diese kurze Interviewsequenz ist aus mehreren Gründen bemerkenswert:

- Vivien nutzt eine Vielzahl mentaler Werkzeuge: Zunächst nutzt sie das Kommutativgesetz, denn sie löst nicht die Aufgabe „siebenmal die Drei", sondern die Aufgabe „dreimal die Sieben". Sie kann die Lösung der Aufgabe „sieben plus sieben" auswendig nennen. Vivien nutzt das Distributivgesetz, denn sie zerlegt die gegebene Aufgabe in $2 \cdot 7 + 1 \cdot 7$. Ihr Lösungsweg deutet zudem darauf hin, dass ihr bewusst ist, wie die Multiplikation als wiederholte Addition verstanden werden kann.
- Obwohl Vivien schon tragfähige und zielführende Kompetenzen zum multiplikativen Rechnen nutzen kann, muss sie beim Lösen der Teilrechnung $14+7$ doch auf ihre Finger zurückgreifen und das Ergebnis abzählen. Zur Lösung dieser Aufgabe hat sie noch keine tragfähigen Werkzeuge parat.
- Der Interviewer hat Glück, es mit einem so selbstbewussten Kind wie Vivien zu tun zu haben, denn im Zweifel hätten seine suggestiven Rückfragen auch einfach ein zustimmendes Nicken zur Folge haben können. In diesem Fall hätte er nichts über Viviens Rechenweg erfahren.
- Vivien bekommt vier Aufgaben gestellt und nennt vier richtige Ergebnisse. Allerdings weisen erst die *Bearbeitungsprozesse* darauf hin, dass höchstens der letzte Rechenweg im Sinne multiplikativen Denkens tragfähig ist.
- Viviens Lösungsweg bei der Aufgabe $7 \cdot 3$ ist ein Beispiel für sogenannte Ableitungsstrategien – also für das Nutzen von Aufgabenbeziehungen und operativer Zusammenhänge (Gaidoschik 2014; Krauthausen und Scherer 2007, S. 32; Radatz et al. 1998, S. 87). Diese Lösungswege zeichnen sich dadurch aus, dass bekannte Aufgaben genutzt und die gesuchten Lösungen von diesen bekannten Aufgaben abgeleitet werden. Vivien nutzt die – für sie – bekannte Aufgabe $2 \cdot 7$ und kann durch ihr Wissen, dass jetzt „nur noch ein Siebener fehlt", das Ergebnis der Aufgabe $3 \cdot 7$ ableiten.

Am Beispiel von Vivien wird zudem deutlich, dass es nicht ausreicht, die *multiplikativen* Werkzeuge nutzen zu können, sondern dass zudem das sichere Addieren und Subtrahieren grundlegend ist für das Nutzen von Aufgabenbeziehungen bei der Multiplikation und Division.

Stopp – Aktivität!
Veranschaulichen Sie Viviens Rechenweg zur Aufgabe $7 \cdot 3$ am Punktefeld.

5.7.2 Erarbeitung operativer Beziehungen und tragfähiger Lösungswege im ZR bis 100

Nachdem sich das vorige Beispiel vor allem mit dem zählenden Vorgehen bei der Lösung von Multiplikationsaufgaben beschäftigt hat, wird im Folgenden der Blick auf das Nutzen von Zahl- und Aufgabenbeziehungen sowie von sog. Ableitungsstrategien gelegt. Dabei geht es vor allem um didaktische Möglichkeiten, diese Ableitungsstrategien anschauungsgebunden mit den Schülerinnen und Schülern zu erarbeiten.

Wie in Abschn. 5.5 bereits vorgestellt, können diese vielfältigen Beziehungen zwischen Aufgaben sehr gut am Punktefeld gesehen, gezeigt und erarbeitet werden. Zum „Einstellen" der gegebenen Aufgabe eignen sich zwei farbig-transparente Folien zum Abdecken – am besten in unterschiedlichen Farben, damit in der Kommunikation besser geklärt werden kann, welche der beiden Folien bewegt werden muss (Abb. 5.21).

Ausgehend von konkreten und sprachlich begleiteten Materialhandlungen oder -deutungen können Grundvorstellungen aufgebaut werden, und zwar durch die schrittweise Ablösung vom konkreten Material bei gleichzeitigem Aufbau entsprechender mentaler Modelle. Eine didaktische Möglichkeit zur Unterstützung des Aufbaus dieser mentalen Modelle kann das sog. Vier-Phasen-Modell sein (Aebli 1976, S. 108; Kutzer 1999; Lorenz 1992, S. 66; Schipper 2005, 2009, S. 301; Schulz 2014; Wartha und Schulz 2012) (Abb. 5.20).

Phase 1 Das Kind handelt am geeigneten Material und versprachlicht handlungsbegleitend. Der mathematische Inhalt der Handlung wird gemeinsam herausgearbeitet, die Handlung wird mit Fokus auf den mathematischen Inhalt versprachlicht.
Phase 2 Das Kind beschreibt die Handlung mit Sicht auf das Material, handelt jedoch nicht mehr selbst, sondern diktiert einem Partner und kontrolliert dabei die Handlung durch Beobachtung. Das Kind beschreibt mit Blick auf das Material Veränderungen am Material, ohne dass diese durchgeführt werden müssen. Es beschreibt Zusammenhänge, ohne dass diese konkret hergestellt werden müssen.
Phase 3 Das Kind beschreibt dem Partner die Handlung wie zuvor, jedoch ohne die Materialhandlung zu sehen. Für die Beschreibung der Handlung ist das Kind darauf angewiesen, sich die Handlung am Material vorzustellen. Die Handlung wird (z. B. hinter einem Sichtschirm) vom Partner durchgeführt.
Phase 4 Bei einer symbolisch gestellten Aufgabe kann der Handlungszusammenhang aktiviert und versprachlicht werden. Die verinnerlichten Handlungen können weiter abstrahiert, vernetzt und auf andere mathematische Inhalte übertragen werden.

Abb. 5.20 Schrittweise Ablösung vom Material

In Zusammenhang mit der Entwicklung und Nutzung von Ableitungsstrategien und der schrittweisen Ablösung vom konkreten Material können vier Impulsfragen Schülerinnen und Schüler beim Erkennen und Nutzen operativer Zusammenhänge unterstützen:

- Wie wird die Aufgabe dargestellt?
- Wie oder wo wirst du das Ergebnis sehen?
- Welche Aufgabe kennst du schon?
- Wie kannst du diese bekannte Aufgabe nutzen?

In den folgenden konkreten Beispielen (Abb. 5.21 bis Abb. 5.24) werden Sprachmuster für Schülerinnen und Schüler vorgestellt (Abb. 5.22 und 5.23).

Die Aufgabe einstellen
Die Aufgabe lautet 4 · 6. Dafür stelle ich vier Sechser-Reihen ein. Zuerst mit der roten Folie die Sechser einstellen, dann mit der blauen Folie *vier* Sechser einstellen. Jetzt sehe ich vier Sechser.

Wie ist das Ergebnis zu sehen?
Alle Punkte, die zu sehen sind.

Welche Aufgabe kenne ich?
(1) Ich sehe nicht nur vier Sechser, sondern auch sechs Vierer, wenn ich die Spalten anschaue. Und dann kann ich auch die Aufgabe 4 · 5 sehen, denn ich sehe fünf Vierer (blau) und 4 · 5 = 20.

(2) Ich sehe auch die Aufgabe 5 · 6, wenn ich bei der blauen Folie eine Reihe unten dazunehme, habe ich fünf Sechser und 5 · 6 = 30.

(3) Ich sehe zweimal die Aufgabe 2 · 6, denn ich sehe zwei Sechser (damit man das besser sehen kann, lege ich einen Stift zwischen die zweite und die dritte Reihe) und 2 · 6 = 12.

Wie nutze ich die bekannte Aufgabe?
(1) 4 · 5 sind 20, für die Aufgabe 4 · 6 fehlen aber noch die vier roten Punkte, die werden noch addiert: 4 · 6 = 20 + 4 = 24

(2) 5 · 6 sind 30, das ist aber eine Sechs zu viel, also subtrahiere ich eine Sechs: 4 · 6 = 30 – 6 = 24

(3) Ich sehe zweimal die Aufgabe 2 · 6, also verdopple ich das Ergebnis dieser Aufgabe: 4 · 6 = 2 · 12 = 24

Abb. 5.21 Multiplikationsstrategien – Phase 1: Versprachlichen der eigenen Handlung

Die Aufgabe einstellen lassen
Die Aufgabe lautet 7 · 9. Dafür stellst du sieben Neuner-Reihen ein: Zuerst mit der roten Folie die Neuner einstellen. Dann deckst du mit der blauen Folie drei Neuner-Reihen ab, so dass sieben Neuner zu sehen sind.

Wie ist das Ergebnis zu sehen?
Alle Punkte, die jetzt zu sehen sind.

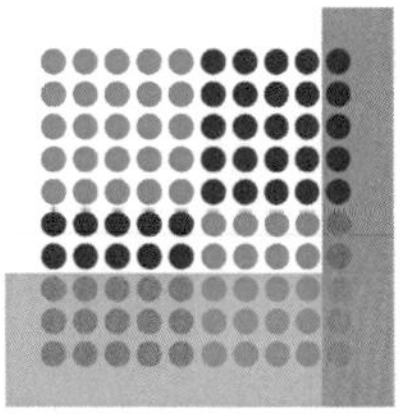

Welche Aufgabe kenne ich?
Jetzt sieht man nicht nur sieben Neuner, sondern auch neun Siebener (wenn man die Spalten betrachtet). Zusammen mit den rot abgedeckten Punkten sieht man zehn Siebener, also die Aufgabe 10 · 7. Die kenne ich auswendig, das sind 70.

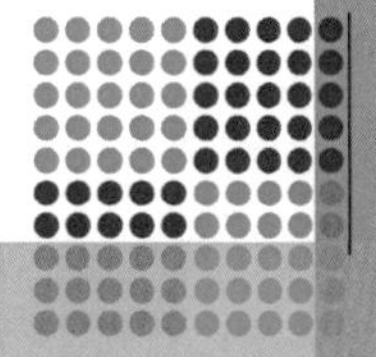

Wie nutze ich die bekannte Aufgabe?
10 · 7 = 70. Das sind aber sieben zu viel, weil wir nur neun Siebenen brauchen. Also wird eine Sieben wieder abgezogen:
7 · 9 = 70 – 7 = 63

Abb. 5.22 Multiplikationsstrategien – Phase 2: Handlungsanweisung für Lernpartnerin mit Sicht

Die Aufgabe einstellen lassen
Die Aufgabe heißt 7 · 8. Die rote Folie so legen, dass es Achterzeilen sind (von links), und die blaue Folie so legen, dass es sieben Achter sind (von oben).

Wie ist das Ergebnis zu sehen?
Alle Punkte, die jetzt zu sehen sind. Die sieben Achter bzw. die acht Siebener – je nachdem, ob du Spalten oder Reihen betrachtest.

Welche Aufgabe kenne ich?
Das ist jetzt fast ein Quadrat. Entweder sieben Siebener oder acht Achter. Die kenne ich beide auswendig: 7 · 7 = 49 oder 8 · 8 = 64.

(1) Um das Siebener-Quadrat zu sehen, müsste ich einen Siebener wegnehmen. Markiere das mit einem Stift zwischen der siebten und der achten Sieben.

(2) Um das Achter-Quadrat zu sehen, müsste ich einen Achter dazutun. Markiere das mit einem Stift zwischen der siebten und der achten Acht.

Wie nutze ich die bekannte Aufgabe?
(1) Beim Siebener-Quadrat fehlt mir für die Aufgabe 8 · 7 eine Sieben. Die addiere ich: 8 · 7 = 49 + 7 = 56

(2) Beim Achter-Quadrat habe ich für die Aufgabe 7 · 8 eine Acht zu viel. Die subtrahiere ich: 7 · 8 = 64 – 8 = 56

Abb. 5.23 Multiplikationsstrategien – Phase 3: Handlungsanweisung für Lernpartner ohne Sicht

Die Aufgabe vorstellen
Die Aufgabe heißt 7 · 4. Das sind sieben Vierer. Oder vier Siebener.

Wie ist das Ergebnis zu sehen?
Alle Punkte, die ich mir vorstelle.

Welche Aufgabe kenne ich?
Wenn ich vier Siebener-Reihen habe, kann ich die halbieren: Dann stelle ich mir zweimal zwei Siebener-Reihen vor. Das sind zweimal 2 · 7 = 14

Wie nutze ich die bekannte Aufgabe?
Ich verdopple die 14. Also 4 · 7 = 2 ·2 · 7 = 28

Abb. 5.24 Multiplikationsstrategien – Phase 4: Handeln in der Vorstellung

Weitere Impulsfragen seitens der Lehrkraft können in allen Phasen sein:

- Wie müsstest du den Rechteckausschnitt verändern, um aus der Aufgabe 2 · 6 die Aufgabe 4 · 6 abzuleiten?
- Wohin müsste ich den Bleistift legen, um bei der Aufgabe 7 · 6 auch die Aufgabe 6 · 6 sehen zu können? Was haben die Aufgaben gemeinsam, worin unterscheiden sie sich?
- Was hat die Neuner-Reihe mit der Zehnerreihe zu tun? Beschreibe anhand des Hunderter-Punktefeldes.
- Nenne mir Nachbaraufgaben von Quadrataufgaben. Beschreibe anhand des Punktefeldes, warum das Nachbaraufgaben sind.
- Stell dir die 12 als Malaufgabe am Punktefeld vor. Wie sieht das aus? Wie heißt die Malaufgabe? Wie stellst du dir die 8 vor? Wie die 24? Wie die 25? Wie die 7? Wie heißen die jeweiligen Malaufgaben? Findest du andere Malaufgaben?

Auch zur Erarbeitung von Strategien zur Division eignen sich farbig-transparente Folien und das Hunderter-Punktefeld. Hierbei wird der Zusammenhang zwischen Multiplikation und Division genutzt. Dieser Zusammenhang sollte immer wieder anhand der Rechteckdarstellungen mit den Schülerinnen und Schülern gemeinsam thematisiert und genutzt werden.

Stopp – Aktivität!
Stellen Sie sich vor, sie wüssten das Ergebnis der Aufgabe 42 : 6 *nicht* auswendig – welche benachbarten Aufgaben könnten Sie zur Lösung der Aufgabe nutzen?
Wie können Sie diesen Zusammenhang am Punktefeld veranschaulichen?

Wie bereits oben gezeigt wurde, kann der Zusammenhang zwischen Multiplikations- und Divisionsaufgaben gut an Rechteckdarstellungen gesehen und veranschaulicht werden (Abschn. 5.5). Auf diesen Zusammenhang wird beim Lösen von Divisionsaufgaben zurückgegriffen. Beim Lösen der Aufgabe 42 : 6 wird daher eine Aufgabe des kleinen „Einmalsechs" gesucht, deren Ergebnis nahe bei 42 liegt oder in Beziehung zur 42 steht. Zur Veranschaulichung des Zusammenhangs zwischen diesen Aufgaben kann zunächst ein „Mal-sechs-Rechteck" fixiert werden (Abb. 5.25) Dann wird mit der zweiten Folie eine bekannte Multiplikations- bzw. Divisionsaufgabe eingestellt – zum Beispiel die Aufgabe $5 \cdot 6 = 30$ bzw. $30 : 6 = 5$. Es fehlen also noch 12 bis zur 42 und 12 kann ebenfalls durch 6 geteilt werden. Auf Grundlage des Distributivgesetzes können nun die beiden Zwischenergebnisse 5 und 2 addiert werden.

Die Aufgabe einstellen
Die Aufgabe lautet 42 : 6. Dafür stelle ich zuerst mit der roten Folie die Sechser-Reihen ein. Jetzt sehe ich die Aufgaben 10 · 6 und 60 : 6.

Wie ist das Ergebnis zu sehen?
Wie viele Sechser brauche ich für 42 Punkte?

Welche Aufgabe kenne ich?
Ich kenne die Aufgabe 5 · 6 = 30. Wenn ich fünf Sechser sehe, sind das 30 und 30 sind nur 12 weniger als 42.
Die Lösung der Aufgabe 30 : 6 ist also 5, weil ich fünf Sechser-Reihen sehe.

Wie nutze ich die bekannte Aufgabe?
Ich will aber nicht 30 : 6 lösen, sondern 42 : 6. Es fehlen noch 12 Punkte. Es müssen noch zwei Sechser dazukommen, dafür verschiebe ich die blaue Folie um zwei Reihen nach unten. Jetzt habe ich sieben Sechser und insgesamt 42 Punkte.
Die Lösung der Aufgabe lautet also: 42 : 6 = 5 + 2 = 7.

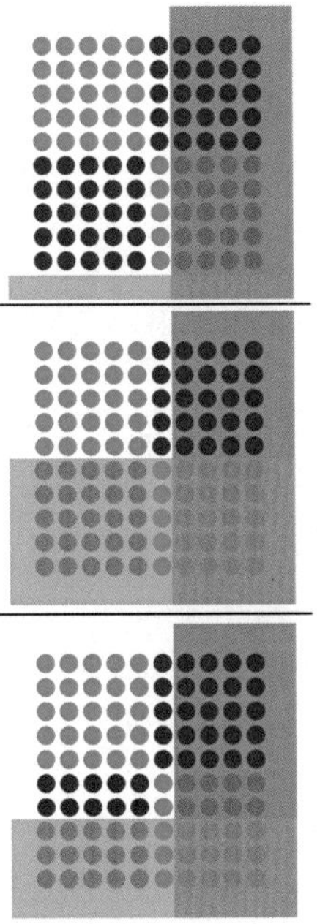

Abb. 5.25 Divisionsstrategien – Phase 1: Versprachlichen der eigenen Handlung

Anders als bei der Multiplikation kann bei der Division nicht zuerst die „Aufgabe" eingestellt werden. Stattdessen wird die entsprechende „Mal-Reihe" (in diesem Beispiel die

Sechser-Reihe) eingestellt. Die entsprechenden Impulsfragen für die Division müssten also lauten:

- Welche Reihe stellst du ein?
- Wie oder wo siehst du das Ergebnis?
- Welche Aufgabe kennst du?
- Wie kannst du diese bekannte Aufgabe nutzen?

Eine anschauliche Erarbeitung von Divisions*strategien* findet sich zum Beispiel bei Unteregge und Wollenweber (2018). Dort wird auch die wichtige Rolle der Kommunikation über die verschiedenen Rechenwege aufgezeigt (Abb. 5.26, 5.27 und 5.28).

Die Aufgabe einstellen lassen
Die Aufgabe lautet 54 : 6. Stelle zuerst mit der roten Folie die Sechser ein. Jetzt sieht man die Aufgaben 10 · 6 und 60 : 6.

Wie ist das Ergebnis zu sehen?
Wie viele Sechser brauche ich für 56 Punkte?

Welche Aufgabe kenne ich?
Jetzt sieht man die Aufgabe 60 : 6 = 10, die kenne ich und 54 sind nur 6 weniger als 60. Für die Aufgabe 54 : 6 nimmst du einen Sechser weg. Also mit der blauen Folie einen Sechser abdecken.

Wie nutze ich die bekannte Aufgabe?
Wenn ich 54 : 6 lösen will, ist das ein Sechser weniger als bei der Aufgabe 60 : 6, also nicht 10 Sechser, sondern nur 9 Sechser. Das Ergebnis ist 54 : 6 = 60 : 6 – 6: 6 = 10 – 1 = 9.

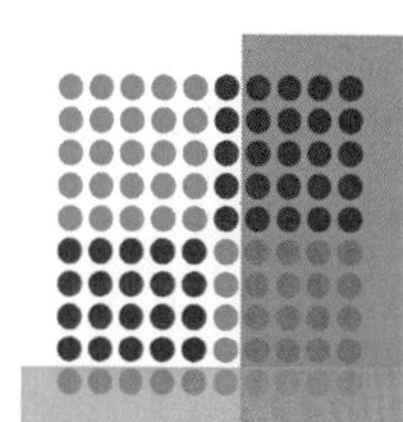

Abb. 5.26 Divisionsstrategien – Phase 2: Handlungsanweisung mit Sicht

Die Aufgabe einstellen lassen
Die Aufgabe heißt 24 : 4. Dafür die rote Folie so legen, dass lauter Vierer-Reihen zu sehen sind. Jetzt kann man 10 Vierer sehen, also die Aufgaben 10 · 4 = 40 und 40 : 4 = 10.

Wie ist das Ergebnis zu sehen?
Wie viele Vierer brauche ich für 24 Punkte?

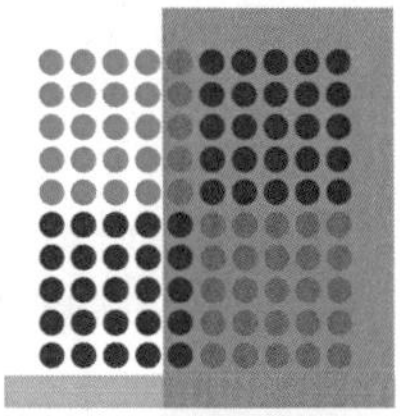

Welche Aufgabe kenne ich?

(1) Ich kenne die Aufgabe 5 · 4 = 20 und 20 ist nur 4 weniger als 24.
Dafür schiebst du die blaue Folie so, dass fünf Vierer-Reihen zu sehen sind, also 5 · 4 = 20 oder 20 : 4 = 5.

(2) Ich kenne die Aufgabe 4 · 4 = 16. Zwischen 16 und 24 ist nur ein Unterschied von 8.
Lege die blaue Folie so, dass es vier Vierer sind, also 4 · 4 = 16 oder 16 : 4 = 4.

(1)

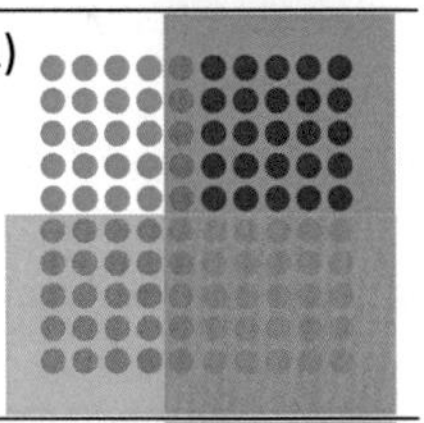

(2)

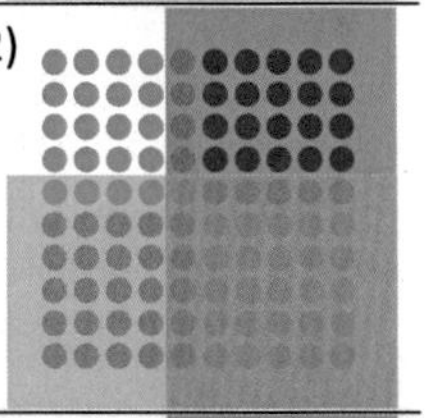

Wie nutze ich die bekannte Aufgabe?

(1) Wenn ich nicht 20 : 4, sondern 24 : 4 lösen möchte, dann kommt noch ein Vierer dazu. Schiebe die blaue Folie eine Reihe nach unten. Jetzt sind es 24 Punkte und es sind 5 Vierer und noch 1 Vierer, also 6 Vierer. Das Ergebnis ist also 24 : 4 = 5 + 1 = 6.

(2) Wenn ich nicht 16 : 4, sondern 24 : 4 lösen möchte, dann kommen noch 8, also zwei Vierer dazu. Schiebe die blaue Folie zwei Reihen nach unten. Jetzt sind es 24 Punkte, 4 Vierer und noch 2 Vierer. Das Ergebnis ist also 24 : 4 = 4 + 2 = 6.

(1)

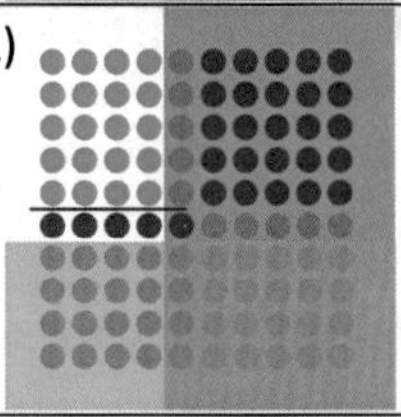

(2)

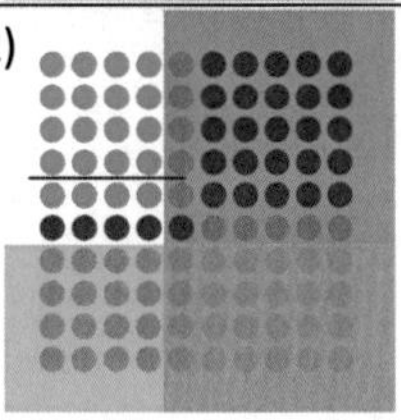

Abb. 5.27 Divisionsstrategien – Phase 3: Handlungsanweisung ohne Sicht

Die Aufgabe vorstellen
Die Aufgabe heißt 28 : 7. Ich stelle mir Siebener-Reihen vor.

Wie ist das Ergebnis zu sehen?
Wie viele Siebener-Reihen brauche ich für 28 Punkte?

Welche Aufgabe kenne ich?
(1) Ich weiß, dass 5 Siebener-Reihen 35 sind. 28 sind 7 weniger. Also 5 · 7 = 35 oder 35 : 7 = 5.

(2) Ich weiß, dass 2 Siebener 14 sind. 28 ist das Doppelte. 2 · 7 = 14 oder 14 : 7 = 2.

Wie nutze ich die bekannte Aufgabe?
(1) Wenn 35 : 7 = 5 ist, dann ist es bei 28 : 7 ein Siebener weniger. Also 28 : 7 = 5 – 1 = 4.

(2) Wenn 14 : 7 = 2, dann ist 28 : 7 das Doppelte. Also 28 : 7 = 2 + 2 = 4.

Abb. 5.28 Divisionsstrategien – Phase 4: Handeln in der Vorstellung

Stopp – Aktivität!
Visualisieren Sie analog die Aufgaben 42 : 7, 24 : 6, 28 : 4.
Versprachlichen Sie Ihr Vorgehen. Wie verschieben Sie die Folien? Welche Aufgaben sehen Sie? Welche Zahl- und Aufgabenbeziehungen nutzen Sie?

Weitere Impulsfragen seitens der Lehrkraft:

- 12 Punkte sollen als Rechteck am Punktefeld zu sehen sein. Welche Möglichkeiten gibt es? Wie heißen die passenden Aufgaben? Wie stellst du dir die 8 vor? Wie die 24? Wie die 25? Wie die 7? Wie heißen die jeweiligen Aufgaben? Findest du andere Aufgaben? Bei welchen Zahlen gibt es viele verschiedene Rechtecke (z. B. 24), bei welchen wenige (z. B. 21), nur eines (z. B. 25) oder gar keins (z. B. 23)?
- Wie müsste ich den Rechteckausschnitt verändern, um bei der Aufgabe 36 : 6 auch die Aufgabe 42 : 6 sehen zu können? Was haben die Aufgaben gemeinsam, worin unterscheiden sie sich?

5.7.3 Erarbeitung operativer Beziehungen und tragfähiger Lösungswege im ZR über 100

Das Verwenden von Rechteckdarstellungen zum Sehen, Besprechen und Nutzen von Zahl- und Aufgabenbeziehungen ist weit über den Zahlenraum bis 100 – also das kleine Einmaleins – hinaus tragfähig. Denn gerade beim Verstehen und Lösen der Aufgaben des

„großen Einmaleins“ ist es notwendig, die gegebenen Aufgaben in leicht lösbare Teilaufgaben zerlegen zu können, um sie dann wieder zusammenzusetzen. Eine Möglichkeit der Notation ist dann das sogenannte Malkreuz, in dem die Zwischenergebnisse notiert werden können (Wittmann und Müller 1996). Der große Vorteil des Malkreuzes ist seine strukturelle Übereinstimmung mit Rechteckdarstellungen (Abb. 5.29 und 5.30). Hier wird neben der Zerlegbarkeit von Multiplikationsaufgaben in leichtere Teilaufgaben das Stellenwertverständnis genutzt.

Abb. 5.29 Strukturelle Übereinstimmung von Rechteckdarstellung und Malkreuz am Beispiel der Aufgabe 17 · 13

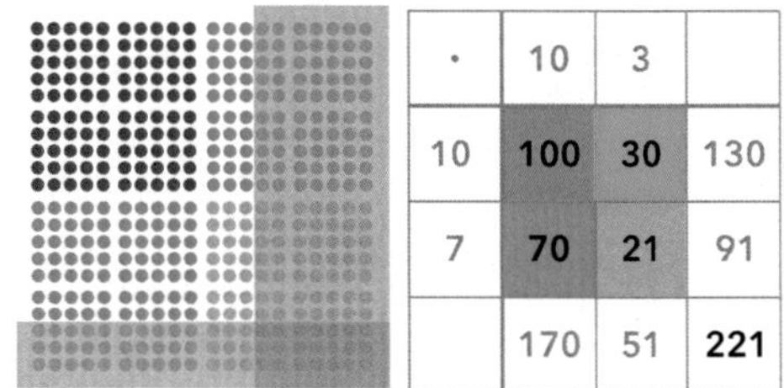

·	10	3	
10	100	30	130
7	70	21	91
	170	51	221

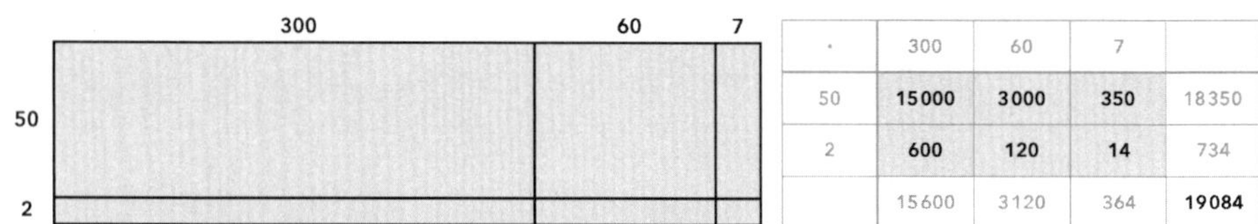

·	300	60	7	
50	15000	3000	350	18350
2	600	120	14	734
	15600	3120	364	19084

Abb. 5.30 Strukturelle Übereinstimmung von Rechteckdarstellung und Malkreuz am Beispiel der Aufgabe 52 · 367

An diesen Beispielen ist auch zu sehen, dass bei Aufgaben des großen „Einmaleins“ das Nutzen der oben beschriebenen mentalen Werkzeuge in ganz besonderer Weise bedeutsam wird.

Stopp – Aktivität!
Skizzieren Sie Ihren Rechenweg der Aufgabe 25 · 36 mit einer Rechteckdarstellung (vgl. Aktivität zu Beginn von Abschn. 5.6).

Analog zu den Aktivitäten zum kleinen Einmaleins am Hunderter-Punktefeld (Abb. 5.21 bis Abb. 5.28) kann eine didaktische Ablösung vom Material und somit die Entwicklung tragfähiger Rechenstrategien auch mit Multiplikationsaufgaben im Zahlenraum über 100 hinaus gelingen (Abb. 5.31 bis Abb. 5.34).

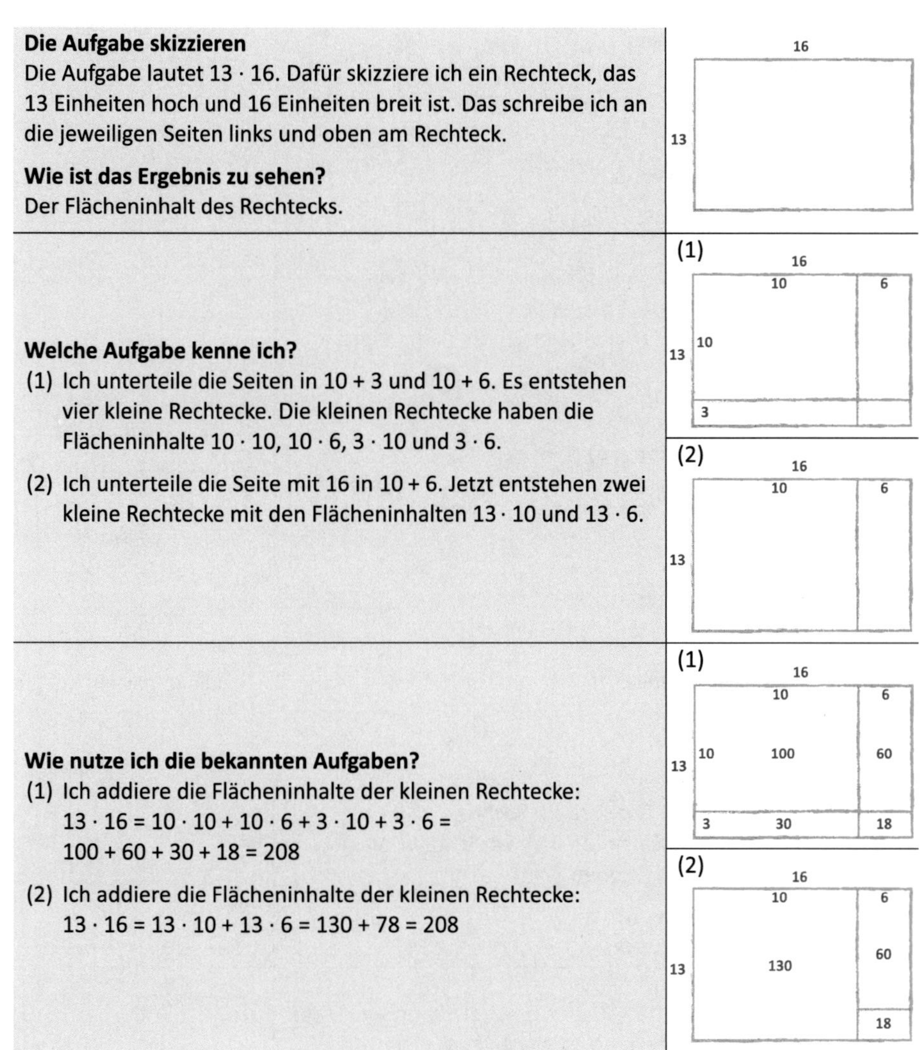

Abb. 5.31 Multiplikationsstrategien mit großen Zahlen – Phase 1: Versprachlichen der eigenen Handlung

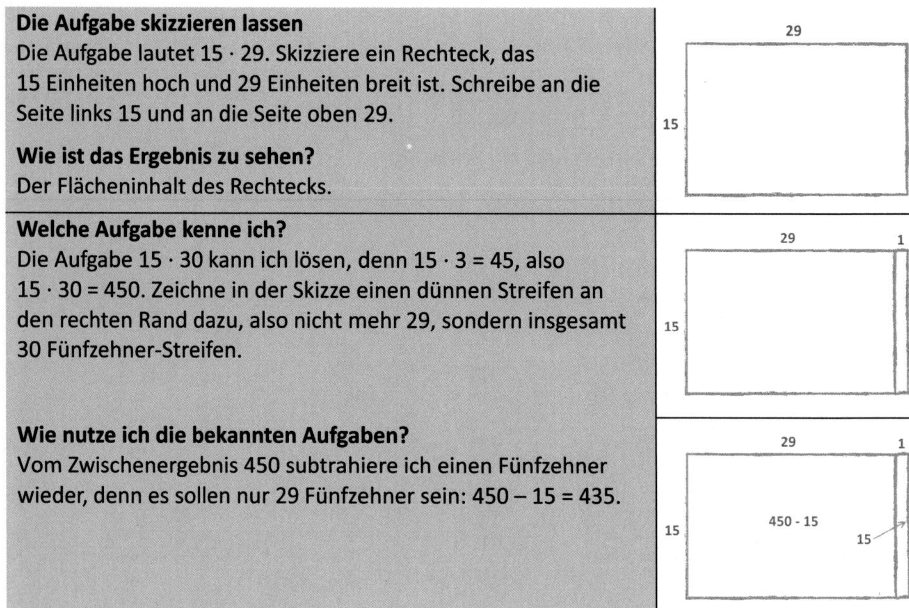

Abb. 5.32 Multiplikationsstrategien mit großen Zahlen – Phase 2: Handlungsanweisung mit Sicht

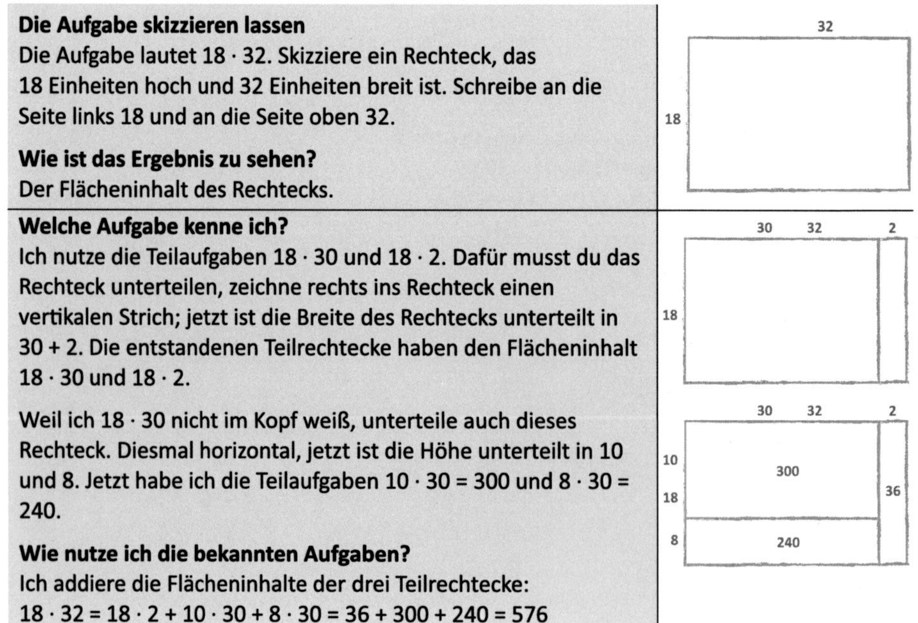

Abb. 5.33 Multiplikationsstrategien mit großen Zahlen – Phase 3: Handlungsanweisung ohne Sicht

Die Aufgabe vorstellen
Die Aufgabe lautet 47 · 98. Ich stelle mir ein Rechteck vor, das 47 Einheiten hoch und 98 Einheiten breit ist.

Wie ist das Ergebnis zu sehen?
Der Flächeninhalt des Rechtecks.

Welche Aufgabe kenne ich?
Ich weiß, dass 47 · 100 = 4 700. Hierzu verbreitere ich das Rechteck um 2, so dass es nun 47 hoch und 100 breit ist. Der Flächeninhalt ist um 2 · 47 = 94 größer als der gesuchte.

Wie nutze ich die bekannten Aufgaben?
Ich subtrahiere den ergänzten Flächeninhalt vom großen Rechteck: 4 700 – 94 = 4 606

Abb. 5.34 Multiplikationsstrategien mit großen Zahlen – Phase 4: Handeln in der Vorstellung

An den Beispielen in Abb. 5.31 bis Abb. 5.34 wird deutlich, dass die Rechteckskizzen keine Lösungshilfen im eigentlichen Sinne mehr sind (Schipper 2009, S. 290), denn an ihnen kann keine Lösung abgelesen oder durch Nutzung konkreter Repräsentanten bestimmt werden. Stattdessen bieten sie die Möglichkeit, das eigene Denken zu strukturieren, Zwischenergebnisse zu dokumentieren und Lösungswege zu kommunizieren (Schulz 2014, S. 74). Die mentalen Werkzeuge zur Lösungsfindung müssen jedoch bereits vorhanden sein. In diesem Sinne können Rechteckdarstellungen auch zur Lösung von Divisionsaufgaben weit über den Zahlenraum bis 100 hinaus genutzt werden. Dazu müssen verschiedene Aspekte geklärt sein (vgl. Abb. 5.25):

- Der Flächeninhalt des Rechtecks selbst ist der Dividend.
- Eine Seitenlänge ist der Divisor.
- Gesucht wird der Quotient – die benachbarte Seitenlänge.

Am Beispiel der Aufgabe 896 : 7 soll im Folgenden ein mögliches Vorgehen vorgeschlagen werden.

Zunächst wird ein Rechteck skizziert, dessen „Flächeninhalt" 896 beträgt und eine Seitenlänge 7 misst. Gesucht wird die benachbarte Seitenlänge oben (1. Schritt). Nun werden sukzessive Teilergebnisse gesucht, zum Beispiel über die Vorstellung des Enthaltenseins: Welche Zahl ist in der 896 enthalten, die sicher durch 7 teilbar ist? Dies ist zum Beispiel die 700. Die 700 ist das Produkt der Aufgabe 7 · 100, weshalb ein Teilabschnitt der Seitenlänge bereits beschriftet werden kann – mit 100. Die verbleibenden 196 bleiben übrig und können notiert werden (Schritt 2). Im letzten Schritt kann nun die 196 zerlegt werden in zwei leichte Teilaufgaben, nämlich 140 : 7 und 56 : 7. Die Ergebnisse dieser Teilaufgaben geben die Länge der fehlenden Teilabschnitte der oberen Seitenlänge an (Schritt 3). Zur Ergebnisfindung muss nun die Gesamtlänge ermittelt werden: 128 (Abb. 5.35).

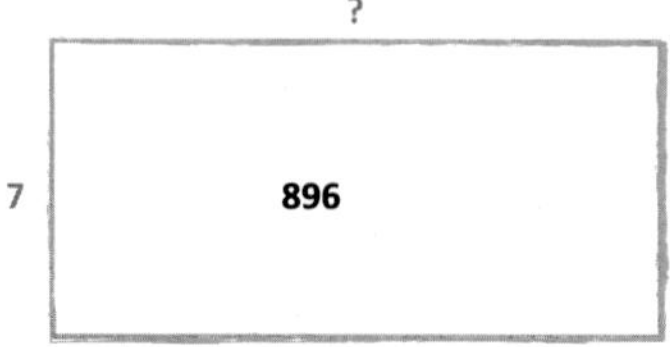

2. Schritt: Ermitteln eines ersten Zwischenergebnisses

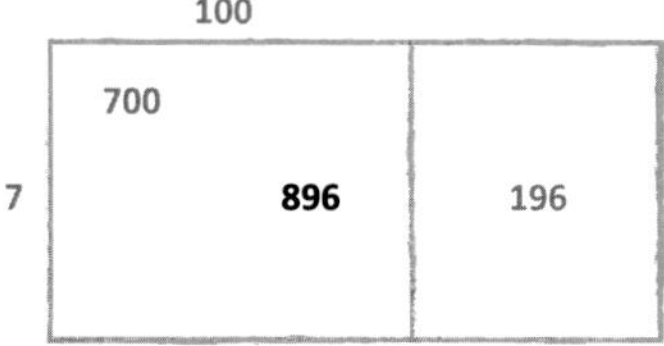

3. Schritt: Ermitteln weiterer Zwischenergebnisse und des Endergebnisses

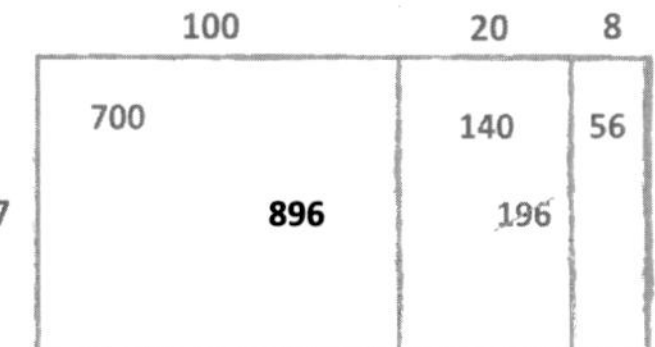

Abb. 5.35 Division großer Zahlen mit Hilfe einer Rechteckdarstellung am Beispiel der Aufgabe 896 : 7

Stopp – Aktivität!
Skizzieren Sie selbst zwei Rechteckdarstellungen für die Lösung der Aufgabe 495 : 5 (vgl. Aktivität zu Beginn von Abschn. 5.6).
Nutzen Sie dabei einmal das Zerlegen in Teilaufgaben und einmal die Hilfsaufgabe 500 : 5.
Worin unterscheiden sich Ihre Skizzen? Was ist gleich?

Bei der Division durch einen mehrstelligen Divisor ist dieses Vorgehen immer noch tragfähig. Herausfordernd wird nun, dass zum Beispiel bei der Aufgabe 846 : 27 die Vielfachen von 27 nicht schnell und sicher abrufbar sind (vgl. z. B. Büchter und Padberg 2019, S. 59 ff.). Deswegen kann es sein, dass das Vorgehen nun in kleineren Schritten erfolgen muss, das Prinzip bleibt das gleiche und die Rechteckskizze kann als Denk- und Kommunikationsunterstützung genutzt werden (vgl. Abb. 5.36).

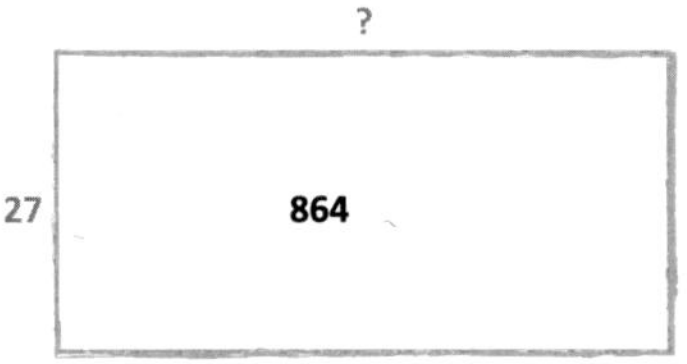

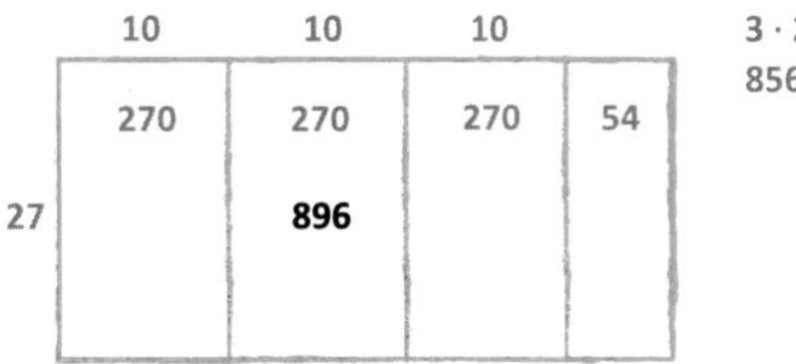

Abb. 5.36 Division durch einen mehrstelligen Divisor am Beispiel der Aufgabe 864 : 27

In Abschn. 4.8 wurde der sog. Fünf-Punkte-Plan zur Erarbeitung und Diskussion von Rechenstrategien vorgestellt. Mit seiner Hilfe lassen sich Impulse geben, mit denen Lösungswege gemeinsam erarbeitet und reflektiert werden können (Tab. 5.4). Ausführlich vorgestellt wurden diese Impulse und ihre Rolle im Unterrichtsgespräch bereits für die Addition und Subtraktion, doch auch für die Thematisierung von Lösungswegen bei der Multiplikation und Division eignen sich die vorgeschlagenen Impulse.

Stopp – Aktivität!
Wenden Sie selbst den Fünf-Punkte-Plan auf die Aufgaben 28 · 15 und 1 482 : 6 an.

Tab. 5.4 Fünf-Punkte-Plan

Ziel	Impuls	Hintergrund
Operationsvorstellung aktivieren	**Was** machst du am Arbeitsmittel, um die Aufgabe zu lösen?	Bevor der eigentliche Rechenprozess beginnt, wird die angestrebte Materialhandlung geklärt (Vervielfachen? Aufteilen? Verteilen?).
Auf Ergebnis fokussieren	**Wo** siehst du dann das Ergebnis?	Die Zielsetzung der Handlung wird explizit gemacht, sodass sie anschließend fokussiert durchgeführt werden kann.
Handlungsimpuls geben	**Wie** kannst du das machen?	Nun wird die Strategie handelnd (konkret oder in der Vorstellung) durchgeführt und versprachlicht.
Handlung dokumentieren	**Wie** kannst du das aufschreiben?	Verschriftlichung z. B. durch Gleichungen.
Handlung evaluieren	**Warum** stimmt das?	Rückbezug auf die Aufgabe – Kontrolle z. B. durch Überschlag, Proberechnung oder -handlung.

5.8 Schriftliche Multiplikation und Division

Neben dem gestützten Kopfrechnen spielen auch die schriftlichen Verfahren der Multiplikation und Division eine Rolle am Übergang von der Primar- zur Sekundarstufe.

Der Vorteil *und* zugleich Nachteil der *schriftlichen Multiplikation* ist, dass es sich um ein universelles Verfahren handelt, das ungeachtet eines Zahlenblicks immer eingesetzt werden kann. Der Vorteil ist, dass jede beliebige Aufgabe mit dem Algorithmus über eine endliche Anzahl an Aufgaben im kleinen Einmaleins gelöst werden kann. Zum Nachteil wird der Algorithmus dann, wenn er immer und unabhängig vom Zahlenmaterial genutzt wird – also auch bei Aufgaben, die gut und schnell im Kopf gelöst werden könnten. Das ist der Aktivierung von Grundvorstellungen zu den Zahlen und zur Multiplikation eher abträglich (Padberg und Benz 2020, S. 245-249; Selter 2000; vgl. auch Abschn. 4.4).

Bei der *schriftlichen Division* können *nicht alle* Aufgaben über endlich viele Aufgaben des kleinen Einmaleins durch den Algorithmus gelöst werden. Beispielsweise kann die Aufgabe 3 824 : 24 nicht über ein ziffernweises Vorgehen im kleinen Einmaleins berechnet werden (vgl. Abschn. 5.8.2 und Schipper 2009, S. 130).

Dennoch bieten die schriftlichen Verfahren zur Multiplikation und Division – wie bei der Subtraktion und Addition – zahlreiche Gelegenheiten, …

- das Stellenwertsystem besser kennenzulernen,
- darüber zu reflektieren, welche Rechenmethode genutzt wird, um zur Lösung einer gegebenen Aufgabe zu kommen.

5.8.1 Schriftliche Multiplikation

Die Zahlen der komplexesten Multiplikationsterme werden ziffernweise betrachtet. Das Produkt kann berechnet werden, wenn das kleine Einmaleins und die Addition des Typs ZE + E beherrscht sowie die Rechenschritte des Algorithmus korrekt ausgeführt werden können.

Stopp – Aktivität!
Berechnen Sie den Term 4 796 · 8 mit dem schriftlichen Algorithmus.
In welcher Reihenfolge multiplizieren Sie die Stellenwerte? Warum?
Welche Zahl hat die Funktion des Operators?
Wo notieren Sie die 8 des ersten Teilergebnisses? Warum?
Wo notieren Sie das Ergebnis der Teilaufgabe 7 · 8 (bzw. 8 · 7)? Warum?
Notieren Sie die Überträge? Warum nicht?

Der schriftliche Multiplikationsalgorithmus mit einem einstelligen Faktor wird am Beispiel der Aufgabe 4 796 · 8 dargestellt. Empfehlenswert ist auch hier eine Bezugnahme auf die Stellenwerte (Abb. 5.37):

ZT	T	H	Z	E		
	4	7	9	6	·	8
	32	56	72	48		

Abb. 5.37 Schriftliche Multiplikation mit einem einstelligen Faktor ohne direkt zu bündeln

Zunächst wird jede Stelle verachtfacht. Hierbei ist Folgendes zu bemerken:

- Die Stellenwerte beim ersten Faktor werden mitgesprochen. Bei Bedarf können auch die entsprechenden Elemente des Zehnersystem-Materials benannt werden: 9 Zehner(-stangen) mal 8 bzw. 8 mal 9 Zehner(-stangen) sind 72 Zehner(-stangen).
- Die Reihenfolge, in der die Teilrechnungen ausgeführt werden (erst Tausender, dann Hunderter … oder erst Einer, dann Zehner …), ist zunächst nicht festgelegt.
- Jede Stelle wird mal 8 gerechnet. Es ist leichter, 8 Mal die Zahl 4 798 (mit Zehnersystem-Material) dar- oder vorzustellen als 4 798 Achter.
- Die Zahlen werden zunächst nichtkanonisch in der Stellenwerttafel notiert, um die Merkleistung zu minimieren.
- Die Zahl wird *anders als in den meisten Schulbüchern* nicht bündig unter die 8 des zweiten Faktors eingetragen, sondern die Einer in die Einerspalte des ersten Faktors, die Zehner in die Zehnerspalte usw. (Abb. 5.38).

	ZT	T	H	Z	E		
		4	7	9	6	·	8
Zwischenergebnisse		32	56	72	48		
Erste Bündelung		32	56	76	8		
Zweite Bündelung		32	63	6	8		
Dritte Bündelung		38	3	6	8		
Kanonische Darstellung	3	8	3	6	8		

Abb. 5.38 Ausführliche Notation des schriftlichen Multiplikationsalgorithmus in der Stellenwerttafel

In einem weiteren Schritt kann aus der nichtkanonischen Zahldarstellung eine kanonische gemacht werden. Hier finden umfangreiche Bündelungen statt. 48 Einer sind 8 Einer und 4 Zehner. Die vier Zehner werden zu den 72 Zehnern addiert. Hiervon werden 70 Zehner zu 7 Hundertern – oder anschaulich gesprochen – 70 Zehnerstangen zu 7 Hunderterplatten gebündelt usw.

Diese Bündelungsaktivitäten sind ein hervorragender Anlass, das Stellenwertsystem zu wiederholen und somit Zahlvorstellungen zu festigen.

Folgende Aspekte sind beim Bündelungsprozess zentral:

- Es empfiehlt sich, mit der kleinsten Stelle zu beginnen, da sonst die Schreibarbeit noch umfangreicher wird.
- Wenn die Schreibarbeit noch mehr reduziert werden soll, so können die Überträge auch gemerkt werden. Im Gegensatz zur Subtraktion und Addition, wo vorkommende Überträge der *Aufgabe* zugeschlagen werden, ist der Übertrag bei der Multiplikation *Teil des Ergebnisses* – und wird daher erst zum nächsten *Zwischenergebnis* und nicht zur entsprechenden Stelle des ersten Faktors addiert.
- Wird nun auf die Notation der Stellenwerttafel verzichtet, so ist eine mögliche konventionelle Endform der schriftlichen Multiplikation mit einem einstelligen Faktor erreicht.

Ein typischer Fehler beim schriftlichen Algorithmus wird im folgenden Beispiel diskutiert.

Leon spricht und notiert (Abb. 5.39): „Sechs mal sechs ist sechsunddreißig, sechs unten schreiben, drei merken (*notiert die 3 zwischen der 4 und der 6 im ersten Faktor*). Dann vier plus drei ist sieben, sieben mal sechs ist zweiundvierzig (notiert die 42 vor der 6 im Ergebnis).“

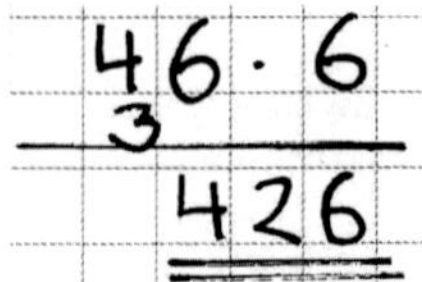

Abb. 5.39 Fehlerhafter Umgang mit dem Übertrag bei der schriftlichen Multiplikation

Stopp – Aktivität!
Beschreiben Sie den Lösungsweg von Leon kompetenz- und defizitorientiert (Was macht er richtig, was macht er falsch?).
Wie kann sein Fehler entstanden sein?
Wie sieht eine Intervention (auch anschaulich) aus?

Werden Algorithmen – gerade von leistungsschwachen Lernenden – nicht verstanden, sondern nur rezeptartig durchgeführt, so ist die Gefahr groß, dass Übergeneralisierungen für Fehler sorgen (Padberg und Benz 2020, S. 295-297). Das bedeutet, dass Abgrenzungswissen fehlt und Verfahrensschritte eines Algorithmus auch bei anderen eingesetzt werden. Ein typischer Fehler ist daher, dass die Überträge – wie bei der Subtraktion und Addition – nicht im Ergebnis, sondern bei der Aufgabe notiert und dort addiert werden, so wie bei Leon (Gerster 1982; Padberg und Thiemann 2002; Schipper et al. 2000).

Wie grundsätzlich bei mathematischen Lernprozessen ist auch hier der Leitgedanke, dass Verstehen kein Luxus für die Leistungsstarken ist, sondern eine Notwendigkeit für die Leistungsschwachen. Während sich leistungsstarke Lernende häufig auch unverstandene Algorithmen schnell, dauerhaft und sicher merken können, haben gerade Leistungsschwache damit Schwierigkeiten: Unverstandene Prozeduren werden schneller vergessen, verwechselt oder fehlerhaft angewendet. In diesem Zusammenhang ist es empfehlenswert, dass die Abläufe (eines Algorithmus) an konkrete oder vorgestellte Handlungen geknüpft sind.

Eine Möglichkeit kann hier die oben vorgeschlagene ausführliche Notation in einer Stellenwerttafel und das gemeinsame Wiederholen der Bündelungsaktivitäten sein. Aus dieser Aktivität kann eine konventionelle und von allen lesbare Endform entstehen, bei der keine zusätzlichen Zwischenschritte mehr beachtet werden müssen und die Ziffern des Ergebnisses unmittelbar an der entsprechenden Stelle notiert werden können. Das bedeutet nicht, dass keine Hinweise der Bündelungsaktivitäten mehr zu sehen sein dürfen. Im Gegenteil: Gerade in der Endform der schriftlichen Multiplikation scheint es sinnvoll, die entsprechenden Überträge zu notieren. Hierfür gibt es verschiedene Gründe:

- Das Verfahren ist ungleich komplexer als die Algorithmen der Addition und Subtraktion – die Gedächtnisleistung wird also ohnehin schon sehr herausgefordert.
- Bei Addition und Subtraktion wird auf der Notation des Übertrags bestanden – warum nicht auch bei der Multiplikation?
- Fehler mit dem Übertrag – vor allem sein Vergessen – sind typische und häufige Fehler (Gerster 1982; Padberg und Thiemann 2002; Schipper et al. 2000). Hier kann eine Notation auf Verständnisbasis Abhilfe schaffen.

Beim Anbahnen einer Endform kann und sollte also gemeinsam mit den Schülerinnen und Schülern überlegt werden, an welcher Stelle die Notation des Übertrags sinnvoll ist – zum Beispiel *unterhalb* des Strichs am *entsprechenden Stellenwert.* Dadurch kann einerseits gemerkt werden, an welcher Stelle der Übertrag berücksichtigt wird, und andererseits, dass er erst nach der Multiplikation, also zum Zwischenergebnis, addiert wird.

Stopp – Aktivität!
Wie berechnen Sie die Aufgabe 245 · 76 mit dem schriftlichen Algorithmus?

- Welches ist die erste Teilaufgabe, die Sie bestimmen? Beginnen Sie – wie bei der Subtraktion und Addition auch, indem Sie die Einer mit den Einern verknüpfen? Warum nicht?
- Welche Zahl hat die Funktion des Operators?
- Wie und wo notieren Sie die „Zeilen"?

Wenn die Aufgabe 254 · 76 über gestützte Kopfrechenstrategien berechnet wird, kann zum Beispiel das Malkreuz genutzt werden (Abschn. 5.7.3). Dieses Malkreuz wird als „zweidimensionale Stellenwerttafel" interpretiert und erinnert an die Darstellung der Aufgabe als Rechteck. Die Entwicklung des schriftlichen Algorithmus aus der Darstellung des Malkreuzes ist dabei möglich, kann aber auch umständlich sein (Akinwunmi et al. 2014; Schipper et al. 2000). In jedem Fall sind im Malkreuz alle Zwischenergebnisse sichtbar, die auch beim schriftlichen Vorgehen entstehen. Bei Winkel (2008) ist unterrichtspraktisch aufgezeigt, wie ausgehend vom Malkreuz der schriftliche Algorithmus entwickelt werden kann.

Ein anderer Zugang greift die schriftliche Multiplikation mit einem einstelligen Faktor auf. Bei der Diskussion des schriftlichen Algorithmus mit mehrstelligen Faktoren kann an die schriftliche Notationsform mit einem einstelligen Faktor angeknüpft werden. Dabei ist es unerheblich, ob zunächst die Einer oder die Zehner des zweiten Faktors verrechnet werden. In diesem Beispiel wird berechtigterweise in Anlehnung an die Multiplikation mit einem einstelligen Faktor mit der Versechsfachung der Zahl 245 begonnen werden (Abb. 5.40):

Abb. 5.40 Multiplikation mit der Einerstelle des 2. Faktors (nichtkanonisch)

ZT	T	H	Z	E		Z	E
		2	4	5	·	7	6
		12	24	30			

Da verschiedene Reihenfolgen und verkürzte Notationen beim Multiplizieren der Teilprodukte bereits diskutiert und optimiert wurden, kann hier sofort die kanonische Schreibweise der Stellenwerte erfolgen (Abb. 5.41):

Abb. 5.41 Multiplikation mit der Einerstelle des 2. Faktors (kanonisch)

ZT	T	H	Z	E		Z	E
		2	4	5	·	7	6
	1	4	7	0			

Nun wird mit der Zehnerstelle fortgefahren. Hierbei muss beachtet werden, dass die Versiebzigfachung von 5 Einern das Ergebnis 350 hervorbringt – also 35 Zehner und keine Einer. Die Null in der Einerspalte kann, muss aber nicht notiert werden. 7 Zehner mal 4 Zehner sind 28 Hunderter und 7 Zehner mal 2 Hunderter sind 14 Tausender. Diese Zwischenergebnisse werden an den entsprechenden Stellen notiert (Abb. 5.42).

Abb. 5.42 Multiplikation mit der Einer- und Zehnerstelle des 2. Faktors (nichtkanonisch)

ZT	T	H	Z	E		Z	E
		2	4	5	·	7	6
	1	4	7	0			
	14	28	35	0			

Und auch hier sind Bündelungsaktivitäten für eine kanonische Zahldarstellung nötig. Wünschenswert ist, dass – aus Zeitgründen und wegen des Schreibaufwands – diese zunehmend im Kopf und ohne Zwischennotationen durchgeführt werden können (Abb. 5.43):

Abb. 5.43 Multiplikation mit der Einer- und Zehnerstelle des 2. Faktors (kanonisch)

ZT	T	H	Z	E		Z	E
		2	4	5	·	7	6
	1	4	7	0			
1	7	1	5	0			

Eine Addition der Stellenwerte ergibt das Gesamtergebnis. Bei der in Deutschland verbreitetsten Reihenfolge wird zunächst die kleinste Stelle des ersten Faktors mit der größten Stelle des zweiten Faktors multipliziert. Inhaltliche Gründe für diese eigenwillige Reihenfolge – der Algorithmus beginnt bei einem Faktor mit dem kleinsten und beim anderen Faktor mit dem größten Stellenwert – gibt es keine. Für die *Notation* bedeutet dies nur, dass die Zeilen der beiden Zwischenergebnisse vertauscht werden (Abb. 5.44):

Abb. 5.44 Multiplikation mit der Zehner- und Einerstelle des 2. Faktors (kanonisch)

ZT	T	H	Z	E		Z	E
		2	4	5	·	7	6
1	7	1	5	0			
	1	4	7	0			

Abschließend sei angemerkt, dass auch hier die Stellenwerttafel des *ersten* Faktors und nicht – wie in den meisten Lehrgängen üblich – des zweiten Faktors genutzt wird. Der Grund ist, dass sie nach links fortgesetzt werden kann und die (ebenfalls unkonventionelle, aber gut zu erklärende) Notationsweise der schriftlichen Multiplikation mit einstelligen Faktoren aufgreift (Abb. 5.45).

Abb. 5.45 Multiplikationsalgorithmus mit Ergebnis in der Stellenwerttafel

ZT	T	H	Z	E		Z	E
		2	4	5	·	7	6
1	7	1	5	0			
	1	4	7	0			
1	8	6	2	0			

In der Endnotation kann die Stellenwerttafel entfallen, ebenso können Endnullen weggelassen werden – müssen es aber nicht. Bei der Angabe des Ergebnisses außerhalb einer Stellenwerttafel müssen die Endnullen dann selbstverständlich notiert werden (Abb. 5.46).

Abb. 5.46 Multiplikationsalgorithmus mit Ergebnis ohne Stellenwerttafel

		2	4	5	·	7	6
1	6	7	5	0			
	1	4	7	0			
1	8	2	2	0			

5.8.2 Schriftliche Division

Die schriftliche Division wird in den Bildungsstandards nicht mehr als Lerninhalt der Primarstufe formuliert (KMK 2004). Hierfür spricht mindestens ein Grund: Im Gegensatz zur schriftlichen Subtraktion, Addition und Multiplikation wird bei der schriftlichen Division *nicht* jeder Rechenausdruck auf Aufgaben mit einstelligen oder allerhöchstens zweistelligen Zahlen zurückgeführt: Aufgaben wie $3923-492$ und $3923+429$ können durch den schriftlichen Algorithmus über Rechnungen im Zahlenraum bis 20 bewältigt werden, bei der Aufgabe $3923 \cdot 429$ genügen die Kenntnis des kleinen Einmaleins und das Lösen von Additionsaufgaben im Zahlenraum bis 100. Die Kompetenzen zur Lösung der Aufgabe $3923:492$ mit dem schriftlichen Algorithmus gehen sehr deutlich darüber hinaus.

Mit anderen Worten: Gerade die Praktikabilität eines Algorithmus würde bei der Division mit mehrstelligen Divisoren nicht mehr gegeben sein.

Viele – aber nicht alle – curricularen Vorgaben für die Grundschule sehen die schriftliche Division dennoch vor, jedoch teilweise mit Einschränkungen, was den Divisor betrifft. Im Folgenden dazu einige Beispiele (Hervorhebungen der Autoren):

- „[...] mit Verwendung der Restschreibweise (durch *einstellige* und *wichtige zweistellige* Divisoren, z. B. *10, 12, 20, 25, 50*), indem sie die einzelnen Rechenschritte an Beispielen in nachvollziehbarer Weise beschreiben“ (Ministerium für Schule und Weiterbildung des Landes Nordrhein-Westfalen 2008, S. 62).
- „Schülerinnen und Schüler wenden *automatisiert* das schriftliche Verfahren der Division (*Divisoren bis einschließlich 10,* auch mit Rest) an“ (Bayerisches Staatsministerium für Bildung und Kultus, Wissenschaft und Kunst 2014, S. 283).
- „Schülerinnen und Schüler können das schriftliche Verfahren der Division *verstehen,* das schriftliche Verfahren der Division und der Division mit Rest *geläufig ausführen und anwenden*“(Ministerium für Kultus, Jugend und Sport Baden-Württemberg 2016, S. 26).
- „Schülerinnen und Schüler *verstehen* das Verfahren der schriftlichen Division mit einstelligem Divisor und *wenden es an*“(Niedersächsisches Kultusministerium 2017, S. 30).
- *„Einblick gewinnen* in das schriftliche Verfahren der Division, *Divisor einstellig oder Zehnerzahl,* mit und ohne Rest“ (Sächsisches Staatsministerium für Kultus 2019, S. 30).
- „Das Verfahren der schriftlichen Division wird mit *einstelligem Divisor* und situationsabhängig mit *ausgewählten zweistelligen* Divisoren *durchgeführt“* (Ministerium für Schule und Ausbildung in Mecklenburg-Vorpommern, S. 23).

Die Thematisierung des schriftlichen Divisionsalgorithmus mit einstelligen und bestimmten zweistelligen Divisoren (zum Beispiel 25) kann gut unter Rückgriff auf das gestützte Kopfrechnen und das Stellenwertverständnis gelingen.

Der schriftliche Divisionsalgorithmus wird im Folgenden am Beispiel der Aufgabe 38 356 : 4 erläutert. Wie bei den Verfahren zu den drei anderen Rechenoperationen kann das Zehnersystem-Material zur Veranschaulichung dienen. Zunächst ist zu überlegen, ob die Divisionsaufgabe im Sinne des Verteilens oder des Aufteilens durchgeführt werden soll.

Im folgenden Beispiel wird die Vorstellung des Verteilens genutzt: Die Zahlen (die Elemente des Zehnersystem-Materials) werden in vier Mengen verteilt. Die Mächtigkeit jeder Teilmenge gibt anschließend das Ergebnis an (Abb. 5.47).

Interessanterweise wird bei diesem Algorithmus (anders als bei den anderen) nun wieder mit dem größten Stellenwert begonnen.

ZT	T	H	Z	E			
3	8	3	5	6	:	4	=

Abb. 5.47 Schriftliche Division mit Dividend in der Stellenwerttafel.

Stopp – Aktivität!
Überlegen Sie sich, ob der Divisionsalgorithmus auch an der kleinsten Stelle beginnen könnte. Warum und wie funktioniert das – oder auch nicht?

ZT	T	H	Z	E			
3	8	3	5	6	:	4	=

Abb. 5.48 3 Zehntausender(-stangen) sollen in vier Schubladen verteilt werden – das gelingt nicht. Also werden diese nicht als 3 Zehntausender, sondern als 30 Tausender betrachtet. Zusammen mit den 8 schon vorhandenen Tausendern wird nun also mit 38 Tausendern gerechnet.

	ZT	T	H	Z	E				T
	3	8	3	5	6	:	4	=	9
-	3	6							
		2							

Abb. 5.49 Auch 38 Tausender(-würfel) können nicht gerecht in vier Schubladen verteilt werden. Aber es geht mit 36 Tausendern. Es kommen 9 Tausender(-würfel) in jede Schublade – die 9 wird also an der Tausenderstelle im Ergebnis notiert. 2 Tausender(-würfel) bleiben übrig. Diese verbliebenen beiden Tausender werden notiert, weil sie noch nicht verteilt wurden.

	ZT	T	H	Z	E				T
	3	8	3	5	6	:	4	=	9
-	3	6							
		2	3						

Abb. 5.50 Die 2 Tausender(-würfel) werden umgedeutet zu 20 Hunderter(-platte)n, zu denen die 3 Hunderter(-platten) dazugenommen werden.

	ZT	T	H	Z	E				T	H
	3	8	3	5	6	:	4	=	9	5
-	3	6								
		2	3							
-		2	0							
			3							

Abb. 5.51 Von den 23 Hunderter(-platte)n können 20 Hunderter in die vier Schubladen verteilt werden. Es kommen immer 5 Hunderter(-platten) in jede Schublade – und daher wird an der Hunderterstelle im Ergebnis eine 5 notiert – und 3 Hunderter(-platten) bleiben übrig.

ZT	T	H	Z	E				T	H	Z
3	8	3	5	6	:	4	=	9	5	8
- 3	6									
	2	3								
	- 2	0								
		3	5							
		- 3	2							
			3							

Abb. 5.52 Nun werden die 3 Hunderter(-platten) zu 30 Zehner(-stange)n umgedeutet und zusammen mit den 5 Zehner(-stange)n verteilt. Von den 35 Zehner(-stange)n kommen immer 8 in jede Schublade und 3 Zehner bleiben übrig.

ZT	T	H	Z	E				T	H	Z	E
3	8	3	5	6	:	4	=	9	5	8	9
- 3	6										
	2	3									
	- 2	0									
		3	5								
		- 3	2								
			3	6							
			- 3	6							
				0							

Abb. 5.53 Zum Schluss bleiben nur noch die als 30 Einer(-würfel) gedeuteten 3 Zehner(-stangen) übrig. Die können zusammen mit den 6 Einer(-würfel)n restlos in die vier Schubladen verteilt werden.

Die Erläuterung und das Verstehen der Division durch Zehner, Hunderter, Tausender … kann analog mit der Vorstellung des Zehnersystem-Materials erfolgen (Abschn. 3.2). Eine mögliche Vorgehensweise wird am Beispiel der Aufgabe 7 213 780 : 400 ausgeführt. Hierfür wird erneut auf Analogien und den Zusammenhang zwischen den Stellenwerten zurückgegriffen (Abb. 5.54).

M	HT	ZT	T	H	Z	E						ZT	T	H	Z	E		
7	2	1	3	7	8	0			:	400	=	1						
4	0	0																

Abb. 5.54 Die 7 Millionen(-würfel) können nicht auf 400 Schubladen verteilt werden, ebensowenig 72 Hunderttausender(-platten), wohl aber 721 Zehntausender(-stangen). Von diesen können 400 Zehntausender(-stangen) restlos verteilt werden – das ist dann ein Zehntausender pro Schublade.

Unverteilt bleiben 321 Zehntausender(-stangen). Damit auch diese verteilt werden können, werden sie entbündelt in 3 210 Tausender(-würfel) (Abb. 5.55).

	M	HT	ZT	T	H	Z	E						ZT	T	H	Z	E
	7	2	1	3	7	8	0			:	400	=	1	8			
-	4	0	0														
	3	2	1	3													
	3	2	0	0													

Abb. 5.55 Mit den vorhandenen 3 Tausender(-würfel)n sind es nun 3 213 Tausender. 3 200 Tausender können restlos auf 400 Schubladen verteilt werden, dann kommen in jede 8 Tausender. Übrig bleiben 13 Tausender(-würfel).

13 Tausender(-würfel) können entbündelt werden zu 130 Hunderter(-platte)n und ergänzt um die vorhandenen 7 Hunderter(-platten) (Abb. 5.56).

	M	HT	ZT	T	H	Z	E						ZT	T	H	Z	E
	7	2	1	3	7	8	0			:	400	=	1	8	0	3	
-	4	0	0														
	3	2	1	3													
-	3	2	0	0													
			1	3	7	8											
			1	2	0	0											

Abb. 5.56 137 Hunderter(-platten) können nicht auf 400 Schubladen verteilt werden. Also muss erneut entbündelt werden – diesmal in Zehner(-stangen). Das sind mit den vorhandenen 8 Zehnern insgesamt 1 378 Zehner.

Von diesen können 1 200 Zehner(-platten) restlos auf 400 Schubladen verteilt werden – das sind 3 Zehner(-stangen) pro Schublade. Das bedeutet aber, dass im Ergebnis die Hunderterstelle unbesetzt bleibt und mit einer 0 gekennzeichnet werden muss (Abschn. 3.5.1 und Abb. 5.57).

Nun können 1 600 Einer restlos auf 400 Schubladen verteilt werden – in jede Schublade kommen 4 Einer. Unverteilt bleiben 180 Einer. Diese können im Bereich der natürlichen Zahlen nicht weiter verteilt werden. Wurde die Bedeutung der Stellenwerte kleiner als 1 bereits besprochen, könnte die Rechnung noch fortgesetzt werden (vgl. Abschn. 6.3.2 sowie Abb. 5.58 und 5.59).

	M	HT	ZT	T	H	Z	E						ZT	T	H	Z	E	
	7	2	1	3	7	8	0			:	400	=	1	8	0	3	4	
-	4	0	0															
	3	2	1	3														
-	3	2	0	0														
			1	3	7	8												
		-	1	2	0	0												
				1	7	8	0											
				1	6	0	0											

Abb. 5.57 Es verbleiben 178 Zehner(-stangen), die nicht verteilt werden können und daher in Einer(-würfel) entbündelt werden müssen. Da im Dividenden keine Einer gegeben sind, müssen nun also 1 780 Einer verteilt werden.

	M	HT	ZT	T	H	Z	E	z					ZT	T	H	Z	E	z
	7	2	1	3	7	8	0			:	400	=	1	8	0	3	4	4
-	4	0	0															
	3	2	1	3														
-	3	2	0	0														
			1	3	7	8												
		-	1	2	0	0												
				1	7	8	0											
			-	1	6	0	0											
					1	8	0	0										
					1	6	0	0										

Abb. 5.58 Die 180 Einer können auch entbündelt werden in 1 800 Zehntel(-platten). Von diesen können 1 600 auf 400 Schubladen verteilt werden – in jede kommen 4 Zehntel.

	M	HT	ZT	T	H	Z	E	z	h				ZT	T	H	Z	E	z	h
	7	2	1	3	7	8	0			:	400	=	1	8	0	3	4	4	5
-	4	0	0																
	3	2	1	3															
-	3	2	0	0															
			1	3	7	8													
		-	1	2	0	0													
				1	7	8	0												
			-	1	6	0	0												
					1	8	0	0											
				-	1	6	0	0											
						2	0	0	0										
					-	2	0	0	0										
									0										

Abb. 5.59 Übrig bleiben 200 Zehntel(-platten), die erneut in 2 000 Hundertstel(-stangen) entbündelt werden können. Diese können restlos verteilt werden – 5 Hundertstel in jede Schublade. Das Ergebnis lautet also ohne Stellenwerttafel notiert: 18 034,45.

Auch beim Teilen durch „ausgewählte“ zweistellige Divisoren (vgl. die vorgestellten Lehrpläne oben) kann auf diese tragfähige Vorstellung zurückgegriffen werden, bei der Analogien und die Zusammenhänge zwischen den Stellenwerten genutzt und erneut thematisiert werden können. Beim Teilen durch beliebige mehrstellige Divisoren (z. B. 87 oder 238) hingegen kommt das schriftliche Verfahren an seine Grenzen. Es liegt nahe, dass diese Aufgaben mit tragfähigen Lösungsstrategien über gestützte Kopfrechenstrategien gelöst werden (vgl. Abschn. 5.7.3).

5.9 Zusammenfassung und Ausblick

Im Laufe der Grundschulzeit können Schülerinnen und Schüler Grundvorstellungen zu Zahlen, zu Operationen und zu Lösungswegen aufbauen. Während vor allem in den ersten drei Schuljahren der Primarstufe die Grundvorstellungen für die Addition und Subtraktion und Lösungswege für diese Operationen erarbeitet und gefestigt werden, geschieht dies ab dem zweiten Schuljahr für die entsprechenden Grundvorstellungen und Lösungswege der Multiplikation und Division. Auf dieser Grundlage sollen Lernprozesse in der Sekundarstufe nahtlos weitergeführt und deren Entwicklung weiter unterstützt werden – besonders auch bei der Thematisierung von Brüchen (Kap. 6).

Grundvorstellungen

Grundvorstellungen ermöglichen die Übersetzung zwischen verschiedenen Darstellungsformen. Sie helfen somit einerseits Situationen des realen Lebens mit den Mitteln der Mathematik zu beschreiben und zu bewältigen, andererseits befähigen sie dazu, mathematisch-symbolische Darstellungen zu verstehen und mit ihnen zu arbeiten.

Im Laufe der Grundschulzeit werden unter anderem die Grundvorstellungen des wiederholten Hinzufügens bzw. des Zusammenfassens gleichmächtiger Mengen für die Multiplikation thematisiert und erarbeitet. Für die Division werden die Grundvorstellungen des gerechten Verteilens (dynamisch) bzw. der gerechten Verteilung (statisch) auf Teilmengen und des Aufteilens (dynamisch) bzw. der Aufteilung (statisch) in gleichmächtige Teilmengen thematisiert und erarbeitet.

Dass diese Grundvorstellungen am Übergang von der Primar- zur Sekundarstufe nicht ohne Weiteres gefestigt und sicher abrufbar sind, zeigt eine Untersuchung zu Beginn des dritten, fünften und sechsten/siebten Schuljahres im Rahmen der Erprobung und Normierung von *ILeA plus* (vgl. Schulz et al. 2019b). Im Rahmen dieser Untersuchung wurden zu Beginn des jeweiligen Schuljahres grundlegende Inhalte der Primarstufe abgefragt, also Inhalte des zweiten und dritten Schuljahres. In diesem Zusammenhang wurden die Schülerinnen und Schüler aufgefordert, zu Rechengeschichten einen passenden Term auszuwählen (vgl. Abb. 5.60). Die Lösung selbst sollte hierbei nicht ermittelt werden.

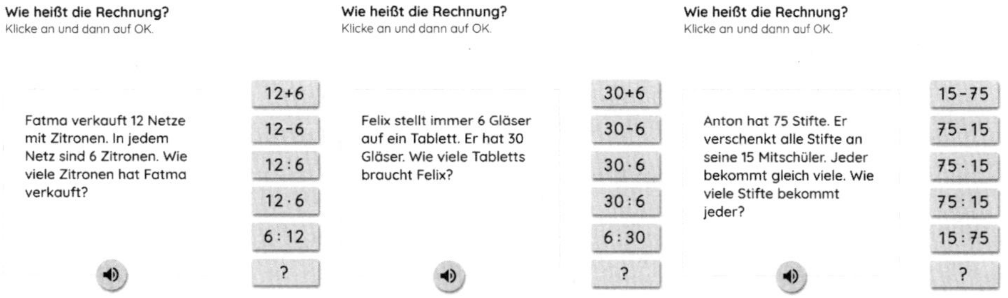

Abb. 5.60 Auswahl der Rechenoperation der Stufe C und D zur Multiplikation (links) und Division (Mitte und rechts). (© ILeA plus, LISUM 2019)

Die Rechengeschichte in Abb. 5.60 links beschreibt eine Situation, bei der gleichmächtige Mengen zusammengefasst werden müssen – hier wird also der statische Aspekt der Multiplikation angesprochen. Die Rechengeschichte in der Mitte beschreibt eine Situation des sukzessiven Aufteilens, die Rechengeschichte rechts eine Situation des Verteilens.

Bei der Rechengeschichte, die eine statische Situation des Zusammenfassens beschreibt, ist die häufigste Fehllösung der Additionsterm mit dem entsprechenden Zahlenmaterial. Dies ist insofern bemerkenswert, als das Verb „verkaufen" als Signalwort auf ein Wegnehmen bzw. Vermindern hindeuten könnte und somit auf einen Subtraktionsterm. Bei der Aufteil-Situation hingegen kann bei den Fehllösungen tatsächlich von einer Signalwortorientierung ausgegangen werden, da „stellt immer" ein (wiederholtes) Hinzufügen suggerieren kann. Ähnliches ist bei der Verteil-Situation anzunehmen (zumindest im dritten und fünften Schuljahr): Das Wort „verschenken" wird hier als Hinweis auf den Subtraktionsterm gedeutet und nicht – im Zusammenhang mit der Gesamtsituation – als Hinweis auf das wiederholte Wegnehmen beim Verteilen.

Tab. 5.5 Lösungshäufigkeiten zur Wahl des passenden Terms zu Beginn des 3., 5. und 6./7. Schuljahres

	Multiplikation (statisch)		Division (Aufteilen)		Division (Verteilen)	
	Anteil korrekter Lösungen	**Häufigste Fehllösung (mit Anteil)**	**Anteil korrekter Lösungen**	**Häufigste Fehllösung (mit Anteil)**	**Anteil korrekter Lösungen**	**Häufigste Fehllösung (mit Anteil)**
3. Schuljahr	27,9 % N = 3 566	12+6 (26,5 %)	20,3 % N = 3 576	30+6 (29,3 %)	28,2 % N = 3 582	75−15 (28,0 %)
5. Schuljahr	59,8 % N = 3 049	12+6 (13,0 %)	46,6 % N = 3 022	30 · 6 (22,7 %)	60,7 % N = 3 030	75−15 (13,1 %)
6./7. Schuljahr	–	–	40,8 % N = 1 089	6 : 30 (20,0 %)	* 13,0 % N = 1 081	* 25 : 15 (52,6 %)

Den mit *gekennzeichneten Daten liegt eine Verteil-Situation mit anderem Zahlenmaterial zugrunde: „25 Kinder haben auf dem Klassenfest 15 € eingenommen. Jedes Kind soll gleich viel bekommen. Wie viel bekommt jedes Kind?“

Die Orientierung an Signalwörtern scheint offensichtlich keine günstige Strategie beim Finden angemessener Rechenausdrücke zu sein. Stattdessen muss die Situation als Ganzes erfasst und mit Rückgriff auf tragfähige Grundvorstellungen auf eine andere Darstellungsebene übertragen werden – in diesem Fall auf die schriftlich-symbolische.

Die Daten in Tab. 5.5 deuten zudem darauf hin, dass Grundvorstellungen, die zu Beginn des fünften Schuljahres noch nicht gefestigt sind oder sogar fehlen, sich im Laufe der Sekundarstufe nicht von allein (weiter-)entwickeln. Da es sich bei der vorgestellten Studie nicht um ein Längsschnittdesign handelt, können Rückschlüsse auf eine (fehlende) Entwicklung nur vorsichtig gezogen werden. Nichtsdestoweniger ist der Anteil der Schülerinnen und Schüler, die den entsprechenden Term im Laufe der Sekundarstufe nicht richtig zuordnen können, bemerkenswert groß. Für ein erfolgreiches Anknüpfen und Weiterlernen scheint es also notwendig, grundlegende Inhalte und basale Fähigkeiten auch noch am Übergang im Blick zu behalten:

- Operationen anhand verschiedener Situationen klären und mit diesen verknüpfen.
- Darstellungsebenen vielfältig verknüpfen: Ziel ist nicht das schnelle Erreichen der abstrakt-symbolischen Ebene, sondern die Festigung der Verknüpfung – also der Grundvorstellung.
- Verknüpfungen in beide Richtungen fordern: sowohl von Sachsituationen, Bildern, Beschreibungen zu Termen als auch von Termen zu Sachsituationen, Bildern, Beschreibungen.
- Operationszeichen müssen je nach Situation unterschiedlich gedeutet werden (zum Beispiel das kontextfreie Geteiltzeichen als Hinweis zum Verteilen oder Aufteilen).
- Unterschiedliche Situationen müssen ggf. in den gleichen Term übersetzt werden (zum Beispiel müssen sowohl statische als auch dynamische Situationen mit dem gleichen kontextfreien Malpunkt beschrieben werden).

Wie in Abschn. 5.4 beschrieben, werden diese basalen Grundvorstellungen im Laufe der Schulzeit weiterentwickelt, aber auch durch weitere Grundvorstellungen ergänzt, und manche sind in neuen Zahlbereichen nicht mehr tragfähig. Dies gilt zum Beispiel für die Vorstellung der Multiplikation als wiederholtes Hinzufügen bzw. Zusammenfassen bei (Dezimal-)Brüchen. Hier kann Multiplizieren nun als Anteilbildung von Anteilen vorgestellt werden – wobei zur Visualisierung dieser Anteilbildung das Rechteckmodell weiterhin sehr geeignet ist (Abschn. 5.5 und 6.9). Auch die Vorstellung der Division als Verteilen ist beim Operieren mit (Dezimal-)Brüchen nicht mehr tragfähig – wohl aber die Vorstellung des Aufteilens bzw. Ausmessens, die entsprechend weiterentwickelt werden muss (Abschn. 6.9). Eine wichtige Grundvorstellung – auch für die Arbeit mit (Dezimal-)Brüchen – ist die der proportionalen Änderung bzw. des proportionalen Vergleichs (vgl. Abschn. 5.4). Auch diese Grundvorstellungen können durch vielfältige Verknüpfungen zwischen den entsprechenden Grundsituationen und den abstrakt-symbolischen Darstellungen erarbeitet und gefestigt werden.

Neben diesen Grundvorstellungen ist das Kennen, Verstehen und Nutzen des unmittelbaren Zusammenhangs zwischen Multiplikation und Division eines der wichtigsten Werkzeuge bei der Arbeit am Übergang von der Primar- zur Sekundarstufe. Dieser Zusammenhang sollte also weit über das zweite Schuljahr hinaus immer wieder besprochen, an anschaulichen Beispielen diskutiert und genutzt werden (Abschn. 5.2).

Lösungswege

Tragfähige Vorgehensweisen zum Lösen von Multiplikations- und Divisionsaufgaben zeichnen sich dadurch aus, dass hierbei Zahl- und Aufgabenbeziehungen im Vordergrund stehen und dass Rechengesetze und arithmetische Zusammenhänge angewendet werden, kurz: Beim Rechnen werden sog. mentale Werkzeuge genutzt (Abschn. 5.6). Dabei ist das Lösen von Rechenaufgaben kein Selbstzweck, sondern eine Möglichkeit, das Verständnis über Zahlen, Zahlbeziehungen und -eigenschaften, Rechengesetze und Operationen zu festigen und auszubauen.

Am Übergang von der Primar- zur Sekundarstufe kann jedoch nicht davon ausgegangen werden, dass alle Schülerinnen und Schüler über tragfähige Lösungsstrategien und die entsprechenden mentalen Werkzeuge verfügen (vgl. Tab. 5.6, zur Erhebung vgl. Schulz et al. 2019).

Tab. 5.6 Anteil korrekter Lösungen bei der Berechnung von Multiplikations- und Divisionsaufgaben zu Beginn des 5. Schuljahres

Multiplikation, ZR < 100		Division, ZR < 100		Multiplikation, ZR > 100			Division, ZR > 100	
4 · 9	8 · 6	36 : 9	48 : 8	25 · 19	13 · 16	70 · 61	567 : 7	495 : 5
80,1 % N = 3 050	69,2 % N = 3 033	77,7 % N = 3 032	70,7 % N = 3 027	6,2 % N = 3 025	5,6 % N = 3 020	6,3 % N = 3 024	16,2 % N = 3 023	15,8 % N = 3 021

Was kann diese Tatsache für den Unterricht am Übergang von der Primar- zur Sekundarstufe bedeuten? Zur Beantwortung dieser Frage werden die Ergebnisse in Tab. 5.6 und 5.7 etwas genauer betrachtet. Obwohl es sich hierbei ausschließlich um eine produktorientierte Auswertung handelt, können bestimmte Ergebnisse jedoch Rückschlüsse auf Prozesse zulassen (Abschn. 1.2 und 1.3):

Tab. 5.7 Häufigste Fehllösungen bei der Bearbeitung von Multiplikations- und Divisionsaufgaben zu Beginn des fünften Schuljahres

$25 \cdot 19$	$13 \cdot 16$	$70 \cdot 61$	$567:7$
Fehllösung: 245 Anteil: 22,7 % N = 3 025	Fehllösung: 118 Anteil: 30,7 % N = 3 020	Fehllösung: 420 Anteil: 8,2 % N = 3 024	Fehllösung: 80 Anteil: 4,2 % N = 3 023

- Mindestens ein Viertel der Schülerinnen und Schüler kann bestimmte Aufgaben des kleinen Einmaleins *nicht* schnell, sicher und korrekt lösen (*wie* die richtigen Lösungen gefunden wurden, kann nicht nachvollzogen werden). Das bedeutet aber auch, dass diese Aufgabensätze als mentales Werkzeug zur Lösung weiterer Aufgaben zum Beispiel in höheren Zahlenräumen nicht zur Verfügung stehen.
  - Die Aufgabensätze des kleinen Einmaleins müssen *auf Verständnisgrundlage* gefestigt und wiederholt werden.
- Obwohl von wenigstens ca. zwei Drittel der Schülerinnen und Schüler Aufgaben des kleinen Einmaleins gelöst werden können, ist dies keine hinreichende Bedingung für das Lösen von Aufgaben im Zahlenraum über 100, denn die Anteile richtiger Lösungen bei diesen Aufgaben sind bemerkenswert viel kleiner.
  - Es reicht nicht, Aufgabensätze des kleinen Einmaleins zu automatisieren und zu wiederholen – spätestens zur Lösung von Aufgaben über das kleine Einmaleins hinaus sind die oben beschriebenen mentalen Werkzeuge unverzichtbar, bestenfalls werden sie schon bei Aufgaben im Zahlenraum bis 100 genutzt (Abschn. 5.6).
- Die häufigsten Fehllösungen deuten auf ein ziffernweises Vorgehen ohne Rücksicht auf die jeweiligen Stellenwerte hin und darauf, dass vor allem das Distributivgesetz nicht angemessen genutzt werden kann. Darüber hinaus werden die Zusammenhänge *zwischen* den Stellenwerten nicht sicher genutzt, um Analogien herzustellen (Tab. 5.7).
  - Neben den anderen mentalen Werkzeugen sollten vor allem die Rechengesetze und die Zusammenhänge zwischen den Stellenwerten *auf Verständnisgrundlage* erarbeitet und gefestigt werden (Abschn. 3.6, Abschn. 5.6 und 5.7).

Das Lösen von Multiplikations- und Divisionsaufgaben stellt eine sehr gute Möglichkeit dar, die mentalen Werkzeuge zu festigen und sie nutzbar zu machen – dafür reicht es allerdings nicht aus, die Schülerinnen und Schüler Rechenaufgaben nur lösen zu lassen. Stattdessen sollten die Lösungswege Gegenstand des Unterrichts werden. Dafür eignen sich insbesondere Rechteckdarstellungen, denn an ihnen können Zahl- und Aufgabenbeziehungen sehr gut gesehen und besprochen werden (Abschn. 5.5). Eine

Voraussetzung hierfür ist allerdings, dass die Schülerinnen und Schüler diese Darstellungen auch angemessen deuten können – wie zum Beispiel die Darstellungen in Abb. 5.61.

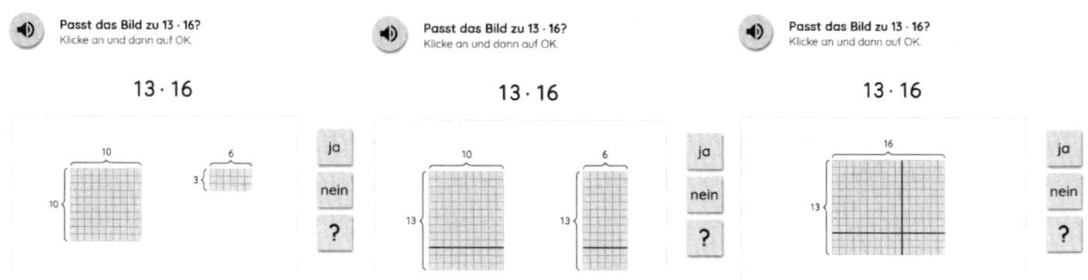

Abb. 5.61 Passung zwischen Rechteckdarstellung und der Aufgabe 13 · 16 (© ILeA plus, LISUM 2019)

Auch dies ist allerdings nicht immer der Fall. Bei der Entscheidung, ob eine Rechteckdarstellung zu einem Term passt, sind viele Schülerinnen und Schüler auch am Übergang von der Primar- zur Sekundarstufe noch unsicher (vgl. Tab. 5.8).

Tab. 5.8 Anteil richtiger und falscher Lösungen bei der Entscheidung über die Passung zwischen Term und Rechteckdarstellung

	Bild zur Aufgabe $10 \cdot 10 + 3 \cdot 6$ Abb. 5.61, links N = 3 051	Bild zur Aufgabe $13 \cdot 16$ unter Nutzung der Distributivität Abb. 5.61, Mitte N = 3 025	Bild zur Aufgabe $13 \cdot 16$ Abb. 5.61, rechts N = 3 034
Richtige Lösung	Nein, das Bild passt nicht. (51,5 %).	Ja, das Bild passt. (31,0 %).	Ja, das Bild passt. (58,5 %).
Falsche Lösung	Ja, das Bild passt. (39,3 %).	Nein, das Bild passt nicht. (56,2 %).	Nein, das Bild passt nicht. (28,9 %).

- Damit ist ein großer Anteil der Schülerinnen und Schüler unsicher bei der Deutung und somit wahrscheinlich auch bei der Nutzung einer Darstellung, die weit über den Zahlenraum bis 100 hinausgeht, aber auch bei der Arbeit mit (Dezimal-)Brüchen tragfähig ist (vgl. Abschn. 6.3 und 6.9).
- Eine Nutzung der Rechteckdarstellung zur anschaulichen und verstehensorientierten Erarbeitung von Lösungswegen (Abschn. 5.7) ist in vielen Fällen nicht möglich.
  - Gerade weil die Rechteckdarstellungen so tragfähig sind, sollten sie sowohl im Laufe der Grundschulzeit als auch in der Sekundarstufe immer wieder genutzt werden. Sie müssen aber auch selbst Gegenstand des Unterrichts sein, da sie – wie alle anderen Darstellungen auch – nicht selbsterklärend sind. Dies kann zum Beispiel durch das Klären der Fragen des sog. Fünf-Punkte-Plans gelingen (vgl. Abschn. 4.8 und 5.7.3).

Unter anderem durch das Nutzen von Rechteckdarstellungen kann gemeinsam geklärt werden, dass sich die Lösungswege beim Operieren mit Dezimalbrüchen nicht wesentlich von den Lösungswegen beim Operieren mit natürlichen Zahlen unterscheiden, wenn auf eine angemessene Operationsvorstellung zurückgegriffen wird, nämlich die der Anteilbildung (vgl. Abschn. 6.9): So können in beiden Fällen unter Nutzung des Distributivgesetzes Teilaufgaben genutzt werden. Beispielsweise kann die Aufgabe $0{,}7 \cdot 0{,}35$ über $0{,}7 \cdot 0{,}3 + 0{,}7 \cdot 0{,}05 = 0{,}21 + 0{,}035 = 0{,}245$ gelöst werden, wie es auch bei den anschaulichen Beispielen in Padberg und Wartha (2017, S. 236 f.) beschrieben ist. Hierbei muss der Zusammenhang zwischen den einzelnen Stellenwerten berücksichtigt und genutzt werden – auch mit Stellenwerten kleiner als 1. Auch das Assoziativgesetz kann weiterhin für geschickte Lösungswege genutzt werden, indem bestimmte Aufgaben gegensinnig verändert werden (zum Beispiel die Aufgabe $36 \cdot 0{,}25$ über $9 \cdot 4 \cdot 0{,}25 = 9 \cdot 1$). Lösungswege für die Division können vor allem unter Rückgriff auf die Multiplikationsvorstellungen erarbeitet werden (vgl. Abschn. 5.2, 5.7, und Padberg und Wartha 2017).

Auch beim Nutzen der schriftlichen Algorithmen zur Lösung von Multiplikations- und Divisionsaufgaben ändert sich beim Rechnen mit Dezimalbrüchen prinzipiell nichts – wenn die Zusammenhänge zwischen den Stellenwerten berücksichtigt werden. Dabei sind immer die folgenden Fragen leitend: Mit welchem Stellenwert wird gerade gerechnet? Mit Zehnern? Mit Hundertern? Mit Zehnteln? Mit Hundertsteln? Und: In welchem Verhältnis stehen diese Stellenwerte zueinander? Wie viel sind hundert Zehntel? Wie viel ist der hundertste Teil eines Zehntels? Auf diese Weise kann das Nutzen der schriftlichen Algorithmen eine Möglichkeit sein, sich über Stellenwerte und ihre Zusammenhänge auszutauschen (Abschn. 5.8) – vor allem auch unter Rückgriff auf anschauliche Vorstellungen basierend auf dem Zehnersystem-Material (Abschn. 3.5).

In Tab. 5.9 wird dargestellt, welche Inhalte am Übergang von der Primar- zur Sekundarstufe bezogen auf die Multiplikation und Division von besonderer Bedeutung sind.

Tab. 5.9 Inhalte in Bezug auf Multiplikation und Division am Übergang

	Nat. Zahlen < 100	**Nat. Zahlen > 100**	**Dezimalbrüche**	**Gemeine Brüche**
GV Multiplikation dynamisch	Wiederholtes Hinzufügen	Wiederholtes Hinzufügen	Anteilbildung/Stauchen und Strecken	Anteilbildung/Stauchen und Strecken
GV Multiplikation statisch	Zusammenfassen	Zusammenfassen	Anteilbildung	Anteilbildung
GV Division dynamisch	Verteilen, Aufteilen	Verteilen, Aufteilen	Aufteilen	Aufteilen
GV Division statisch	Verteilung, Aufteilung	Verteilung, Aufteilung	Aufteilung	Aufteilung
Operative Lösungswege	Zerlegen und Zusammensetzen, gegensinniges und gleichsinniges Verändern	Zerlegen und Zusammensetzen, gegensinniges und gleichsinniges Verändern	Zerlegen und Zusammensetzen, gegensinniges und gleichsinniges Verändern	*nicht übertragbar*
Schriftliche Rechenverfahren	nicht sinnvoll	möglich	möglich	*nicht nutzbar*

In Tab. 5.10 findet sich ein Überblick über ausgewählte Darstellungen, die zur Erreichung zentraler Ziele genutzt werden können.

Tab. 5.10 Darstellungen in Bezug auf Multiplikation und Division am Übergang

	Nat. Zahlen < 100	**Nat. Zahlen > 100**	**Dezimalbrüche**	**Gemeine Brüche**
Aufbau von Grundvorstellungen	Alltagssituationen und -materialien, Textaufgaben, 100er-Punktefeld	Alltagssituationen, Textaufgaben, Rechteckdarstellungen	Alltagssituationen, Textaufgaben, Rechteckdarstellungen	Alltagssituationen, Textaufgaben, Rechteckdarstellungen
Strukturelle Zusammenhänge (z. B. Kommutativ- und Distributivgesetz)	100er-Punktefeld	Rechteckdarstellungen	Rechteckdarstellungen	Rechteckdarstellungen
Erarbeitung von Rechenstrategien	100er-Punktefeld	Rechteckdarstellungen	Rechteckdarstellungen (Anteilbildung)	Rechteckdarstellungen (Anteilbildung)
Erarbeitung schriftlicher Verfahren	–	Zehnersystem-Material	Zehnersystem-Material	–

Der Aufbau von Grundvorstellungen zur Multiplikation und Division, die Erarbeitung, Diskussion und Darstellung von Rechenstrategien am Übergang von der Primar- zur Sekundarstufe können an wenigen, dafür sehr tragfähigen Modellen geschehen. Die Rechteckdarstellungen sollten daher nicht nur in der Jahrgangsstufe 2 zur „Einführung" der Multiplikation herangezogen werden, sondern auch in den folgenden Schuljahren zur Thematisierung der Multiplikation und Division und zur Besprechung von Rechenstrategien bei Multiplikations- bzw. Divisionstermen im Zahlenraum über 100. Wünschenswert ist eine nahtlose Anknüpfung an diese Modelle in der Sekundarstufe in Bezug auf die Darstellung von Rechenwegen bei Dezimalbrüchen und gemeinen Brüchen. Im folgenden Kapitel wird aufgezeigt, inwiefern dieses zentrale Modell zur Multiplikation und Division auch bei Brüchen eine tragfähige konkrete Grundlage für den Aufbau von gedanklichen Modellen ist.

Brüche

6

Das folgende Kapitel richtet sich gleichermaßen an Lehrkräfte der Primar- und der Sekundarstufe. Auf den ersten Blick gehören die Bruchzahlen in die Sekundarstufe und stellen dort häufig ein schwieriges und unbeliebtes Thema dar. Auf den zweiten Blick werden in der Grundschule bereits zahlreiche Voraussetzungen für das Lernen der Brüche geschaffen. Diese Voraussetzungen sind häufig entscheidend dafür, ob Grundvorstellungen zu Bruchzahlen und den Operationen mit ihnen aufgebaut werden können oder bereits vor der systematischen unterrichtlichen Besprechung individuelle Vorstellungen ausgebildet wurden, die sich zu Fehlvorstellungen entwickeln können (Carpenter et al. 1993; Heckmann 2005, 2011; Peter-Koop und Nührenbörger 2008a). Daher ist es für Lehrende in der Grundschule relevant zu wissen, welche Hürden die Kinder für ein erfolgreiches Weiterlernen überwinden sollen. Und Lehrende in der Sekundarstufe können sich informieren, welche Lernvoraussetzungen gegeben sein müssen, um einen erfolgreichen Bruch-Lehrgang fortsetzen und abschließen zu können. Beides liefert Hinweise auf eine Diagnose und mögliche Förderung am Übergang von der Primar- zur Sekundarstufe.

6.1 Brüche in den Curricula der Primarstufe?

Werden die nationalen Bildungsstandards durchsucht, dann finden sich im Abschnitt „Zahlen und Operationen“ keine Hinweise auf die Behandlung von Bruchzahlen (KMK 2004). Es gibt in den Bildungsstandards jedoch auch keine Anmerkung, dass das aufzubauende „Stellenwertverständnis“ und die zu erlernende Orientierung im Zahlenraum bis 1 Million auf die natürlichen Zahlen beschränkt ist. Im Bereich „Größen und Messen“

© Der/die Autor(en), exklusiv lizenziert durch Springer-Verlag GmbH, DE, ein Teil von Springer Nature 2021

A. Schulz und S. Wartha, *Zahlen und Operationen am Übergang Primar-/Sekundarstufe,* Mathematik Primarstufe und Sekundarstufe I + II,
https://doi.org/10.1007/978-3-662-62096-0_6

wird jedoch auf die Besprechung von „im Alltag gebräuchlichen einfachen Bruchzahlen" hingewiesen. Daher kommen in den Primarstufen-Curricula der Bundesländer ebenfalls die Bruchzahlen unter der Überschrift „Größen und Messen" vor.

Hier heißt es beispielsweise (Hervorhebungen durch die Autoren):

- „im Alltag gebräuchliche *einfache* Bruchzahlen im Zusammenhang mit Größen kennen und *verstehen*" (KMK 2004, S. 11)
- „…nutzen im Alltag gebräuchliche einfache Bruchzahlen […] im Zusammenhang mit Größen und *stellen* derartige Größen in anderen Schreibweisen *dar*" (Bayerisches Staatsministerium für Bildung und Kultus, Wissenschaft und Kunst 2014, S. 284)
- „Alltagsbrüche $\frac{1}{2}$, $\frac{1}{4}$, $\frac{3}{4}$ bei Längen, Gewichten und Zeitspannen *kennen*" (Ministerium für Bildung, Familie, Frauen und Kultur des Saarlandes 2009, S. 20)
- „einfache ‚Alltagsbrüche' erklären und *anwenden*" (Ministerium für Schule und Ausbildung in Mecklenburg-Vorpommern, S. 17).
- „… *nutzen* im Alltag gebräuchliche Bruchzahlen bei Größenangaben und *wandeln* in kleinere Einheiten *um* (z. B. $\frac{1}{4}$ *l=250 ml*)" (Ministerium für Schule und Weiterbildung des Landes Nordrhein-Westfalen 2008, S. 65)

Diese Formulierungen lassen vermuten, dass keine systematische Thematisierung der Bruchrechnung erfolgt, dass die Zahlen nur in Verbindung mit Größenangaben besprochen werden und dass diese auf „einfache" Brüche, die noch dazu im Alltag vorkommen sollen, beschränkt werden. Dafür werden die Kompetenzen Darstellen, Anwenden und ein „Verstehen" betont.

Diese Vorgaben werfen mindestens drei Fragen auf:

In welchen Größenbereichen treten Brüche und Dezimalbrüche im Alltag auf? Offenkundig treten im täglichen Sprachgebrauch Größenangaben mit gemeinen Brüchen im Größenbereich Zeit auf. Zeitpunkte („halb fünf" oder in Süd- und Ostdeutschland „dreiviertel acht") und Zeitspannen (eine halbe Stunde, drei viertel Stunden) werden in der Umgangssprache häufig mit Brüchen bezeichnet. Im prominenten Größenbereich Längen kann es passieren, dass „ein halber Meter" oder „ein viertel Kilometer" als Streckenmaß in den Alltag der Kinder vordringt. Bei Gewichten (Massen) ist es denkbar, dass auch außerhalb von Schulbüchern Angaben wie „ein halbes Pfund" oder „ein viertel Kilo" vorkommen. Häufiger treten Brüche wohl im Bereich der Hohlmaße wie „drei viertel Liter, ein achtel Liter" auf (Franke und Ruwisch 2010, S. 227). Völlig anders stellt sich die Situation dar, wenn Dezimalbrüche betrachtet werden. Während diese im Bereich der Zeit (zumindest bei Stunden und Minuten) eher unüblich sind, sind Größenangaben aller anderen Größenbereiche wie 2,6 cm oder 3,25 kg oder 0,33 l im Alltag der Lernenden präsent. Auch beim Arbeiten mit Geldwerten sind Lernende täglich mit Angaben wie 2,89 € konfrontiert.

Um welche Brüche handelt es sich? In Bezug auf Zahlen in Bruchschreibweise sind das $\frac{1}{2}$, $\frac{1}{4}$, $\frac{3}{4}$ und eventuell auch $\frac{1}{8}$, $\frac{2}{4}$, $\frac{1}{3}$ und $\frac{2}{3}$. Auch wenn nicht gesagt ist, dass Lernende die Zahlsymbole kennen, so kann es sein, dass sie die Zahlwörter bereits in verschiedenen Kontexten gehört haben. Das bedeutet jedoch nicht, dass ein Verständnis der Zahlen vorliegt (Schink 2013; Wartha 2007). Die Verwendung der Dezimalschreibweise unterliegt hingegen keiner Beschränkung. Besonders häufig treten Dezimalbrüche mit zwei Nachkommastellen in den Bereichen Längen (1,95 m) und Geldwerte (2,45 €) auf. Eine, drei oder mehr Nachkommastellen sind im Alltag hingegen eher selten. Eine Nachkommastelle kann bei Längenangaben (3,2 km) und dreistellige bei Massenangaben (2,042 kg) vorkommen.

Wie können die Zahlen „verstanden" werden? Da sich eine viertel Stunde deutlich von einem viertel Liter unterscheidet und 0,3 m etwas völlig anderes ist als 0,3 kg, stellt sich die Frage, wie und ob ein Verständnis der *Zahlen* unabhängig von der Größe entwickelt werden kann. Ist es ausreichend, wenn Lernende in der jeweiligen Situation die Zahl interpretieren können (kleine Pause, ein Glas Wasser, ein langes Lineal, drei Tafeln Schokolade), oder ist doch gewünscht, dass sich ein Zahlverständnis ausbildet, sodass die Zahlen auch ohne Maßeinheit *situationsübergreifend* genutzt werden können?

Gegen Ende des letzten Jahrhunderts wurden Ideen formuliert, dass nicht nur die Zahlen selbst, sondern auch Rechenoperationen mit ihnen im Kontext mit Größen besprochen werden können (Grassmann 1993). Auch wenn *Größenangaben* im Alltag oft durch Zahlen in Bruch- und Dezimalbruchschreibweise dargestellt werden, so stellen Größen häufig einen sehr anspruchsvollen Lerninhalt dar – der nicht automatisch zu einer „Vereinfachung" oder „leichteren Zugangsweise" zu den gebrochenen Zahlen führt (Heckmann 2011). Ein Rückgriff auf Größen scheint also nur dann sinnvoll, wenn der Größenbereich gut erarbeitet ist. Da nicht alle Größenbereiche abschließend in der Grundschule besprochen sind, ist auch dies ein Thema, das für die Schnittstelle Primarstufe – Sekundarstufe relevant ist.

In den folgenden Abschnitten werden Zahlvorstellungen zu Brüchen, die Größerrelation und die Operationen mit ihnen sowohl an Modellen ohne die Verwendung von Größeneinheiten als auch auf Größen bezogen diskutiert. Auf Vorkenntnisse, Lernhürden und Vorstellungen zu *Größen* wird in diesem Band nicht eingegangen und dafür z. B. auf Franke und Ruwisch (2010) oder Peter-Koop und Nührenbörger (2008a) verwiesen.

Der Schwerpunkt dieser Darstellungen liegt daher nicht auf dem möglichst schnellen Anbieten von Strategien und Verfahren zur Berechnung von Termen mit Brüchen, sondern auf Anknüpfungspunkten für den Aufbau von tragfähigen Zahlvorstellungen. Bevor also eine systematische Diskussion von Rechenstrategien mit Brüchen in der Sekundarstufe erfolgt, werden die Aspekte diskutiert, die für ein „Verständnis der Brüche" grundlegend bzw. hinderlich sind. Diese spielen bereits in der Primarstufe eine wichtige Rolle.

6.2 Verständnis von Brüchen

Ähnlich wie bei natürlichen Zahlen kann „Verstehen“ auch bei Brüchen im Sinne von „Aktivieren von Grundvorstellungen“ interpretiert werden (Abschn. 1.5, Padberg und Wartha 2017; Schöttler 2019; Sprenger 2018). Da Grundvorstellungen Übersetzungen zwischen Darstellungsebenen ermöglichen, kann mit ihnen eine anschauliche Interpretation der mathematischen Zeichen in Bildern, Sachkontexten und Arbeitsmitteln erfolgen. In der Gegenrichtung ermöglichen Grundvorstellungen die Zuordnung der passenden mathematischen Symbole (Zahlen und Operationszeichen) in Alltagskontexten, Bildern und konkreten Modellen (vom Hofe 1995).

Stopp – Aktivität!

Stellen Sie mit einer Zeichnung dar:

a) $\frac{1}{4}$

b) $\frac{2}{3}$

c) $\frac{2}{3} - \frac{1}{4}$

d) $\frac{2}{3} \cdot \frac{1}{4}$

Ob ein „Verständnis“ vorliegt, kann durch das Einfordern von Übersetzungen zwischen Darstellungsebenen (Wartha und Schulz 2012) festgestellt werden. Wenn in den Teilaufgaben a) und b) die Zahlen $\frac{1}{4}$ und $\frac{2}{3}$ erfolgreich übersetzt wurden, konnten Grundvorstellungen zu den Brüchen aktiviert werden. Wenn die Lösung der Teilaufgaben c) und d) auf syntaktischer Ebene durch das Befolgen von Rechenregeln gelingt (Erweitern, Hauptnenner, Zähler subtrahieren, Nenner gleich lassen bzw. Zähler mal Zähler und Nenner mal Nenner), können Regeln zum Lösen von Rechenaufgaben korrekt befolgt werden. Wenn auch eine Argumentation mit Hilfe einer Zeichnung oder an einem Modell möglich sind, dann kann ein „Verständnis“ der Inhalte „Bruchsubtraktion und -multiplikation“ unterstellt werden.

Im Folgenden werden zunächst die Zahlvorstellungen betrachtet. Hierbei sind die Übersetzungen zwischen der Zahlschreibweise, dem Zahlwort und der nicht-symbolischen Darstellung wesentlich (Abb. 6.1).

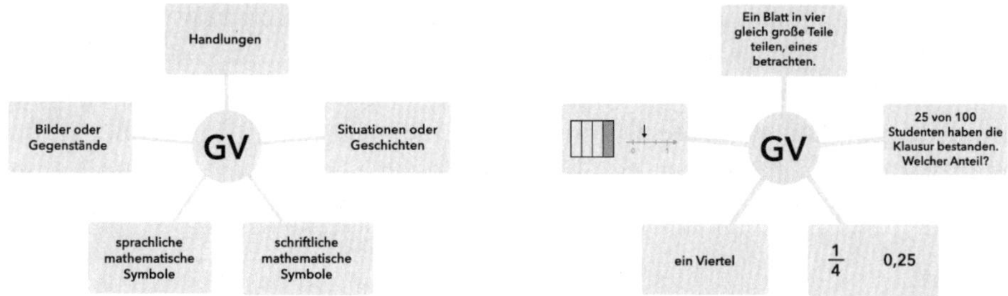

Abb. 6.1 Verstehen von Brüchen

Neu ist hier, dass gleiche Zahlen unterschiedlich geschrieben und ausgesprochen werden können: Es gibt die Bruchschreibweise und die Dezimalschreibweise. Beide Schreibweisen sind dazu noch vielfältig, denn eine Zahl kann auf viele Arten in der jeweiligen Schreibweise notiert werden: $\frac{1}{4} = \frac{3}{12} = \frac{2}{8} = \frac{25}{100} = 0{,}25 = 0{,}250 = 0{,}2500$ (Abschn. 6.6).

Um die Brüche als Zahlen zu verstehen, können die beiden Grundvorstellungen zu natürlichen Zahlen fortgeführt bzw. erweitert werden. Als Fortsetzung bzw. Erweiterung der Grundvorstellung zur Zahl als Mengenangabe (kardinal) kann die Grundvorstellung des Anteils interpretiert werden. Analog kann die Grundvorstellung als Positionsangabe (ordinal) durch eine verfeinerte Betrachtung des Zahlenstrahls fortgesetzt und weiterentwickelt werden.

6.3 Grundvorstellung Bruch als Anteil

6.3.1 Zahlen in Bruchschreibweise

$\frac{3}{5}$ bedeutet, dass die Einheit (z. B. ein Blatt Papier, die Zahl 1) zunächst durch 5 dividiert und anschließend das Dreifache des entstandenen Fünftels betrachtet wird. Der gleiche Anteil wird hergestellt, wenn die Einheit zunächst verdreifacht und anschließend durch 5 dividiert wird (Abb. 6.2). Noch genauer wird die Anteilsvorstellung und die Beziehungen zwischen Anteil, Teil und dem Ganzen bei Schink (2013) beschrieben.

Zentral ist, dass in fünf *gleich große Teile* geteilt wird. Im Alltag kann ein „Teilen durch fünf" durchaus auch ungerecht sein, wenn sich fünf Kinder eine Schokolade so teilen, dass eine Person das größte Stück für sich nimmt und die anderen vier weniger bekommen.

Wie in Abb. 6.2 dargestellt, unterstützt ein Handlungsprozess (Falten und Einfärben des Rechtecks) und die damit verbundene symbolische Notation die Ausbildung der Grundvorstellung. Besonders effektiv ist die Dokumentation des Herstellungsprozesses in der Pfeilschreibweise. Diese ist für viele Lernende schwer zu interpretieren, da sie als *Schreibweise* thematisiert wird. Ein Vorschlag ist, die Pfeile zur Dokumentation konkreter Handlungen einzusetzen. Um Handlungen wie z. B. Falten rasch zu verschriftlichen, können Pfeile und mathematische Operationszeichen verwendet werden.

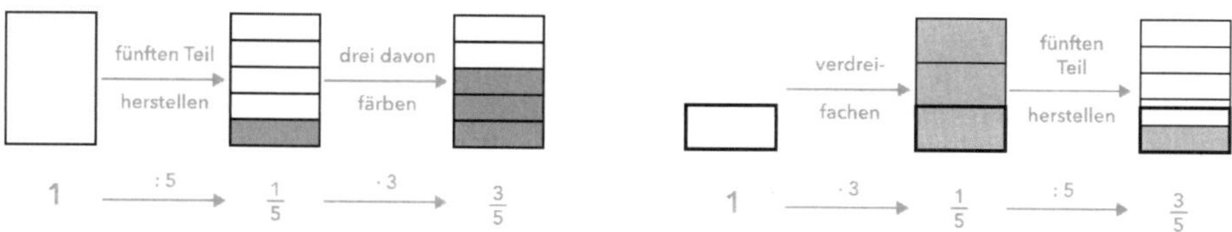

Abb. 6.2 Prozessorientierte Beschreibung eines Anteils

Stopp – Aktivität!
Nehmen Sie sich wenigstens fünf rechteckige Blätter Papier und stellen Sie den Bruch $\frac{1}{4}$ auf mehrere Möglichkeiten durch Falten und Färben her. Beschreiben Sie Ihren Faltprozess möglichst genau.

Dieser Arbeitsauftrag kann die Grundlage einer Diskussion darüber werden, welche Eigenschaften ein Viertel hat (Abb. 6.3). Die Beschreibung „eines von vier Teilen" ist hierbei nicht ausreichend. Jedoch ist es auch nicht notwendig, dass alle Viertel deckungsgleich sind. Abb. 6.4 gibt einen Überblick über mögliche Lösungen, die Gesprächsanlässe bieten. Selbstverständlich kann die Liste beliebig fortgesetzt werden, denn selbst der Anteil $\frac{1}{4}$ lässt sich auf sehr viele – auch kreative – Möglichkeiten an einem Papierrechteck falten und färben. Die Diskussion, ob gefärbte Anteile den gewünschten Bruch darstellen, bietet zahlreiche Anlässe für Argumentationen (Abb. 6.5)).

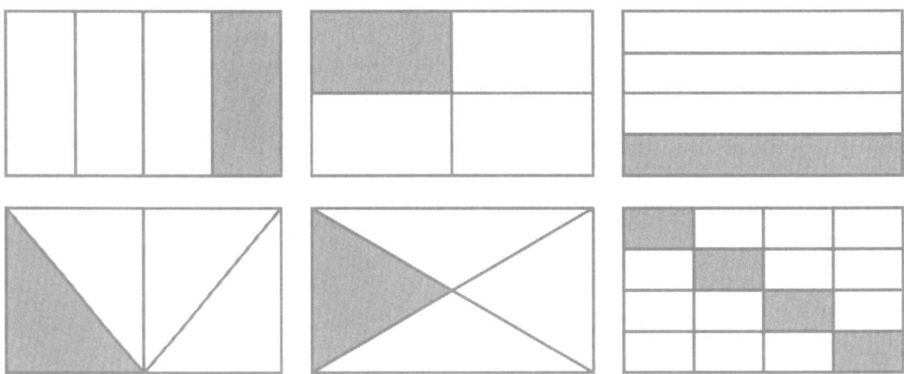

Abb. 6.3 Ein Viertel

	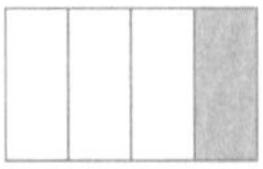		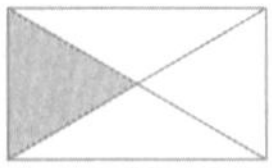	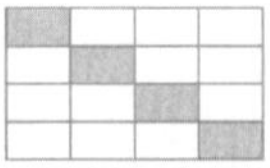	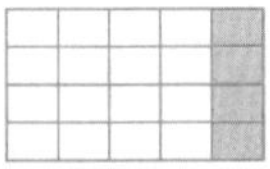
4 Flächen, davon 1 gefärbt?	Ja	Ja	Ja	Erst nach Bündeln	Nein
Deckungsgleich?	Ja	Nein	Nein	Ja	Ja
Inhaltsgleich?	Ja	Nein	Ja	Ja	Ja
1/4 der Gesamtfläche gefärbt?	Ja	Nein	Ja	Ja	Nein

Abb. 6.4 Entscheidung, ob ein Viertel dargestellt ist

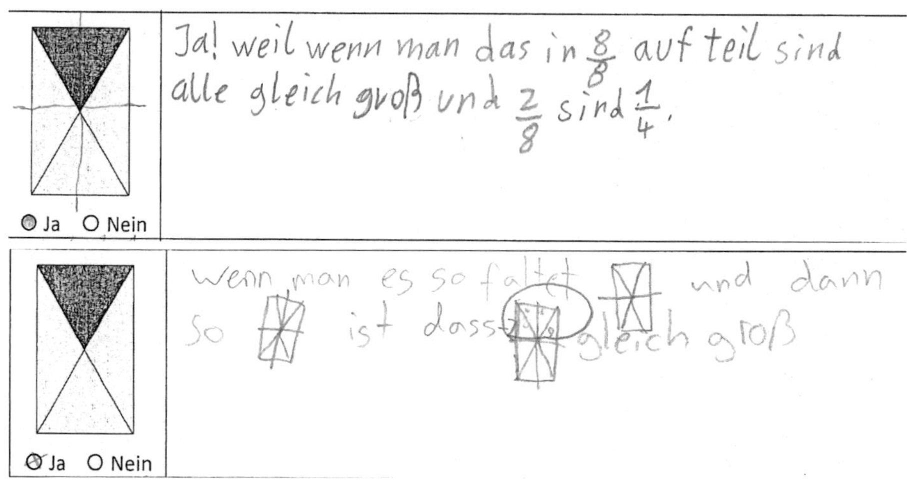

Abb. 6.5 Argumentationen von Viertklässlern: Ist das ein Viertel?

Beim dritten Bild „Briefumschlag" kann die Argumentation, warum auch der dreieckig gefärbte Anteil $\frac{1}{4}$ darstellt, besonders gut über eine Argumentation mit Achteln geschehen. Die Achtel sind kongruent, während die Viertel es nicht sind. Hier wird bereits eine erste Idee des Verfeinerns der Unterteilung – später mit „Erweitern" bezeichnet – deutlich: $\frac{1}{4} = \frac{2}{8}$

Stopp – Aktivität!
Versuchen Sie nun ein Blatt gleicher Größe in Fünftel zu falten.
Welche Wege erweisen sich als Sackgassen?
Welche Wege sind erfolgreich?

Exakte Vorgehensweisen wie die Orientierung an einem Linienblatt (Padberg 2009, S. 34 f.; Winter 1984) unter Nutzung des Strahlensatzes sind zwar korrekt und fortsetzbar, aber weder besonders intuitiv noch zu diesem Zeitpunkt im Lernprozess mathematisch begründbar. Zur Herstellung der Fünftel auf einem nichtexakten Weg können Vermutungen angestellt und überprüft werden: Es wird ein Teil des Blattes gefaltet, dann beispielsweise verfünffacht und geprüft, ob fünf dieser Teile nun dem Ganzen entsprechen. Falls nicht, kann bei einem zweiten (dritten) Versuch die erste Faltung angepasst werden. Für eine erste Orientierung kann genutzt werden, dass das Fünftel kleiner (!) sein muss als das Viertel. Für den Aufbau einer Vorstellung ist es völlig ausreichend und wünschenswert, wenn „ungefähr" bestimmt werden kann, welcher Teil vom Ganzen ein Fünftel ist.

Ziel ist, dass aus den konkreten Darstellungen der Rechtecke *gedankliche Modelle* (Lorenz 1992) ausgebildet werden. Da Grundvorstellungen *flexible* gedankliche Modelle sind, erlauben sie einerseits das Übersetzen zwischen den symbolisch vorgegebenen Zahlen und den vorgestellten Rechtecken sowie andererseits das Herstellen und Nutzen von Zahlbeziehungen. Mögliche zunächst konkrete, später auch gedankliche Darstellungen helfen bei der Argumentation bei folgenden Beispielen:

- Warum sind $\frac{3}{5}$ etwas mehr als die Hälfte?
- Warum sind $\frac{2}{7}$ weniger als die Hälfte?
- Warum fehlt bei $\frac{7}{8}$ weniger zum Ganzen als zur Hälfte?

Mögliche Sprach- und Argumentationsmuster können die Rechteckmodelle konkret, aber vor allem auch gedanklich nutzen:

- Bei $\frac{3}{5}$ sind drei von fünf Streifen ausgemalt und zwei nicht. Drei sind mehr als zwei, also ist mehr als die Hälfte ausgemalt.
- Bei $\frac{2}{7}$ sind zwei Streifen gefärbt und fünf nicht. Deshalb...
- Bei $\frac{7}{8}$ fehlt zum Ganzen nur ein Achtelstreifen, alle anderen sind ausgemalt. Bei der Hälfte wären 4 von den 8 Streifen ausgemalt. Darum...

Werden Brüche in Bezug auf *Größen* interpretiert, so ist die verwendete Größeneinheit das „Ganze". In diesem Sinne wird eine viertel Stunde dahingehend interpretiert, dass die Einheit (Stunde) in vier gleich große Teile geteilt und eines davon betrachtet wird. Bei $\frac{3}{4}$ Meter wird die Einheit (Meter) zunächst in vier gleich große Teile geteilt und anschließend werden drei betrachtet.

Die Einheit ist demnach nicht nur die Eins oder ein leeres Blatt Papier, sondern in diesen Fällen eine Größeneinheit. Zu dieser Größeneinheit sollte also eine Vorstellung aufgebaut sein. Das bedeutet, dass sie auch konkret an einem Repräsentanten (Stock der Länge 1 m) oder an einem Messinstrument (analoge Uhr) dargestellt oder zumindest erfahrbar (Zuckerpackung der Masse 1 kg) gemacht werden kann.

Die Einschränkung der Verwendung von Brüchen in Größenbereichen kann problematisch sein, da im weiteren Lernverlauf die *Zahlen* auch losgelöst von deren Bedeutung im Größenbereich verwendet werden. Daher wäre es bereits am Übergang von Primar- zu Sekundarstufe wünschenswert, die Bedeutung der Zahlen als Anteil unabhängig von konkreten Alltagsrepräsentanten kennenzulernen – beispielsweise an Modellen wie Papierrechtecken. Während Begründungen für die Erweiterungen des Zahlbereichs der natürlichen Zahlen und eine Sinnstiftung für die Brüche gut über Repräsentanten in Größenbereichen stattfinden können, stellt das Rechteck (aus Papier oder in Vorstellung) ein Modell dar, an dem die wesentlichen mathematischen Eigenschaften dieser Zahlen strukturorientiert erarbeitet werden können.

Falls die Brüche in der Grundschule nur in Bezug auf Größen genutzt werden sollen, kann auf Folgendes geachtet werden:

- Bezug zum Ganzen herstellen
- Prozesshaftigkeit beim Bilden von Anteilen hervorheben (siehe oben)
- Keine einseitige Verknüpfung von Zahlen („$\frac{1}{2} = 500$" oder „$\frac{1}{4} = 15$")
- Analogien zwischen Größenangaben verschiedener Größenangaben herausarbeiten

Werden in der *Sekundarstufe* Brüche systematisch erarbeitet, dann stellt das Rechteck weiterhin ein besonders tragfähiges Modell (vgl. auch 5.2) für die Thematisierung der Anteile selbst und des Arbeitens mit ihnen dar. Die Vorschläge von Prediger (2011a) und Wessel (2015) in Bezug auf die Bruchstreifen können hier aufgegriffen werden:

- Durch wiederholtes Falten kann aufgezeigt werden, dass *Unterteilungen verfeinert* werden können und der Anteil gleichbleibt (der mathematische Ausdruck lautet missverständlich „Erweitern").
- Durch Weglassen von überflüssigen *Unterteilungen* werden die Unterteilungen *vergröbert* und der Anteil bleibt ebenfalls erhalten (missverständlich als „Kürzen" bezeichnet) (Abb. 6.6).

Abb. 6.6 Verfeinern und Vergröbern der Unterteilung

- Durch Verfeinern der Unterteilung können auch *gemeinsame Unterteilungen* gefunden werden. Die Brüche $\frac{2}{3}$ und $\frac{1}{4}$ können beide so verfeinert werden, dass eine gemeinsame Unterteilung in Zwölfteln vorliegt: $\frac{2}{3} = \frac{8}{12}, \frac{1}{4} = \frac{3}{12}$ (Abb. 6.7).

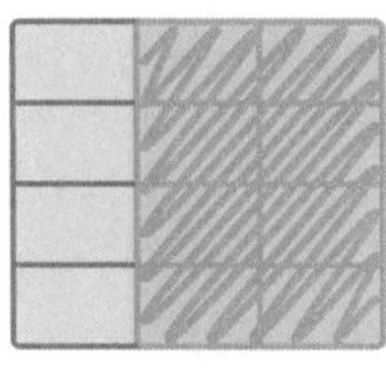

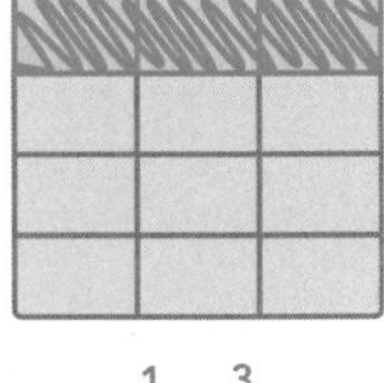

Abb. 6.7 Gemeinsame Unterteilung finden

- Haben Brüche eine gemeinsame Unterteilung, können sie addiert und subtrahiert werden. Die entstandenen gleich großen Teile können wie natürliche Zahlen verrechnet werden: $\frac{2}{3} - \frac{1}{4} = \frac{8}{12} - \frac{3}{12} = \frac{5}{12}$ (Abb. 6.8).

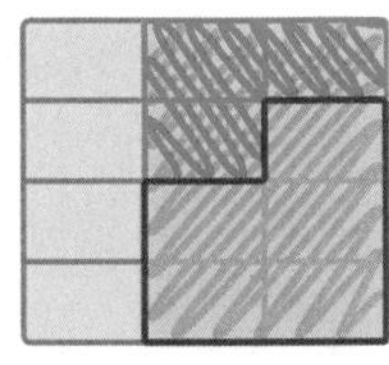

Abb. 6.8 Subtraktion $\frac{2}{3} - \frac{1}{4}$

Eine besondere Rolle bei Anteilen spielt das Arbeiten mit Zehnteln, Hundertsteln und weiteren Zehnerpotenzen.

6.3.2 Zahlen in Dezimalschreibweise

Wenn die Einheit in 10 Teile geteilt wird, erinnert das an Aktivitäten des Entbündelns im Stellenwertsystem (Kap. 3, Heckmann 2006). Der entstandene Bruch $\frac{1}{10}$ spielt in der Tat eine besonders wichtige Rolle, wenn Zahlen ohne Bruchstrich, also in dezimaler Schreibweise interpretiert werden. Wird der zehnte Teil von $\frac{1}{10}$ hergestellt, so entstehen Hundertstel. Wiederum der zehnte Teil davon sind Tausendstel usw.

Diese Zahlen werden mit einem Komma geschrieben, wobei das Komma die Einerstelle markiert: Links vom Komma stehen die Einer. Das Komma erfüllt somit die Funktion eines *Markierungszeichens* (Heckmann 2006; Sprenger 2018). Häufig wird das Komma als Zeichen beschrieben, das den Übergang von den natürlichen zu den „gebrochenen" Einheiten markiert (Schöttler 2019, S. 57). Ohne dem zu widersprechen, wird im Folgenden das Komma als Zeichen interpretiert, das die Einer markiert. Im Fall von Größenangaben stehen links vom Komma die Einer der Maßeinheit:

5**1**,38 **km**	20**3**,4 **m**	**0**,291 **kg**	2**8**,5 **g**	**7**,994 €	13**9**,4 **ct**

Bereits in der Grundschule werden Dezimalbrüche häufig „Kommazahlen" genannt und in Verbindung mit Größen (Geld, Längen, Massen) besprochen. Allerdings werden diese Zahlen nicht zwingend als Dezimalbrüche betrachtet, sondern häufig im Sinne „getrennter Größen" (Abb. 6.9). Das Komma wird hierbei oft als eine Art Trennlinie zwischen der Basis-Einheit und einer kleineren Einheit gedeutet (Franke und Ruwisch 2010, S. 194; Heckmann 2006; Neumann 2000; Padberg 1991).

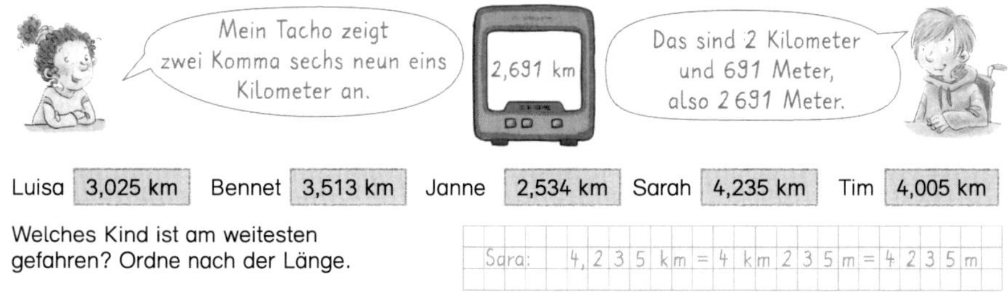

Abb. 6.9 Komma trennt als Vorgabe. (*Denken und Rechnen 4,* S. 56, Illustrationen Friederike Großekettler und Christine Kleicke © Westermann Gruppe, Braunschweig)

Diese vorläufig praktikable, auf Dauer aber problematische Interpretation des Kommas als *Trennzeichen* wird in Abschn. 6.5 systematisch diskutiert.

Eine wesentliche Voraussetzung für die nötigen Erweiterungen des Stellenwertsystems ist ein Verständnis zum Aufbau des Zahlsystems natürlicher Zahlen (Kap. 3). Drei Aspekte zum Stellenwertsystem sind in Bezug auf ein Verständnis zentral (Baturo 1999; Fromme 2016; Sprenger 2018):

1. Repräsentanten zu den Stellenwerten können konkret und gedanklich verwendet werden: „Wie stelle ich mir Hundert vor, wie Zehntausend?"
2. Zusammenhänge zwischen den Stellenwerten können genutzt und kommuniziert werden: „Wie viele Zehner(-stangen) werden für einen Tausender(-würfel) benötigt?"
3. Positionen der Ziffern im geschriebenen Zahlzeichen können als Stellenwerte gedeutet werden: „Was bedeutet die 3 in 1 389?"

Hier knüpft die Thematisierung von Dezimalbrüchen an, indem Repräsentanten zu den fortgesetzt entbündelten Stellenwerten kleiner als 1 aufgebaut werden: „Wie stelle ich mir ein Zehntel, wie ein Tausendstel vor?" Hinzu kommt, dass die Zusammenhänge zwischen den Stellenwerten zentral für das Verständnis sind: „Wie viele Tausendstel sind ein Zehntel?" (Neumann 1997b).

Die Positionen der Ziffern im Zahlzeichen bei Dezimalbrüchen sind nun „symmetrisch zum Einer" und nicht symmetrisch zum Komma gedacht (Schmassmann 2017; Schöttler 2019, S. 68; Sprenger 2018, S. 182). Wird die jeweils zweite Stelle vom Komma betrachtet, so heißt die zweite Stelle links vom Komma „Zehner", die zweite Stelle rechts vom Komma jedoch „Hundertstel". Wird also das Komma als Ausgangspunkt der „Symmetrie" genutzt, so ist ein bekannter Fehler, dass die zweite Stelle rechts vom Komma entsprechend als „Zehntel" bezeichnet wird (Heckmann 2006).

Der zentrale Orientierungspunkt ist daher nicht das Komma, sondern die Einerstelle (Abb. 6.10). Statt „Einer" könnte auch „Eintel" oder „Einstel" gesagt werden. Also stehen zwei Positionen links vom Einer die Hunderter, zwei Positionen rechts vom Einer die Hundertstel.

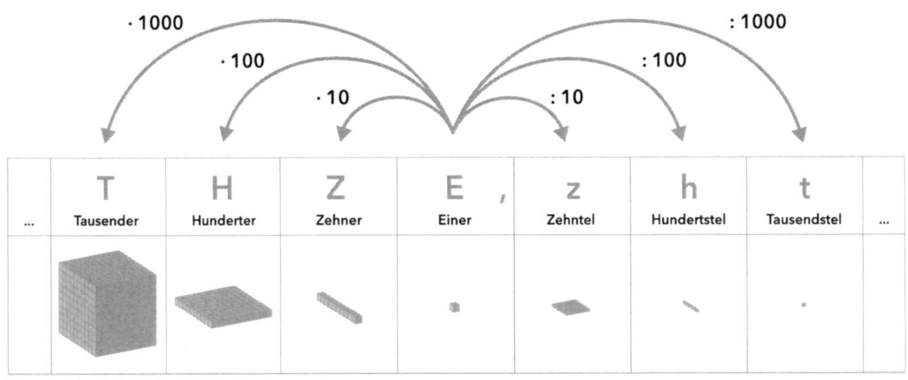

Abb. 6.10 Einer als Bezug für die Stellenwerte

Als Arbeitsmittel für den Aufbau eines Stellenwertverständnisses kann nach wie vor das Zehnersystem-Material dienen. Wird der Einerwürfel als Einheit interpretiert, so kann er in zehn kleine Platten entbündelt werden, die nun Repräsentanten für Zehntel sind. Eine Zehntelplatte kann in zehn Stangen für Hundertstel entbündelt werden. Wird eine Hundertstelstange in 10 kleine Würfelchen entbündelt, stehen diese für Tausendstel. Diese Vorgänge können (wie bei Zahldarstellungen an diesem Material über 10 000) „nur" noch in der Vorstellung erfolgen. Sie sind jedoch gut geeignet, die wesentlichen Zusammenhänge der Stellenwerte anschaulich zu thematisieren. Zu beachten ist allerdings, dass bislang Stangen immer mit „Zehn" assoziiert wurden und jetzt für Hundertstel stehen. Entsprechend wurden Platten mit „Hundert" in Verbindung gebracht und bedeuten jetzt „Zehntel". Für Informationen zur Verwendung anderer Arbeitsmittel wie Millimeterpapier oder Linearen Arithmetik-Blöcken wird auf Padberg und Wartha (2017) oder Winter (1999) verwiesen.

Stopp – Aktivität!
Erklären Sie anschaulich anhand von (vorgestelltem) Zehnersystem-Material mit der Vereinbarung, dass der große Würfel 1 ist, den Zusammenhang zwischen …

1. Zehnern und Hundertsteln.
2. Tausendsteln und Zehnteln.
3. Zehnteln und Zehnern.

Bei der Notation von Dezimalbrüchen bleiben alle Prinzipien des Stellenwertsystems wie bei natürlichen Zahlen erhalten. Einige Eigenschaften ändern sich jedoch deutlich, wie Tab. 6.1 zeigt.

Tab. 6.1 Gemeinsamkeiten und Unterschiede von natürlichen und gebrochenen Dezimalzahlen

Natürliche Zahlen	Dezimalbrüche
Gemeinsamkeiten	
Auch Bündel können ihrerseits gebündelt werden.	Auch Bündel können ihrerseits gebündelt werden.
Bündel (Zehner, Hunderter) können wieder entbündelt werden.	Bündel können wieder entbündelt werden.
Die Stellenwerte haben eine feste Reihenfolge.	Die Stellenwerte haben eine feste Reihenfolge.
Der linke Stellenwert ist das Zehnfache des betrachteten, der rechte Stellenwert ist der zehnte Teil.	Der linke Stellenwert ist das Zehnfache des betrachteten, der rechte Stellenwert der zehnte Teil.
Die Ziffern (0 bis 9) geben die Anzahl der Bündel im jeweiligen Stellenwert an.	Die Ziffern (0 bis 9) geben die Anzahl der Bündel im jeweiligen Stellenwert an.
Zwischennullen geben leere Stellen an.	Zwischennullen geben leere Stellen an.
Bei der Zahlnotation muss die Einerstelle stets mit einer Ziffer (auch: 0) belegt sein.	Bei der Zahlnotation muss die Einerstelle stets mit einer Ziffer (auch: 0) belegt sein.
Unterschiede	
Die erste Ziffer in Leserichtung ist die größte besetzte Stelle: keine Null(en) links.	In Leserichtung kann die Zahl mit Null(en) beginnen.
„Hinzufügen" von Nullen rechts vervielfacht die Zahl um den Faktor 10.	„Hinzufügen" von Nullen rechts ändert die Zahl nicht.
Je mehr Stellen eine Zahl hat, desto größer ist sie.	Die Anzahl der Stellen erlaubt keinen Rückschluss auf die Größe der Zahl.
Einer sind die kleinste Bündelungseinheit.	Auch Einer können (fortgesetzt) entbündelt werden.
Die Einer stehen ganz rechts.	Die Einer stehen direkt links vom Komma.

Stopp – Aktivität!

Beschreiben Sie für jede Zeile von Tab. 6.1 beispielgebunden, wie an vorgestelltem Zehnersystem-Material die beschriebenen Zusammenhänge bzw. Änderungen diskutiert werden können.

Geben Sie Beispiele für die Unterschiede an, wie ein nicht erweitertes Verständnis zu Fehlern führen kann.

Eine systematische Darstellung von weiteren Gemeinsamkeiten und Unterschieden findet sich bei Sprenger (2018, S. 34–37).

Aus der ersten Spalte der Aufzählung wird deutlich, welche Kenntnisse Lernende der Primarstufe in Bezug auf das Stellenwertsystem bei natürlichen Zahlen erwerben sollen. Diese sind nötig, um bei der Einführung der Dezimalbrüche einerseits auf Kompetenzen zu natürlichen Zahlen zurückgreifen (Tab. 6.1 Gemeinsamkeiten) und andererseits diese den Eigenschaften von Dezimalbrüchen gegenüberzustellen und die Änderungen diskutieren zu können (Tab. 6.1 Unterschiede).

Werden nun in der Sekundarstufe *größenunabhängig* Grundvorstellungen zu Dezimalbrüchen aufgebaut, so empfiehlt sich ein Anknüpfen an bekannte Arbeitsmittel, sodass die Gemeinsamkeiten und Unterschiede gezielt thematisiert werden können.

In Bezug auf die *Sprechweise* ist zunächst zu beachten, dass bei natürlichen Zahlen kein Positionssystem (im Gegensatz zur *Schreibweise*) nötig ist. Während 47 und 74 aufgrund der Position der Ziffern verschiedene Zahlen beschreiben, sind „fünfzig und sechs" und „sechs und fünfzig" die gleiche Zahl. In der deutschen Sprache werden die Bündelungseinheiten mitgesprochen. Auch wenn es ungewöhnlich klingt: Die Zahl „drei und fünfhundert und siebzig" ist eindeutig.

In Bezug auf Dezimalbrüche gibt es verschiedene Sprechweisen. So kann die Zahl 2,34 (Abb. 6.11) gesprochen werden als:

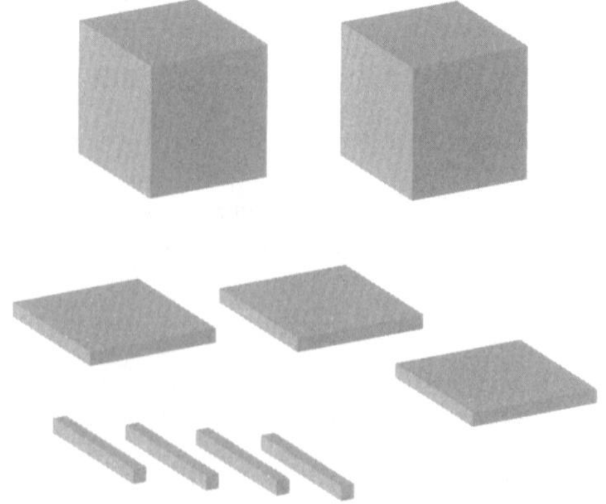

Abb. 6.11 2,34 als Modell. Die Einer werden als Würfel interpretiert

1. „Zwei Komma drei vier“
2. „Zwei Komma vierunddreißig“
3. „Zwei und vierunddreißig Hundertstel“
4. „Zwei Einer, drei Zehntel und vier Hundertstel“

Auch wenn die letzte Formulierung (4) besonders aufwendig aussieht, so entspricht sie doch der Sprechweise natürlicher Zahlen am ehesten, da die Stellenwerte mitgesprochen werden. Sie ist auch zusammen mit Sprechweise (3) diejenige, die am ehesten Grundvorstellungen aktivieren kann, da sie an den Anteil der Einheit bereits im Zahlwort erinnert. Weit verbreitet ist (zumindest im Mathematikunterricht der Sekundarstufe) die ziffernweise Sprechweise (1). Interessanterweise werden jedoch die Zahlbestandteile vor dem Komma *nicht ziffernweise* ausgesprochen: 34,265 müsste konsequenterweise dann „drei vier Komma zwei sechs fünf“ heißen. „Während bei der Sprechweise der Vorkommastellen die Bündelungseinheiten jeweils genannt werden, werden bei den Dezimalen die einzelnen Ziffern inhaltslos aneinandergereiht, sodass sich der Wert – im Gegensatz zur Sprechweise bei natürlichen Zahlen – nicht aus dem verbalen Zahlwort ergibt“ (Schöttler 2019, S. 55). In Bezug auf Größen – und damit im Alltag sowie im Unterricht der Primarstufe – wird häufig die Sprechweise (2) verwendet. Insbesondere bei Preisangaben in Euro und Cent oder Längenangaben in Meter und Zentimeter werden Sprechweisen wie „zwei Euro neunundneunzig“ oder „drei Meter fünfzig“ verwendet.

Die Sprechweisen (1) und (2) können in Bezug auf Dezimalbrüche außerhalb bestimmter Alltagsanwendungen als problematisch bewertet werden, da sie für weit verbreitete Fehlerstrategien und Fehlvorstellungen sorgen können. Diese werden im Abschn. 6.5 direkt angesprochen.

Die Zusammenhänge zwischen den Stellenwerten bei Dezimalbrüchen werden in der Primarstufe in *Bezug auf Größen* thematisiert oder zumindest postuliert, so wie in Tab. 6.2 aufgeführt.

Tab. 6.2 Verfeinerung der Unterteilung bei Größenangaben

Bezug kleinere Einheit zur Basis-Einheit		Bündeln und Entbündeln	
1 dm = 0,1 m	Ein Zehntel Meter	$10 \cdot 0{,}1$ m = 1 m 1 dm = 1 m : 10	10 Zehntel Meter = 1 m
1 cm = 0,01 m	Ein Hundertstel Meter	$100 \cdot 0{,}01$ m = 1 m 1 cm = 1 m : 100	100 Hundertstel Meter = 1 m
1 mm = 0,001 m	Ein Tausendstel Meter	$1000 \cdot 0{,}001$ m = $1000 \cdot 1$ mm = 1 m 1 mm = 1 m : 1000	1 000 Tausendstel Meter = 1 m
1 ml = 0,001 l	Ein Tausendstel Liter	$1000 \cdot 1$ ml = 1 l 1 ml = 1 l : 1000	1 000 Tausendstel Liter = 1 L
1 ct = 0,01 €	Ein Hundertstel Euro	$100 \cdot 0{,}01$ € = 1 € $100 \cdot 1$ ct = 1 €	100 Hundertstel Euro = 1 €

Dass die Bündelungseinheiten mit *lateinischen* Bezeichnungen („Deci-“ statt Zehntel, „Centi-“ statt Hundertstel, „Milli-“ statt Tausendstel etc.) versehen werden, kann die Einsicht in die Zusammenhänge erschweren. Hier sei ein Exkurs angeregt, der die Bezeichnungen „zenti/centi“, „dezi/deci“ etc. auf Deutsch klärt.

Für den Aufbau eines tragfähigen Stellenwertverständnisses sind – auch bereits in der Primarstufe und in Bezug auf Dezimalbrüche – drei Aspekte zentral:

- Aufbau von Stützpunktvorstellungen zu den Stellenwerten *bei Größen*
- Zusammenhänge zwischen den Stellenwerten nutzen können *bei Größen*
- Position der Ziffern bei Größenangaben in Bezug zur Einheit interpretieren können

Stopp – Aktivität!
Durch welche Handlungen(!) können an welchen Materialien folgende Zusammenhänge anschaulich gezeigt werden?

- 1 m = 10 Dezimeter
- 1 Dezimeter = 0,1 m
- 1 Cent = 0,01 €
- 1 ml = 0,001 l
- 1 g = 0,1 Dekagramm = 0,01 Hektogramm = 0,001 kg
- 1 l = 100 Zentiliter = 1000 ml

Am Zehnersystem-Material können vor allem im Größenbereich Volumen sowohl Stützpunktvorstellungen als auch Zahlvorstellungen zu den Stellenwerten und deren Zusammenhängen entwickelt werden (Franke und Reinhold 2016, S. 322). Bei Längenangaben eignet sich das Zehnersystem-Material nur für 1 cm und 10 cm (s. u.) und bei Geld- und Massenangaben ist es ungeeignet (es sei denn, die Einerwürfel wiegen 1 g, die Zehnerstangen 10 g, die Hunderterplatten 100 g und der Tausenderwürfel 1 kg).

Der Tausenderwürfel (1 Kubikdezimeter = 1 Liter) besteht aus 1000 Einerwürfeln (je 1 Kubikzentimeter = 1 ml). Der Tausendste Teil des Liters ist also ein Milliliter.

Der Zusammenhang mit dem Bündeln und Entbündeln wird hier anschaulich deutlich: 1000 ml (Würfelchen) werden zu 1 l (Würfel) gebündelt (Abb. 6.12).

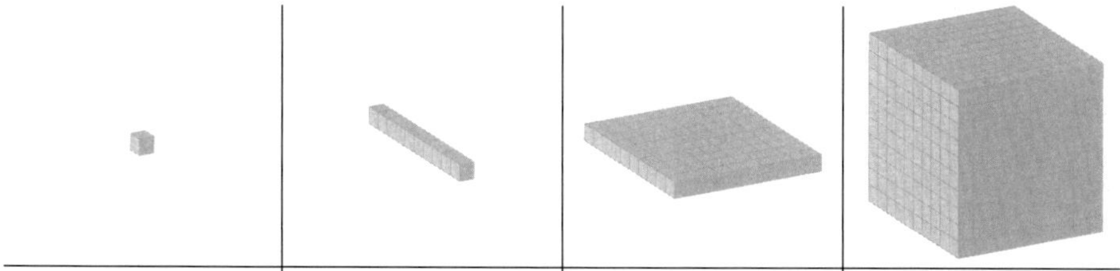

$\frac{1}{1000}$	$\frac{1}{100}$	$\frac{1}{10}$	1
0,001	0,01	0,1	1
1 ml = 0,001 l	10 ml = 0,01 l	100 ml = 0,1 l	1000 ml = 1 l

Abb. 6.12 Zusammenhänge zwischen den Stellenwerten

Wird nur die jeweils längste Kantenlänge des Zehnersystem-Materials betrachtet, so können auch Zusammenhänge bei den Längen durch Legen von Einerwürfeln und Zehnerstangen diskutiert werden:

- 1 m kann mit 10 Zehnerstangen (Länge je 10 cm) ausgelegt werden: Der zehnte Teil des Meters ist ein Dezimeter (= 1 Zehnerstange, eine von 10).
- Ein Zehntel eines Dezimeters ist ein Zentimeter. Das ist ein Hundertstel Meter.

6.4 Grundvorstellung Bruch als Positionsangabe

Brüche werden nicht nur an flächigen oder räumlichen Repräsentanten (quasi eine Fortsetzung des kardinalen Zahlaspekts) dargestellt und aufgefasst, sondern auch an ordinalen Arbeitsmitteln (Treffers 2001; Tunç-Pekkan 2015; Zhang et al. 2015). Das Eintragen und Ablesen von (Bruch-)Zahlen an einer Zahlengeraden ist insbesondere bei Messinstrumenten gefordert. Die passende Position eines Bruchs wird völlig analog zum Falten des Papiers ermittelt: Die Strecke von 0 bis 1 wird bei $\frac{3}{5}$ in fünf gleich große Abschnitte unterteilt und die Position nach dem dritten Abschnitt von 0 beginnend nach rechts betrachtet (Kap. 2).

Stopp – Aktivität!

- Finden Sie Repräsentanten im Alltag, bei denen Brüche (auch Dezimalbrüche) als Positionsangabe vorkommen.
- Welche Messgeräte verwenden Brüche (auch Dezimalbrüche) auf der Skala? Welche Brüche sind das?

Selbstverständlich werden auch am Zahlenstrahl *Anteile* beschrieben. Jedoch kann die Zahl an *einer* Position verortet werden. Die drei Fünftel werden an der Stelle eingezeichnet, wo die bei 0 begonnene Färbung des Blatts Papier enden würde (Abb. 6.13).

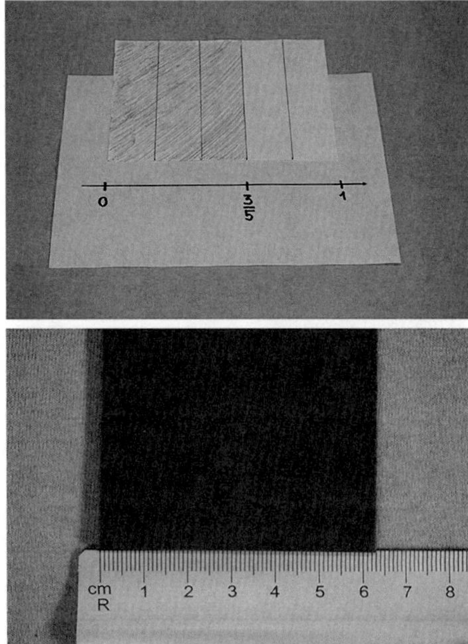

Abb. 6.13 Zusammenhang zwischen Anteil als Fläche und als Positionsangabe

Für die Diskussion, dass am Zahlenstrahl die Zahlen als Abstände und als Punkte gedeutet werden, wird auf Gellert und Steinbring (2013) verwiesen.

Dass der Anteil nun an *einem Punkt* abgelesen werden kann, ist hierbei ein eigener Lernschritt (ausführlich Kap. 2).

Beim Arbeiten mit der ordinalen Darstellung von Brüchen die in Tab. 6.3 dargestellten Punkte zentral (vgl. auch Pearn 2007; Saxe et al. 2013; Tunç-Pekkan 2015):

Tab. 6.3 Voraussetzungen zur Darstellung von Brüchen am Zahlenstrahl

Bruch	Darstellung am Zahlenstrahl
Ist die Einheit verstanden?	Wo ist die 1?
Was gibt der Nenner an?	Wie wird unterteilt?
Was gibt der Zähler an?	Wie viele Unterteilungen werden gesucht?

In Bezug auf die *dezimale Schreibweise* von Brüchen finden die Kinder bereits in der Grundschule an einigen Messinstrumenten wenigstens eine kleinere Einheit als die Basis-Einheit eingezeichnet (Abb. 6.14). Besonders offenkundig können diese Zusammenhänge im Größenbereich Längen entdeckt und diskutiert werden: Am Zollstock, am Maßband und am Lineal ist ein Meter in Dezimeter unterteilt (wie sind diese hervorgehoben?). Jeder Dezimeter ist in 10 cm unterteilt.

Abb. 6.14 Anteile als Position ablesen

Wird jeder Zentimeter genau betrachtet, so ist der wiederum in 10 mm unterteilt.

Die Zusammenhänge der Stellenwerte (bzw. der Basis-Einheiten und kleineren bzw. größeren Einheiten) können an ordinal verwendeten Messinstrumenten (Zollstock, Lineal …) gesehen, nachvollzogen und diskutiert, nicht aber selbst hergestellt werden. Wie ein Einerwürfel nur noch in der Vorstellung in 1000 Tausendstelwürfel zerlegt werden kann, so kann auch dieser Zusammenhang „nur“ noch in der Vorstellung handelnd durchgeführt werden.

Durch die produktive Verknüpfung von kardinaler und ordinaler Sichtweise können die Basis-Einheiten und kleineren Einheiten jedoch an geeigneten Arbeitsmitteln (leerer Zahlenstrahl, Papierstreifen …) hergestellt und reflektiert werden. Eine besonders reichhaltige Lernumgebung ist hierbei das „Zoomen“ in den Zahlenstrahl, bei dem die Verfeinerung der Unterteilungen besonders deutlich wird (Schöttler 2019, 59 ff.).

6.5 Zentrale Fehlvorstellung zum Komma: Gründe und Überwindung

Seit Jahrzehnten sind Fehlerstrategien bei Dezimalbrüchen in der Sekundarstufe sehr gut dokumentiert (Archer und Condon 1999; Brekke 1996; Brueckner 1928; Heckmann 2006; Helme und Stacey 2000; Padberg und Wartha, 2017). Eine häufige und für die Arbeit in Primar- und Sekundarstufe besonders relevante Fehlerstrategie soll hier vorgestellt und diskutiert werden. Für weitere Fehlvorstellungen (z. B., dass die Anzahl der Stellen die Größe der Zahl bestimmt) wird auf Padberg und Wartha (2017) verwiesen.

Stopp – Aktivität!
Wie können folgende **Fehler** erklärt werden?

2,5 < 2,33 3,20 > 3,2 4,8 + 5,7 = **9,15** 2,50 – 1,4 = **1,46**

Setze die Reihe fort: 0,7 0,8 0,9 **0,10.**

Diese Fehler können durch *eine* Fehlvorstellung erklärt werden. Nach dieser werden die Zahlen nicht im Stellenwertsystem gedeutet, sondern in zwei Bestandteile zerlegt: eine Zahl vor und eine Zahl nach dem Komma (Tab. 6.4). Diese Fehlvorstellung wird in der Literatur häufig mit „Komma trennt“ bezeichnet.

Tab. 6.4 Fehler aufgrund falscher Interpretation des Kommas

Bearbeitung	Interpretation „Komma trennt“	Interpretation „Komma markiert die Einer“
2,5<2,33	weil 5<33	5 Zehntel sind mehr als 3 Zehntel
3,20>3,2	weil 20>2	20 Hundertstel = 2 Zehntel
4,8+5,7=9,**15**	weil 4+5=9 und 8+7=15	8 Zehntel+7 Zehntel = 15 Zehntel, gebündelt zu 1 Einer und 5 Zehnteln
2,50 – 1,4 = 1,**46**	2 – 1 = 1 und 50 – 4 = 46	50 Hundertstel – 4 Zehntel = 1 Zehntel
0,8 → 0,9 → **0,10**	Nach 8 und 9 kommt 10	Schrittweite 1 Zehntel, 0,9+0,1 = 1

Diese Fehlvorstellung tritt bei Dezimalzahlen in der Sekundarstufe häufig systematisch auf und ist sehr robust (Heckmann 2006; Neumann 1997a).

In der Primarstufe werden Zusammenhänge bei „Kommazahlen“ häufig wie folgt formuliert (Krauthausen 2018, S. 157; Wild 2018; Wollenweber 2016, 2018a): „Das Komma trennt Euro und Cent“ oder „Zentimeter und Meter werden durch Komma getrennt“ (Abb. 6.9). Dies bietet leider optimale Voraussetzungen für die Entwicklung bzw. Verfestigung dieser Fehlvorstellung (Franke und Ruwisch 2010, S. 197; Heckmann

2006, 2011). Diese Regeln sind zunächst unökonomisch, da für jeden Größenbereich und für jeden Zusammenhang zwischen kleineren Einheiten neue Regeln gelernt werden müssten (Wie trennt das Komma Zentimeter und Millimeter? Wie trennt das Komma Kilometer und Meter? Wie trennt das Komma Gramm und Milligramm? …). Im Alltag können diese Merksätze noch tragen, wenn die Anzahl an Nachkommastellen genau festgelegt bleibt. Werden die Zahlen bzw. Größenangaben als Brüche interpretiert, so ist die Aussage nicht mehr ohne Zusatzinformationen tragfähig.

Die beschriebenen „Komma trennt"-Regeln können auch in Alltagssituationen zu Fehlern führen, wie die Beispiele in Tab. 6.5 zeigen:

Tab. 6.5 Fehl- und Grundvorstellung bei Größenangaben

	Nach Regel/Fehlvorstellung „Komma trennt"	Grundvorstellung „Komma markiert die Einer"
5,6 €	5 € 6 ct	5 € 60 ct
2,5 m	2 m 5 cm	2 m 50 cm
4,50 kg	4 kg 50 g	4 kg 500 g
2 m 4 cm	2,4 m	2,04 m
3 € 150 ct	3,150 €	4,50 €

Stopp – Aktivität!
Untersuchen Sie in Mathematik-Schulbüchern: Wird das Komma bei Größenangaben als Trenn- oder als Markierungszeichen erklärt?

Die Interpretation des Kommas als Trennzeichen ist aus den geschilderten Gründen zwar nicht grundlegend falsch, aber unökonomisch (für jeden Größenbereich wird etwas anderes „getrennt") und beim Arbeiten mit Dezimalbrüchen ohne Größeneinheit anfällig für die Ausbildung einer Fehlvorstellung, wenn nicht die passenden Zusatzinformationen aktiviert werden. Es empfiehlt sich daher, das Komma als *Markierungszeichen* zu deuten. Wie bereits in Abschn. 6.3.2 beschrieben, markiert das Komma die Einer (der Größeneinheit) links vom Komma. Das „Markieren" ist dabei so zu verstehen, dass über das Komma die Einer bzw. die Einerstelle der Größeneinheit hinter der Zahl gefunden werden kann.

Bei sehr vielen Aufgaben liefert jedoch auch die „Komma trennt"-Fehlerstrategie *richtige* Ergebnisse (Abb. 6.15 und Abb. 6.16). Es ist besonders fatal, wenn über falsche Strategien richtige Ergebnisse erzeugt werden: Die Lernenden werden in ihrer Strategie bestätigt und diese kann sich verfestigen.

Abb. 6.15 Größenvergleich von Dezimalbrüchen

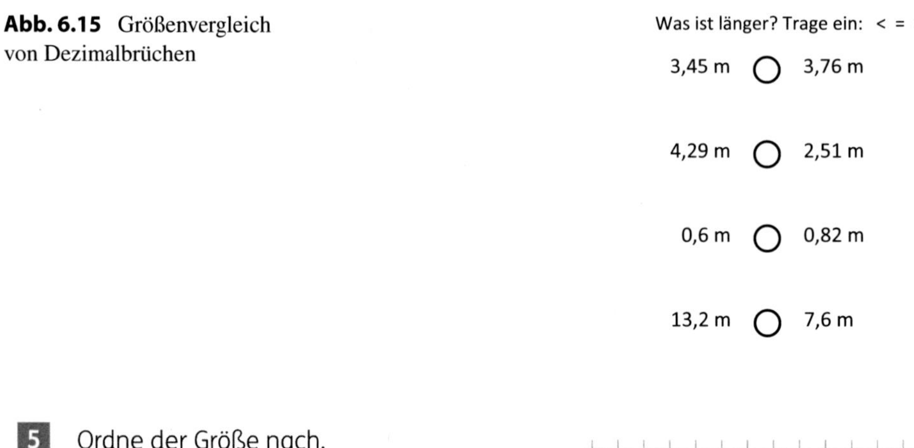

5 Ordne der Größe nach.
8,31 €; 38,10 €; 0,83 €; 18,30 €; 108,03 €.

5) 108,03 € >

Abb. 6.16 Vergleich von Größenangaben (*Das Zahlenbuch 4,* S. 90, © Ernst Klett Verlag GmbH)

Stopp – Aktivität!
Stellen Sie sich vor, dass Sie ein Lernender sind, der nach der „Komma trennt"-Fehlerstrategie die Aufgaben von Abb. 6.15 und Abb. 6.16 bearbeitet. Welche Aufgaben lösen Sie richtig, welche lösen Sie falsch?

Bei einer rein produktorientierten Besprechung (Ist die Lösung falsch oder richtig?) bekommen Sie die Rückmeldung, dass alle Aufgaben korrekt gelöst wurden, obwohl sie mit einer Fehlerstrategie bearbeitet haben. Um zu verhindern, dass sich Lehrende und Lernende derart täuschen, können Aufgaben bewusst ausgewählt werden (Tab. 6.6). Folgende Vorschläge liefern Diskussionsanlässe, die durch die Verwendung der Arbeitsmittel (Zahlenstrahl, Zehnersystem-Material) anschaulich unterstützt werden können.

Tab. 6.6 Rolle des Zahlenmaterials zur Unterstützung von Fehl- oder Grundvorstellungen

	Ungünstige Zahlen	Günstige Zahlen
Was ist länger?	2,42 m oder 2,87 m	2,42 m oder 2,5 m
Wie teuer insgesamt?	2,70 €+1,20 €	2,70 €+1,40 €
Schreibe in gemischten Einheiten:	4,750 kg	4,75 kg
Schreibe mit Komma:	4 l 300 ml	4 l 30 ml

Die Konsequenz für die Besprechung von Dezimalbrüchen in der Primar- und Sekundarstufe ist, dass …

1. das Komma *nicht* die Einheiten trennt, sondern die Einer/die Einheit markiert.
2. Aufgaben gestellt werden sollten, bei denen die „Komma trennt"-Strategie auch Fehler offenlegt (Padberg, 1991; Roche 2005).

Im Vordergrund steht also das Arbeiten mit Zahlen, nicht mit Ziffern (Marxer und Wittmann 2013). Das bedeutet, dass die Ziffern über ihre Position in der Zahl in ihrem jeweiligen Stellenwert interpretiert und genutzt werden. Somit soll die Zahl „als Ganzes" und nicht als zwei Zahlen (vor und nach dem Komma) oder gar als Ansammlung von Einzelziffern verwendet werden. Gerade am Übergang von Primar- zu Sekundarstufe wird jedoch häufig ein Fokus auf das Ziffernrechnen (schriftliche Rechenverfahren) und nicht auf das Zahlenrechnen (gestützte und reine Kopfrechenstrategien, z. B. am Rechenstrich, Kap. 4, Kap. 5) gelegt. Sollen Dezimalbrüche als Zahlen und nicht als zwei Zahlen getrennt durch ein Komma interpretiert werden, so wäre eine Verschiebung der Gewichtung zugunsten des Zahlenrechnens wünschenswert.

6.6 „Umrechnen" zwischen Schreibweisen

Brüche können in verschiedenen Schreibweisen notiert werden: in Dezimal- und in Bruchschreibweise. Hinzu kommt, dass es verschiedene Möglichkeiten gibt, in Bruch- oder in Dezimalschreibweise die gleiche Zahl oder Größenangabe zu beschreiben. Die Zusammenhänge zwischen diesen Notationsformen sollten nicht als unverstandene „Tricks" gelernt, sondern über die Aktivierung von Grund- und Größenvorstellungen verstanden werden. Im Folgenden werden die „Umrechnungen" von Tab. 6.7 thematisiert.

Tab. 6.7 „Umrechnen" zwischen Schreibweisen von Brüchen

Schreibweise	in Bezug auf Größen	in Bezug auf Zahlen
Bruch ↔ Bruch (Abschn. 6.6.1)	$\frac{1}{2}$ Stunde = $\frac{2}{4}$ Stunden	$\frac{1}{2} = \frac{2}{4}$
Dezimal ↔ Dezimal (Abschn. 6.6.2)	0,5 cm = 0,50 cm = 0,05 dm	0,5 = 0,50
Bruch ↔ Dezimal (Abschn. 6.6.3)	$\frac{1}{2}$ m = 0,5 m	$\frac{1}{2} = 0{,}5$

6.6.1 Verschiedene Brüche beschreiben die gleiche Zahl/Größenangabe

Erste Erfahrungen hierzu können in der Grundschule bereits am Beispiel $\frac{1}{2} = \frac{2}{4}$ in Bereich Zeit gemacht werden. Eine halbe Stunde dauert so lange wie zwei viertel Stunden. Auf der Uhr können die Zusammenhänge mehr oder minder sichtbar gemacht werden (Abb. 6.17).

Abb. 6.17 Eine halbe Stunde oder zwei viertel Stunden

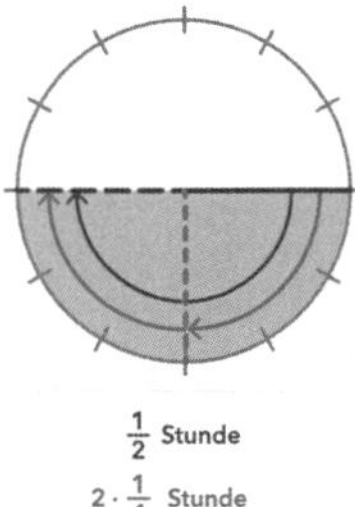

Dass $\frac{1}{2}$ die gleiche Zahl oder Größenangabe wie $\frac{2}{4}$ beschreibt, ist im arithmetischen Lernprozess eine Entdeckung von großer Tragweite. Während natürliche Zahlen nur durch eine eindeutige symbolische Notation ausgedrückt werden können und verschiedene Zifferndarstellungen automatisch verschiedene Zahlen bezeichnen, ist das im Bereich der Brüche anders: Die verschiedenen Brüche $\frac{1}{2}$ und $\frac{2}{4}$ beschreiben genau die gleiche Zahl. Die Idee des „Verfeinerns der Einteilung" kann später im Lernprozess aufgegriffen und an Rechteckmodellen handelnd erfahren und versprachlicht werden (Abb. 6.18).

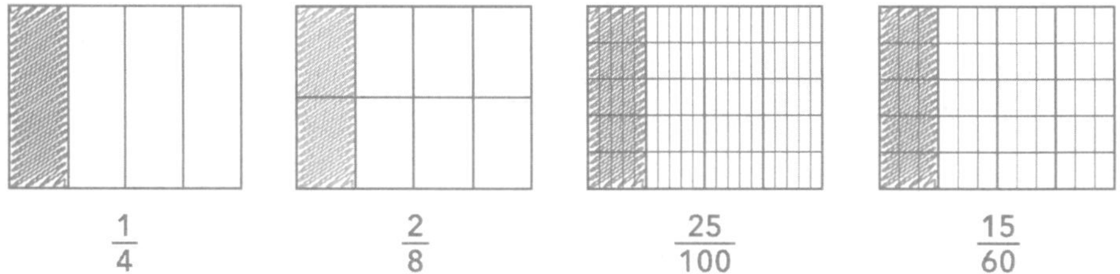

Abb. 6.18 Ein Viertel verfeinert

6.6.2 Basis-Einheit und kleinere Einheit bei Größenangaben in Dezimalbruchschreibweise

Bereits in Abschn. 6.3.2 wurde der Zusammenhang zwischen Basis-Einheit und kleinerer Einheit beschrieben. Gerade bei der Umrechnung zwischen Einheiten bzw. zwischen verschiedenen Notationen ist eine Stellenwerttafel eine sehr tragfähige Unterstützung (Franke 2006, S. 199; Franke und Ruwisch 2010, S. 199; Krauthausen und Scherer 2007, S. 98; Mosandl und Sprenger 2014, S. 18; Schipper 2009, S. 236). Beziehen sich die Zahlen auf Größen, so sind die Spalten der Stellenwerttafel mit den Größenangaben in den Einheiten angegeben.

Die Größenangabe 205 cm kann beispielsweise wie in Abb. 6.19 eingetragen werden.

Abb. 6.19 Stellenwerttafel im Größenbereich Längen

1 m	1 dm	1 cm	1 mm
		205	
	20	5	
2		5	
1	10	4	10
1	9	13	20
2	0	5	0

Beim Notieren der Größenangabe außerhalb der Tabelle werden die leeren Stellenwerte zwischen belegten Stellenwerten als Null geschrieben. Auch dürfen beim „Abschreiben“ nur Zahleinträge in den Tabellenzellen kleiner als 10 vorliegen. Nichtkanonische Bündel (13 cm) werden zuvor gebündelt und kanonisch geschrieben (1 dm 3 cm) (Kap. 3).

Mit Hilfe der Regel, dass das Komma die Einerstelle der Einheit markiert, können folgende Werte angegeben werden:

2,05 **m** = 2**0**,5 **dm** = 205 cm = 20**5**,0 **cm** = 2050 mm.

Wenn Größenangaben zwischen verschiedenen Schreibweisen „umgewandelt“ werden, so empfiehlt sich die Bezugnahme auf die Stellenwerttafel (Mosandl und Sprenger 2014, S. 18; Peter-Koop und Nührenbörger 2008b, S. 103). Schematisch sind die Zusammenhänge zwischen den Schreibweisen in Abb. 6.20 dargestellt.

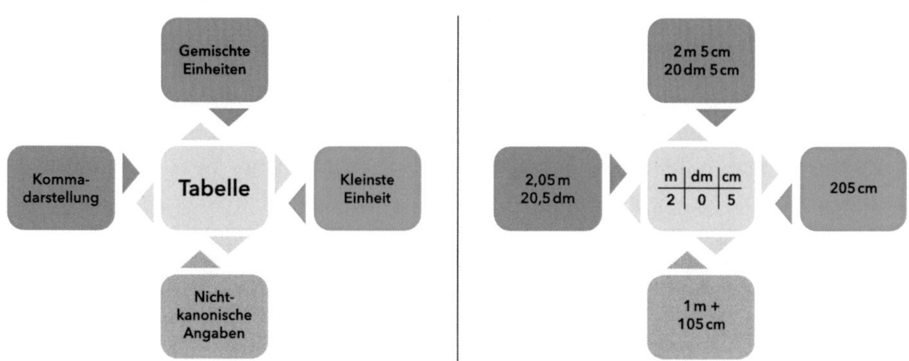

Abb. 6.20 Verschiedene Schreibweisen für Größenangaben (erweitert nach Franke und Ruwisch 2010, S. 196)

Hier kann insbesondere die Bedeutung des Kommas besprochen werden:

- Soll eine in Kommaschreibweise notierte Zahl (20,5 dm) in die Stellenwerttafel eingetragen werden, so ist die Stelle links vom Komma die angegebene Einheit (hier: 0 dm).
- Soll eine in der Stellenwerttafel eingetragene Zahl (2 m, 0 dm, 5 cm) in Kommaschreibweise angegeben werden, so ist durch die gewünschte Einheit (hier: m) festgelegt, wo das Komma zu notieren ist, nämlich rechts des Stellenwerts der Einheit: 2,05 m.

Besonders tragfähig sind die Aufgaben zur Darstellung einer Größenangabe in verschiedenen Schreibweisen, wenn Größenvorstellungen aufgebaut sind, und wenn insbesondere zu den Basis-Einheiten und kleineren Einheiten Stützpunktvorstellungen aktiviert werden können. Das ist ein weites Feld und daher wird diesbezüglich auf Franke und Ruwisch (2010) sowie Peter-Koop und Nührenbörger (2008b) verwiesen.

6.6.3 Zusammenhänge zwischen Bruch- und Dezimalschreibweise

Die Zusammenhänge $\frac{1}{4} = 0{,}25$, $\frac{1}{4}$ m = 25 cm oder $\frac{1}{4}$ h = 15 min sind auf den ersten Blick und ohne Bezugnahme auf ein Modell bzw. Messwerkzeug (Meterstab, analoge Uhr) nicht sichtbar. Die Schwierigkeit besteht darin, dass sich der Anteil einerseits auf die (Basis-)Einheit „1" oder „eine Stunde" oder „1 m" bezieht, andererseits auf die Darstellung der Größenangabe in einer kleineren Einheit: $\frac{1}{4}$ Meter bedeutet der vierte Teil eines Meters und gleichzeitig der vierte Teil von 100 cm. Demnach ist ein viertel Meter = 100 cm : 4 = 25 cm. Bei Millilitern ist entsprechend die Umwandlung 1 l = 1000 ml nötig: Der vierte Teil von 1000 ml sind 250 ml.

Schwieriger wird die Umrechnung im Größenbereich Zeit, denn hier sind die Bündel nicht (nur) dekadisch. Der Zusammenhang 1 h = 60 min wird genutzt, um den vierten Teil von 60 min = 15 min zu bestimmen.

An Darstellungsmitteln bzw. Messgeräten (Messbecher, Uhr) kann die Äquivalenz zumindest sichtbar gemacht werden (Abb. 6.21, Peter-Koop und Nührenbörger 2008a, S. 103).

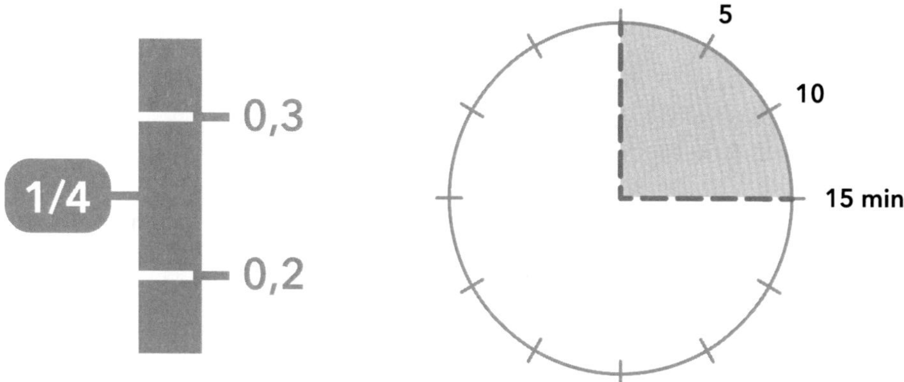

Abb. 6.21 Bruch- und Dezimalschreibweise: $\frac{1}{4}$ l = 250 ml (links) und $\frac{1}{4}$ h = 15 min (rechts)

Der Zusammenhang zwischen 15 min und $\frac{1}{4}$ h kann durch Aktivitäten an einer Analoguhr unterstützt werden. Verschiedene Zeigerdrehungen für eine viertel Stunde überstreichen „verschiedene Viertel" wie von 12 zur 3 oder 4 zur 7 oder 8 zur 11. Wird auf die Minutenangabe (60er-Struktur) fokussiert, so entspricht das immer 15 min: 0 bis 15, 20 bis 35 oder 40 bis 55 (Wollenweber, persönliche Mitteilung, 9. Februar 2020).

Der Zusammenhang „ein Viertel von" mit „geteilt durch 4" ist hier keineswegs trivial. Nur bei der Anteilbildung mit „ein Halb" kann davon ausgegangen werden, dass den Kindern die Äquivalenz zwischen „die Hälfte von" und „geteilt durch 2" geläufig ist. Diese Anteilbildung wird zumindest bereits in der Jahrgangsstufe 1 thematisiert: Die Hälfte von 8 ist 4 (Abschn. 6.9). Obwohl das „Halbieren" relativ ausführlich in der Primarstufe besprochen wird, ist das beim „Dritteln" oder „Vierteln" nicht mehr der Fall. Inhaltliche Gründe gibt es dafür eigentlich keine. Auch wenn Verdoppeln und Halbieren aus zahlreichen Gründen (Additions- und Subtraktionsstrategien, gerade und ungerade Zahlen …) wichtige Inhalte sind, so kann zumindest die Frage gestellt werden, ob beispielsweise beim Dividieren mit 5 oder 10 nicht auch vom „Fünfteln" oder „Zehnteln" gesprochen werden könnte.

6.7 Vergleichen von Brüchen

Bereits in der Primarstufe werden Zahlen in Bruch- und Dezimalschreibweise verglichen, jedoch in der Regel nur, wenn sie im Kontext *Größen* auftreten. Laut Bildungsstandards für den Primarbereich treten Brüche nur im Zusammenhang mit Größen auf, es sollen Größen auch verglichen werden (KMK 2004, S. 11).

Die Frage lautet in diesem Zusammenhang nicht „Welche Zahl ist größer?", sondern „Was ist länger?", „Was ist teurer?", „Was ist schwerer?", „Was dauert länger?".

Mit dem Vergleichen von Größen(-angaben) befassen sich auch Arbeitsaufträge wie „Ordne der Länge (Masse …) nach“ oder „Was ist genauso lang wie …“ etc.

Eine systematische Übersicht über das „Vergleichsvokabular“ im jeweiligen Größenbereich findet sich z. B. bei Krauthausen (2018, S. 151).

In Bezug auf Zahlen in Bruchschreibweise sind hier vor allem die Zusammenhänge zwischen $\frac{1}{4}$, $\frac{2}{4}$, $\frac{1}{2}$, $\frac{3}{4}$ und eventuell $\frac{1}{3}$ und $\frac{1}{8}$ relevant. Zwei viertel Stunden hintereinander dauern gleichlang wie eine halbe Stunde. Im Größenbereich Rauminhalte können Zusammenhänge zwischen $\frac{1}{2}$ Liter $= \frac{2}{4}$ Liter $= \frac{4}{8}$ Liter anschaulich besprochen werden.

Beim anschaulichen Vergleich von Repräsentanten zu Größen (Abb. 6.22 und Abb. 6.23) im Zusammenhang mit der Notation der Größenangabe in Bruchschreibweise können folgende (produktiv nutzbare) Irritationen erzeugt und damit Anlässe für Argumentationen geschaffen werden (Nührenbörger und Schwarzkopf 2013):

Abb. 6.22 $\frac{1}{8}$ Liter und $\frac{1}{4}$ Liter

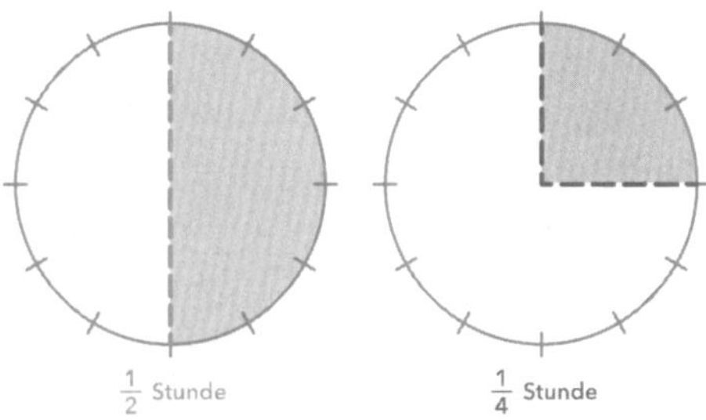

Abb. 6.23 $\frac{1}{2}$ Stunde und $\frac{1}{4}$ Stunde

$\frac{1}{8}$ Liter ist weniger als $\frac{1}{4}$ Liter, obwohl 8 größer als 4 ist bzw. weil der achte Teil weniger als der vierte Teil ist.

$\frac{1}{2}$ Stunde dauert länger als $\frac{1}{4}$ Stunde, obwohl 4 größer als 2 ist bzw. weil der vierte Teil weniger als der zweite Teil, die Hälfte, ist.

Werden Brüche ohne Angabe einer Maßeinheit betrachtet – beispielsweise dargestellt durch Anteile an Rechtecken –, so können gezielt Argumentationsmuster für die

Begründungen beim Größenvergleich diskutiert werden. Der Vorteil der Erarbeitung am geometrisch-anschaulichen Modell (ohne „Mitführen einer Maßeinheit") ist, dass gerade hier besonders gut handlungsbegleitende Sprachmuster (Abschn. 1.3) erarbeitet werden können.

Mögliche Argumentationsmuster durch Bezugnahme auf die Faltaktivitäten an Papierrechtecken (Abb. 6.3) sind „handlungsbegleitend" bzw. „handlungserinnernd":

- Der achte Teil des Blatts ist kleiner als der vierte Teil.
- Werden Fünftel gefaltet, ist das Fünftel kleiner als das Viertel.
- Je mehr Teile benötigt werden, desto schmaler sind sie.

Wesentlich ist hierbei, dass der Bezug zur Einheit hergestellt wird. Nur wenn die Einheit (hier: die Fläche des Papierrechtecks) bei beiden Brüchen gleich ist, können diese verglichen werden. Ein Viertel von einem sehr großen Blatt kann mehr sein als die Hälfte eines kleinen Blattes.

Deutlich häufiger und im Alltag relevanter ist ein Vergleichen von Größenangaben in Kommaschreibweise. Das ist vergleichsweise leicht und unkompliziert, wenn die zu vergleichenden Zahlen die *gleiche Anzahl an Nachkommastellen* haben: 0,29 €<0,50 € oder 2,599 kg<2,600 kg.

Wie aber bereits in Abschn. 6.5 geschildert, sind Aufgaben, bei denen Dezimalbrüche mit gleicher Anzahl an Nachkommastellen auftreten, eher ungeeignet, um die „Komma trennt"-Fehlvorstellung festzustellen und zu thematisieren (Heckmann 2011).

Wünschenswert und für ein korrektes Vergleichen mit einer tragfähigen Strategie unverzichtbar sind daher Größenangaben bzw. Zahlen mit *unterschiedlicher Anzahl an Nachkommastellen:*

0,29 m und 0,5 m 2,599 kg und 2,6 kg.

Stopp – Aktivität!
Wie kann der Vergleich der beiden Werte jeweils anschaulich vorgenommen werden?

Zunächst werden die größten Stellenwerte verglichen. Sind diese verschieden, so kann die größere Zahl angegeben werden. Sind sie gleich, so wird der nächstkleinere Stellenwert verglichen. Sind diese verschieden, so kann die größere Zahl angegeben werden, und sind sie gleich, wird wieder der nächstkleinere Stellenwert betrachtet usw.

Der beschriebene Weg ist universell, d. h. für alle Dezimalbrüche anwendbar, denn er führt in endlich vielen Schritten zum Ziel.

Im Bereich Primarstufe wird dies jedoch nicht der Lösungsweg sein, der auf Verständnisgrundlage einen Vergleich von Dezimalbrüchen – in Verbindung mit Größen – ermöglicht. Hier werden die Größenangaben vielmehr dargestellt, sei es durch konkrete

Repräsentanten oder durch ihren Vergleich an Messinstrumenten (Wollenweber 2018b) wie in Abb. 6.24 dargestellt.

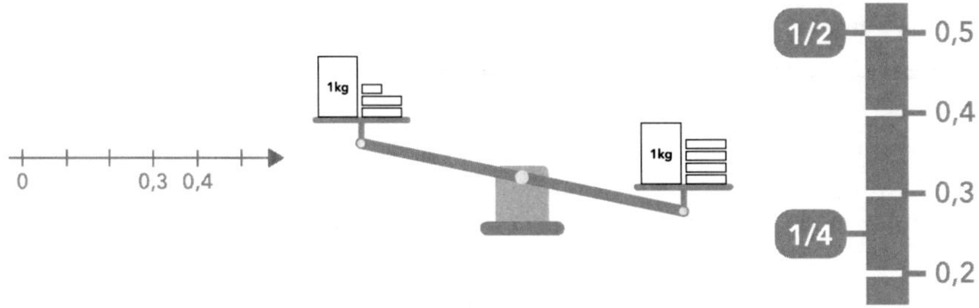

Abb. 6.24 Was ist länger? Was ist schwerer? Was hat mehr Inhalt?

Nun wird die Größerrelation im jeweiligen Größenbereich interpretiert: 0,4 m ist *länger* als 0,33 m, wohingegen 1,25 kg *leichter* ist als 1,4 kg und 0,45 l *weniger Raum einnehmen* als 0,5 l.

Werden Dezimalbrüche ohne Maßeinheit als Zahlen betrachtet, so eignen sich Zehnersystem-Materialien („Wo ist mehr?") und der Zahlenstrahl („Weiter rechts?"), um die Zahlen zu vergleichen (Padberg und Wartha 2017).

6.8 Subtraktion und Addition

Die bekannten *Grundvorstellungen* zur Subtraktion und Addition (Abschn. 4.3) bleiben auch bei Brüchen erhalten: Subtrahieren bedeutet Wegnehmen, Ergänzen, Teilmenge oder Unterschiedsbestimmen, Addieren bedeutet Zusammenfassen oder Hinzufügen.

Die *Strategien* zur Berechnung von Subtraktions- und Additionstermen sind jedoch zum Teil deutlich von denen verschieden, die von den natürlichen Zahlen (Abschn. 4.8) bekannt sind.

In den Jahrgangsstufen 1 bis 4 wird daher keine systematische Diskussion der Strategien zur Addition und Subtraktion von Zahlen in Bruchschreibweise erfolgen. Allerdings können bereits grundlegende Entdeckungen in Bezug auf Strategien zu diesen Rechenoperationen gemacht werden (Grassmann 1993):

- Zahlen wie $\frac{1}{2}$ und $\frac{1}{4}$ oder die Zeitspannen $\frac{1}{2}$ Stunde und $\frac{1}{4}$ Stunde können nicht ohne Weiteres zusammengefasst werden. Insbesondere können Strategien von den natürlichen Zahlen wie „Gleiches mit Gleichem" (Zehner und Zehner bzw. Einer und Einer) zu verknüpfen, nicht auf Brüche übertragen werden: $\frac{1}{2} + \frac{1}{4} \neq \frac{1+2}{2+4} = \frac{2}{6}$ (Abb. 6.25)

- Das Gleiche gilt für die Bildung der Differenz oder das Abziehen bei $\frac{1}{2} - \frac{1}{4}$.
- Um ein Ergebnis ablesen zu können, ist eine gemeinsame Unterteilung nötig (Abb. 6.25).

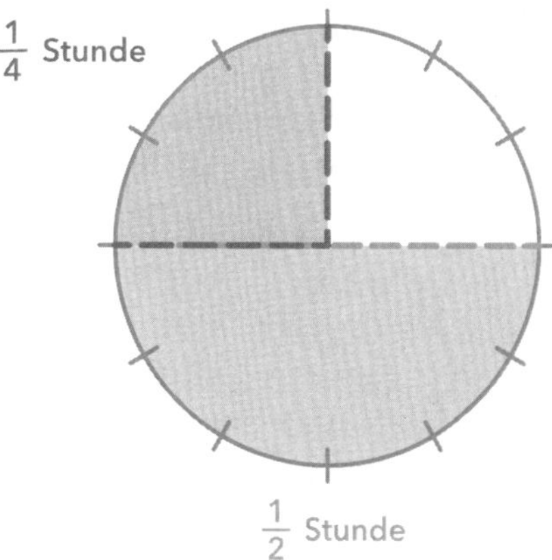

Abb. 6.25 $\frac{1}{2}$ und $\frac{1}{4}$ im Größenbereich Zeit

In Bezug auf Brüche in Dezimalschreibweise werden Strategien zur Addition und Subtraktion benötigt, wenn die Aufgaben in Abb. 6.26 bearbeitet werden sollen.

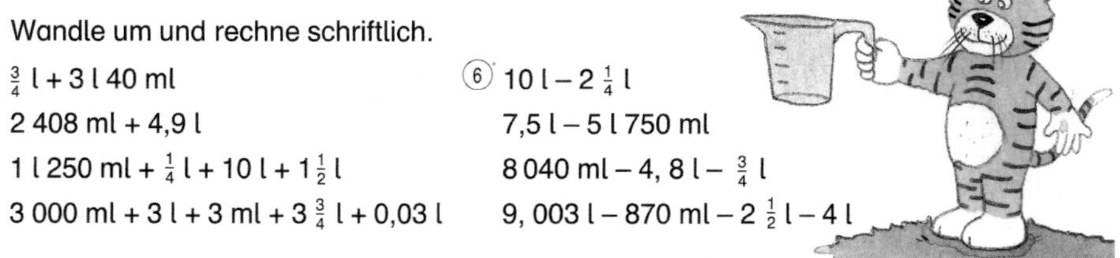

Wandle um und rechne schriftlich.

$\frac{3}{4}$ l + 3 l 40 ml
2 408 ml + 4,9 l
1 l 250 ml + $\frac{1}{4}$ l + 10 l + 1 $\frac{1}{2}$ l
3 000 ml + 3 l + 3 ml + 3 $\frac{3}{4}$ l + 0,03 l

(6) 10 l – 2 $\frac{1}{4}$ l
7,5 l – 5 l 750 ml
8 040 ml – 4, 8 l – $\frac{3}{4}$ l
9, 003 l – 870 ml – 2 $\frac{1}{2}$ l – 4 l

Abb. 6.26 Wer kann mir das Wasser reichen? Subtraktion in der Jahrgangsstufe 4 (*Mathetiger 4*, S. 71, © Mildenberger)

Erschwerend kommt bei diesem Beispiel hinzu, dass viele verschiedene Schreibweisen (getrennte Einheiten, Bruch- und Dezimaldarstellung) verwendet werden. Zu den Rechenprozessen des Addierens und Subtrahierens kommen also auch noch „Zahlumwandlungen" (Abschn. 6.6) dazu.

Bei den Aufgaben in Abb. 6.26 haben die Schulbuchautoren wohl den Anspruch, alle bisherigen Inhalte dieses Kapitels zusammenzubringen. Der Arbeitsauftrag „Rechne schriftlich" kann als problematisch gewertet werden. Schriftliches Rechnen ist Ziffernrechnen – also dem Aufbau und der Aktivierung von *Zahl*vorstellungen nicht zuträglich. Beispielsweise gelingt die Berechnung des Terms $10 - 2\frac{1}{4}$ auch anschaulich mit Brüchen ohne Umwandlung in Dezimalbrüche, ohne schriftlichen Algorithmus und kann dabei sogar noch Zahlvorstellungen aktivieren.

Es stellt sich darüber hinaus die Frage, ob diese Aufgaben überhaupt geeignet sind, das Thema Volumen zu thematisieren. Bis auf den Messbecher auf der Illustration bzw. die Größeneinheiten hinter den Zahlen werden keine Größenvorstellungen benötigt bzw. aufgebaut. Ob die Rechnung alltagsrelevant ist, kann sicher ebenfalls diskutiert werden.

Empfehlenswert wäre eher eine prozessorientierte Besprechung einer Aufgabe wie 8,2 cm – 7,99 cm. Konkrete Vorschläge hierzu sind z. B. bei Marxer und Wittmann (2011) ausgeführt.

Stopp – Aktivität!
Berechnen Sie 8,2 – 7,99 auf wenigstens drei verschiedenen Wegen. An welchen Arbeitsmitteln können Sie diese Wege bildlich darstellen?

Am Rechenstrich (Kap. 2 und Kap. 4) können verschiedene Wege dieser Aufgabe besprochen werden.

Schrittweise
Zunächst werden von 8,2 beispielsweise die Einer subtrahiert, dann die Zehntel und schließlich die Hundertstel (Abb. 6.27).

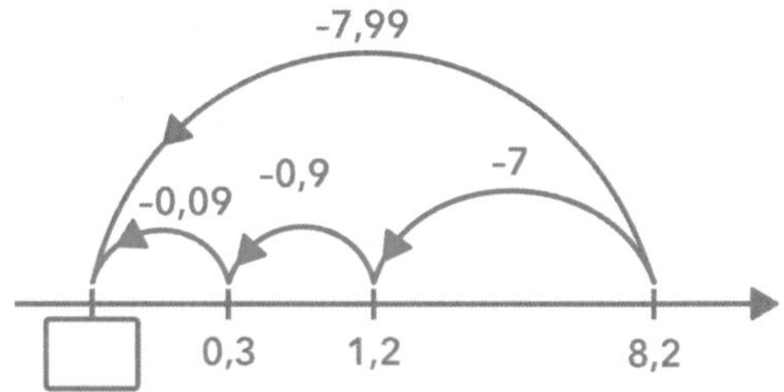

Abb. 6.27 8,2 – 7,99 schrittweise wegnehmend am Rechenstrich

Hilfsaufgabe
Hier wurden zunächst 8 Einer subtrahiert und anschließend ein Hundertstel wieder addiert (Abb. 6.28).

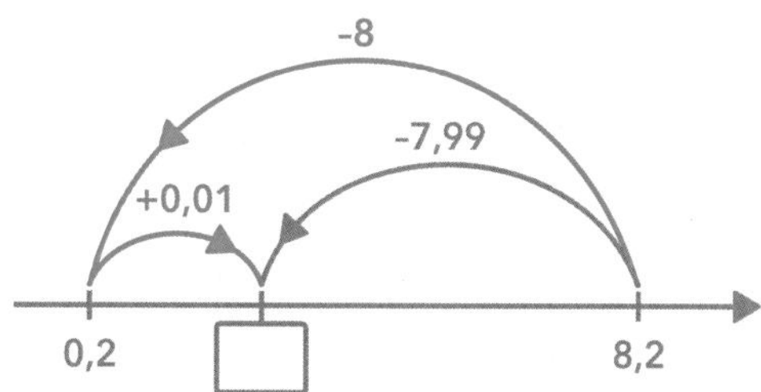

Abb. 6.28 8,2 – 7,99 über Hilfsaufgabe am Rechenstrich

Unterschied bestimmen
Der Abstand zwischen 7,99 und 8 beträgt 0,01, zwischen 8 und 8,2 beträgt er 0,2 – insgesamt also 0,21 (Abb. 6.29).

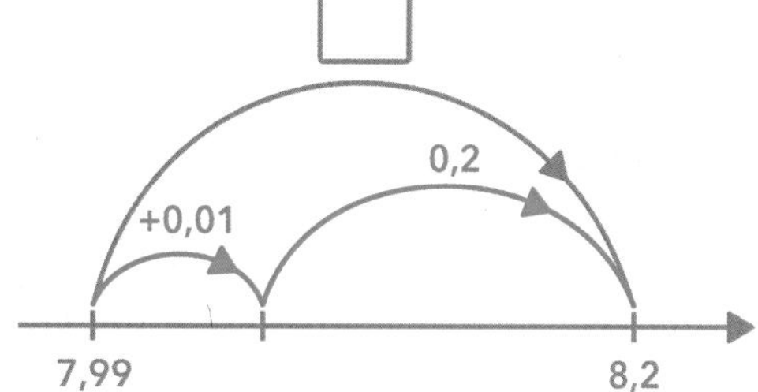

Abb. 6.29 8,2 – 7,99 schrittweise ergänzend am Rechenstrich

Der Vorteil der Besprechung von verschiedenen Rechenstrategien am Rechenstrich ist, dass durch die schrittweise Bearbeitung keine Ziffernstrategien zum Einsatz kommen können, sondern *Zahlen* durch das Nutzen von Zahlbeziehungen verrechnet werden (Abschn. 4.4). Hierbei ist es insbesondere nötig, dass die Zusammenhänge zwischen den Stellenwerten (bei Größen: zwischen Basis-Einheit und kleinerer Einheit) genutzt werden. Dass im vorliegenden Fall die verschiedenen Grundvorstellungen zur Subtraktion (Wegnehmen und Unterschiedsbestimmen) angesprochen werden können, liegt am bewusst gewählten Zahlenmaterial.

6.9 Multiplikation und Division

Die Grundvorstellungen zur Multiplikation und Division wurden in Abschn. 5.1 und Abschn. 5.3 ausführlich besprochen. Im allgemeinen Fall, bei dem ein Bruch mit einem Bruch multipliziert wird ($0{,}3 \cdot 0{,}4$), ist die wiederholte Addition nicht mehr tragfähig. Da es sich um nichtnatürliche Zahlen handelt, kann auch kein kartesisches Produkt aus den Zahlen gebildet werden. Nur noch die Vorstellung der Multiplikation als Anteilbildung ermöglicht die Übersetzung zwischen Rechenausdrücken und Modellen bzw. Rechengeschichten (Tab. 6.8 und Prediger und Schink 2009; Schink 2008; Schink und Meyer 2013).

Tab. 6.8 Beispiele für die multiplikative Anteilbildung einer Menge bzw. Größe

(Quasi-)Kardinalzahl bzw. Größe	Operator (z. B. mal $\frac{1}{4}$)
8 kg	$\frac{1}{4}$ mal 8 kg oder der vierte Teil von 8 kg oder ein Viertel von 8 kg $\frac{1}{4} \cdot 8\ \text{kg} = 8\ \text{kg} : 4 = 2\ \text{kg}$
7 Semmeln	$\frac{1}{4}$ mal 7 Semmeln oder der vierte Teil von 7 Semmeln oder ein Viertel von 7 Semmeln; der vierte Teil von 7 Semmeln ist ein bisschen weniger als 2 Genauer gesagt $7 : 4 = 1\,\frac{3}{4}$ $\frac{1}{4} \cdot 7$ Semmeln $= 1\frac{3}{4}$ Semmeln
4	$\frac{1}{4}$ mal 4 oder ein Viertel von 4 oder der vierte Teil von 4 $\frac{1}{4} \cdot 4 = 1$
Halbes Kilogramm	Ein viertel mal ein halbes Kilogramm oder der vierte Teil eines halben Kilogramms $\frac{1}{4} \cdot \frac{1}{2} = \frac{1}{2} : 4 = \frac{1}{8}$ kg
3,5 km	$\frac{1}{4}$ mal 3,5 km oder ein Viertel von 3,5 km oder der vierte Teil von 3,5 km $\frac{1}{4} \cdot 3{,}5\ \text{km} = 0{,}875\ \text{km}$
0,25 l	Ein viertel mal 0,25 l oder ein Viertel von 0,25 oder der vierte Teil von 0,25 l $\frac{1}{4} \cdot 0{,}25\ \text{l} = 0{,}25\ \text{l} : 4 = 0{,}0625\ \text{l}$
0,6	Ein viertel mal 0,6 oder $\frac{1}{4}$ von 0,6 oder der vierte Teil von 0,6 $\frac{1}{4} \cdot 0{,}6 = 0{,}6 : 4 = 0{,}15$
1 m = 100 cm	Ein viertel mal 1 m oder $\frac{1}{4} \cdot 1\ \text{m} = \frac{1}{4} \cdot 100\ \text{cm} = 100\ \text{cm} : 4 = 25\ \text{cm}$
1 h = 60 min	Ein viertel mal 1 h oder ein Viertel von einer Stunde oder eine viertel Stunde oder $\frac{1}{4} \cdot 1\ \text{h} = \frac{1}{4} \cdot 60\ \text{min} = 60\ \text{min} : 4 = 15\ \text{min}$
$\frac{1}{2}$ Liter	Ein viertel mal $\frac{1}{2}$ Liter oder ein Viertel von einem halben Liter oder $\frac{1}{4} \cdot \frac{1}{2}$ Liter $= \frac{1}{8}$ Liter

Zu beachten ist, dass das „von" in den Beschreibungen nicht *subtraktiv* gemeint ist: $\frac{1}{4}$ von 0,5 Litern bedeutet nicht, dass $\frac{1}{4}$ Liter von 0,5 Litern weggenommen werden (und nur noch ein viertel Liter übrigbleibt), sondern dass der vierte Teil von 0,5 Litern gesucht ist.

Hier wird offenkundig, dass die Grundvorstellung der Anteilbildung besonders wichtig ist, um Sachsituationen als mathematischen Rechenausdruck interpretieren zu können. Mit anderen Worten: Sie ist nötig, um zu wissen, was in der jeweiligen Situation in einen Taschenrechner einzugeben ist.

Wenn sich also ein Bruch nicht auf die Einheit, sondern auf eine andere Zahl oder eine Größenangabe bezieht, dann kann er als multiplikativer „Operator" interpretiert werden. Das ist eine Zahlfunktion, die die andere Zahl oder die Größenangabe über die Bruchzahl multiplikativ abbildet (Postel 1981). Wenn $\frac{3}{5}$ von 400 € bestimmt werden sollen, dann ist die Vorgehensweise strukturgleich zum Herstellen des Anteils, nur dass der Bezug nicht 1 (die Einheit), sondern 400 € ist (Abb. 6.30).

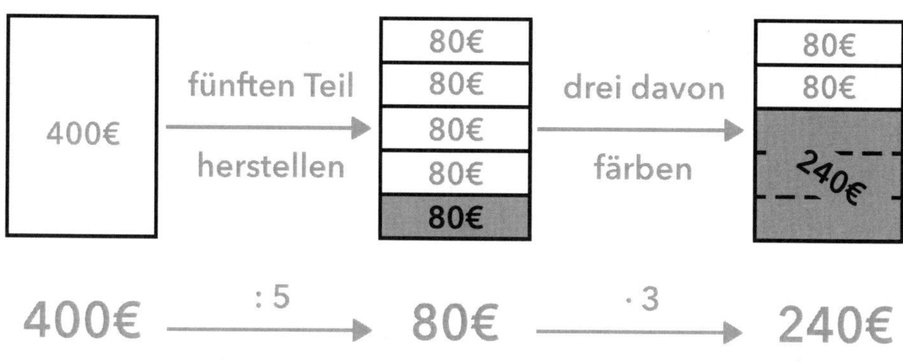

Abb. 6.30 $\frac{3}{5}$ von 400 €

Die Grundvorstellung der multiplikativen Anteilbildung ist in der Sekundarstufe vor allem bei der Prozentrechnung bedeutsam: 2 % von 5000 €, 60 % Zucker bei 200 g Schokolade, 10 % mehr Inhalt bei 500 g.

Welche Bedeutung hat die Grundvorstellung der Bruchmultiplikation als Anteilbildung, bei der die Zahl als Operator gedeutet wird, bereits in der Primarstufe?

Bei oberflächlicher Betrachtung handelt es sich um einen anspruchsvollen arithmetischen Inhalt, dessen Behandlung nur Kindern zugemutet werden kann, die beim Multiplizieren und Dividieren sicher sind. Der Bruchoperator wird jedoch bereits in der Jahrgangsstufe 1 angesprochen. Allerdings beschränkt er sich dort (und meistens bis einschließlich der Jahrgangsstufe 4) auf „ein Halb von" oder „die Hälfte von" (Rottmann 2006). Während bereits in der Jahrgangsstufe 1 die Hälfte von 8 oder 18 bestimmt wird, ist eine Thematisierung des Zusammenhangs zur Division durch 2 erst im zweiten Schuljahr vorgesehen.

Bereits in der Jahrgangsstufe 1 wird auch ein Zusammenhang zur Gegenoperation (Verdoppeln) hergestellt: „Welche Zahl muss ich verdoppeln, damit ich 16 bekomme?" Bei der systematischen Behandlung der Division im zweiten Schuljahr wird jedoch in der Regel keine Verbindung geschaffen, dass „ein Drittel von…" gleichbedeutend mit „geteilt durch 3" und die Umkehroperation von „Verdreifachen" ist.

Dieser Operatoraspekt ist die Grundlage für die Anteilbildung bei der Multiplikation. Eine Fortsetzung des Modells „wiederholte Addition" ist in der Regel beim Multiplizieren von (nichtganzzahligen) Brüchen nicht möglich. Der Rechenausdruck $3 \cdot 4$ kann anschaulich so gedeutet werden, dass drei mal vier Kästchen aufgemalt werden. Das Ergebnis ist die Gesamtanzahl der Kästchen (Abb. 6.31).

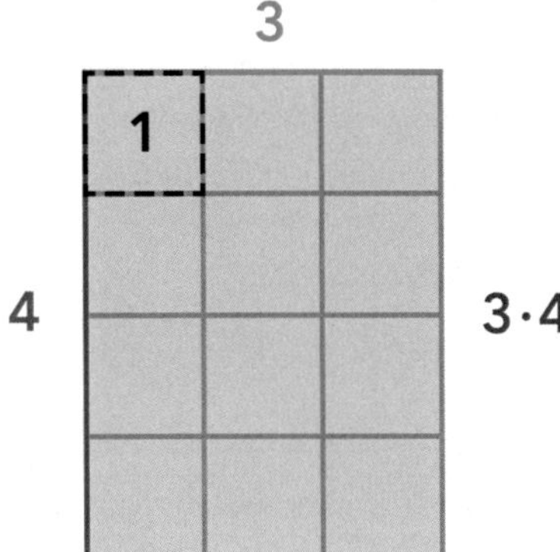

Abb. 6.31 $3 \cdot 4$ am Rechteck: eine „Dreierzeile", davon vier

Bei $\frac{2}{3} \cdot \frac{1}{4}$ können diskrete Mengenmodelle (Punkte, Plättchen ...) nicht eingesetzt werden, denn es können nicht $\frac{2}{3}$ Punkte $\frac{1}{4}$-mal so oft gezeichnet werden.

Jedoch kann bestimmt werden, wie viel $\frac{2}{3}$ von $\frac{1}{4}$ ist. Hierzu wird der Anteil $\frac{1}{4}$ betrachtet und hiervon $\frac{2}{3}$ bestimmt. Entsprechend kann auch $\frac{2}{3}$ von $\frac{1}{4}$ überlegt werden. Eine Darstellung im Rechteck stellt die Beziehung zum Rechteckmodell her. Zentral ist, dass hier Anteile betrachtet werden (Abb. 6.32). Das Ergebnis ist der Anteil des Anteils (Schink 2008).

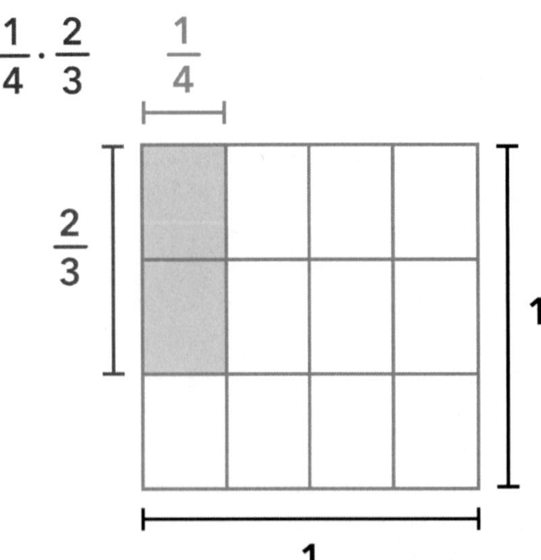

Abb. 6.32 $\frac{2}{3} \cdot \frac{1}{4}$ am Rechteck: zwei Drittel von einem Viertel

In den Sachkontexten bzw. am Modell wird deutlich: Das Ergebnis einer Multiplikation kann kleiner sein als beide Faktoren: $\frac{2}{3} \cdot \frac{1}{4} = \frac{2}{12}$ Dieser Anteil kann auch mit $\frac{1}{6}$ beschrieben werden und ist kleiner als $\frac{2}{3}$ und kleiner als $\frac{1}{4}$.

Bei der Multiplikation natürlicher Zahlen und unter dem Aspekt der wiederholten Addition mit Brüchen ist das Ergebnis immer größer als der erste Faktor. Zahlreiche Untersuchungen dokumentieren im Bereich Sekundarstufe, dass die Fehlvorstellung „Multiplizieren vergrößert immer“ein zentraler Grund für Schwierigkeiten bei Textaufgaben in multiplikativen Kontexten ist (Fischbein et al. 1984; Prediger 2011b; Wartha 2007). Daher ist die Diskussion an Modellen sehr wichtig, dass eine Multiplikation eine Anteilbildung bedeutet, die im Fall eines Operators kleiner als 1 den Ausgangswert verkleinert (Prediger 2008; Wartha 2007; Wartha und Wittmann 2009).

In Bezug auf die Grundvorstellungen zur Division wird in Tab. 6.9 klar, dass Verteil-Situationen nicht mehr (ohne Umwege) bearbeitet werden können.

Tab. 6.9 Grundvorstellungen zur Division

Johanna hat 12 Äpfel	$12:4$	$12:\frac{1}{4}$
Verteilen	Sie schenkt sie gerecht ihren vier Freunden. Wie viele bekommt jeder?	*Sie kann sie nicht einem viertel Freund schenken.*
Aufteilen	Sie legt immer vier Äpfel auf einen Teller. Wie viele Teller braucht sie?	Sie legt immer $\frac{1}{4}$ Apfel auf einen Teller. Wie viele Teller braucht sie?

Gerade im Bereich Größen können Aufteil- bzw. Ausmess-Vorgänge häufig vorkommen:

- Ein Baustein ist 5 cm lang. Wie viele werden benötigt, um 60 cm auszulegen?
- Wie viele Gewichtsstücke zu $\frac{1}{2}$ kg sind nötig, um 3 kg auszuwiegen?
- Ein Brennballspiel dauert $\frac{1}{4}$ h. Wie viele Spiele können in 2 h gespielt werden?

Wichtig ist nun, diese Situationen durch einen Rechenausdruck zu beschreiben, nicht nur mit Multiplikationsaufgaben mit Platzhalter ($5\text{ cm} \cdot x = 60\text{ cm}$), sondern als Divisionsaufgaben: $60\text{ cm} : 5\text{ cm} = ?$ oder $3\text{ kg} : \frac{1}{2}\text{ kg} = ?$ oder $2\text{ h} : \frac{1}{4}\text{ h} = ?$

Nur bei Ausmess-Aufgaben kann die interessante Beobachtung gemacht werden, dass das Ergebnis einer Division größer sein kann als die Zahlen des Terms: Ist das Messwerkzeug (der Divisor) kleiner als 1, so ist das Ergebnis größer als der Dividend: $2 : \frac{1}{4} = 8$.

Was auf Zahlenebene verstörend wirken kann, ist im Kontext sofort klar: „2 Äpfel sind da, auf jeden Teller kommt ein $\frac{1}{4}$ Apfel – wie viele Teller werden benötigt?“ (Prediger 2004).

Wenn Division in erster Linie mit Verteilen verbunden ist, so kann sich die Fehlvorstellung ausbilden, dass *Dividieren immer verkleinert.* Im Fall des Verteilens ist es auch meist so: Wenn eine Menge (12 Äpfel) an eine Anzahl an Menschen *verteilt* wird, dann erhält jeder weniger, als anfangs da war. Beim Aufteilen bzw. Ausmessen kann es hingegen passieren, dass mehr Portionen entstehen, als Objekte da sind – wenn die Portionsgröße kleiner als ein ganzes Objekt ist. Beim Messen ist die Anzahl der Messvorgänge auch größer als die auszumessende Größe, wenn das Messinstrument kleiner als die Einheit ist.

Die Grundvorstellung des Aufteilens bzw. Ausmessens ist auch tragfähig bei Aufgaben, bei denen zwei Brüche dividiert werden. So kann der Term $\frac{2}{3}:\frac{1}{4}$ im Kontext interpretiert werden durch die Rechengeschichte: „In einer Flasche sind $\frac{2}{3}$ Liter Saft, in jedes Glas passt $\frac{1}{4}$ Liter. Wie viele Portionen ergibt das?“ Wünschenswert ist, dass auch bei Termen wie $\frac{2}{3}:\frac{1}{4}$ „der Rechendrang unterdrückt“ wird und zunächst die Zahlen in Bezug auf das Operationszeichen interpretiert werden. Bereits vor dem Rechnen kann nach einer Einschätzung des Ergebnisses gefragt werden. Die Erwartungshaltung, dass das Ergebnis zwischen 2 und 3 (Portionen) liegt, ermöglicht eine Evaluation des Ergebnisses auch nach der Berechnung.

Ein zweites Beispiel ist der Term $\frac{1}{2}:\frac{3}{4}$, bei dem der Dividend kleiner als der Divisor ist. Im entsprechenden Aufteil-Kontext kann dieser Term in folgende Situation eingebettet werden: „Es gibt einen halben Liter Wein, in jede Flasche passen $\frac{3}{4}$ Liter. Wie viele Flaschen können gefüllt werden?“ Auch in diesem Fall sollte nicht das Ausrechnen an erster Stelle stehen, sondern die Überlegung, wie groß das Ergebnis sein kann. Bei Betrachtung der Zahlen im Divisionskontext fällt auf, dass nicht einmal eine Flasche mit dem angegebenen Volumen ganz befüllt werden kann. Das zu erwartende Ergebnis ist also kleiner als 1. Es ist aber auch größer als $\frac{1}{2}$, denn mit einem halben Liter Wein ist die Flasche mehr als halb voll.

Strategien zur Bearbeitung von Multiplikations- und Divisionstermen sollen an dieser Stelle nicht diskutiert werden. Das sind klassische Themen der Sekundarstufe (Padberg und Wartha 2017). Die dafür nötigen Voraussetzungen wie tragfähige Grundvorstellungen zur Division und sichere Strategien zur Berechnung von Divisionstermen werden hingegen spätestens ab der Jahrgangsstufe 2 gelegt (Kap. 5).

6.10 Zusammenfassung

In der Primarstufe sollten daher folgende Inhalte thematisiert werden, da diese die Grundlage für einen erfolgreichen Bruchzahlen-Lehrgang in der Sekundarstufe bilden können. Insbesondere können diese Inhalte Gegenstand einer *Eingangsdiagnose* vor der Besprechung von Brüchen sein:

- Grundvorstellungen zu den Rechenoperationen Addition und Subtraktion mit natürlichen Zahlen und ggf. Brüchen
- Grundvorstellungen zur Multiplikation, insbesondere Verwendung von rechteckigen Darstellungen zur Veranschaulichung mit natürlichen Zahlen
- Grundvorstellungen zur Division, insbesondere des Messens/Aufteilens mit natürlichen Zahlen und ggf. mit Brüchen
- Grundvorstellungen zu Zahlen als Mengen- und Positionsangaben, insbesondere Verwendung des Zahlenstrahls
- Zusammenhang zwischen Multiplikation und Division als Umkehroperation
- Grundvorstellung Bruch als Anteil (Fläche und Positionsangabe) bei $\frac{1}{2}$, $\frac{1}{4}$, $\frac{3}{4}$, die die Interpretation in *verschiedenen* Darstellungen und Größenbereichen ermöglicht
- Grundvorstellung Bruch als Operator bei $\frac{1}{2}$ und die Interpretation in verschiedenen Darstellungen, Zahlen und Größenbereichen
- Wissen um die Äquivalenz $\frac{2}{4} = \frac{1}{2} = 0{,}5 = 0{,}50$

Der Übergang zu den Brüchen kann nun geschaffen werden, wenn auch beim Weiterarbeiten Folgendes berücksichtigt wird:

- Schwerpunkt auf die Ausbildung von Grundvorstellungen legen und an die bisherigen Grundvorstellungen anknüpfen, wo dies möglich ist (Addition als Zusammenfassen und Hinzufügen, Subtraktion als Wegnehmen, Ergänzen, Teilmengen und Unterschiedsbestimmung, Division als Ausmessen),
- das Stellenwertsystem erweitern und in Gebrauch nehmen,
- bisher tragfähige Strategien, die nicht fortgesetzt werden können, bewusst aufgreifen, besprechen und relativieren bzw. erweitern: „Komma trennt", Multiplizieren als wiederholte Addition, Division als Verteilen, „Multiplizieren vergrößert immer", „Dividieren verkleinert immer",
- alltagstaugliche, mathematisch jedoch bedenkliche Zahlinterpretationen bei Größenangaben („Komma trennt") kritisch reflektieren und nicht durch Merksätze bestätigen,
- mit Zahlen rechnen, nicht mit Ziffern.

Hierdurch wird das Rechnen nicht nur als Selbstzweck unterrichtet, sondern um Grundvorstellungen zu aktivieren und auszubilden. Somit werden Anlässe zum Kommunizieren, Darstellen und Argumentieren geschaffen.

Anhang

Bisher erschienene Bände der Reihe Mathematik Primarstufe und Sekundarstufe I + II

Herausgegeben von
Prof. Dr. Friedhelm Padberg, Universität Bielefeld
Prof. Dr. Andreas Büchter, Universität Duisburg-Essen

Bisher erschienene Bände (Auswahl):

Didaktik der Mathematik

T. Bardy/P. Bardy: Mathematisch begabte Kinder und Jugendliche (P)
C. Benz/A. Peter-Koop/M. Grüßing: Frühe mathematische Bildung (P)
M. Franke/S. Reinhold: Didaktik der Geometrie (P)
M. Franke/S. Ruwisch: Didaktik des Sachrechnens in der Grundschule (P)
K. Hasemann/H. Gasteiger: Anfangsunterricht Mathematik (P)
K. Heckmann/F. Padberg: Unterrichtsentwürfe Mathematik Primarstufe, Band 1 (P)
K. Heckmann/F. Padberg: Unterrichtsentwürfe Mathematik Primarstufe, Band 2 (P)
F. Käpnick: Mathematiklernen in der Grundschule (P)
G. Krauthausen: Digitale Medien im Mathematikunterricht der Grundschule (P)
G. Krauthausen: Einführung in die Mathematikdidaktik (P)
G. Krummheuer/M. Fetzer: Der Alltag im Mathematikunterricht (P)
F. Padberg/C. Benz: Didaktik der Arithmetik (P)
E. Rathgeb-Schnierer/C. Rechtsteiner: Rechnen lernen und Flexibilität entwickeln (P)
P. Scherer/E. Moser Opitz: Fördern im Mathematikunterricht der Primarstufe (P)
H.-D. Sill/G. Kurtzmann: Didaktik der Stochastik in der Primarstufe (P)
A.-S. Steinweg: Algebra in der Grundschule (P)
G. Hinrichs: Modellierung im Mathematikunterricht (P/S)

© Der/die Herausgeber bzw. der/die Autor(en), exklusiv lizenziert durch Springer-Verlag GmbH, DE, ein Teil von Springer Nature 2021

A. Schulz und S. Wartha, *Zahlen und Operationen am Übergang Primar-/ Sekundarstufe,* Mathematik Primarstufe und Sekundarstufe I + II,
https://doi.org/10.1007/978-3-662-62096-0

A. Pallack: Digitale Medien im Mathematikunterricht der Sekundarstufen I + II (P/S)
R. Danckwerts/D. Vogel: Analysis verständlich unterrichten (S)
C. Geldermann/F. Padberg/U. Sprekelmeyer: Unterrichtsentwürfe Mathematik Sekundarstufe II (S)
G. Greefrath: Didaktik des Sachrechnens in der Sekundarstufe (S)
G. Greefrath: Anwendungen und Modellieren im Mathematikunterricht (S)
G. Greefrath/R. Oldenburg/H.-S. Siller/V. Ulm/H.-G. Weigand: Didaktik der Analysis für die Sekundarstufe II (S)
K. Heckmann/F. Padberg: Unterrichtsentwürfe Mathematik Sekundarstufe I (S)
K. Krüger/H.-D. Sill/C. Sikora: Didaktik der Stochastik in der Sekundarstufe (S)
F. Padberg/S. Wartha: Didaktik der Bruchrechnung (S)
V. Ulm/M. Zehnder, Mathematische Begabung in der Sekundarstufe (S)
H.-J. Vollrath/H.-G. Weigand: Algebra in der Sekundarstufe (S)
H.-J. Vollrath/J. Roth: Grundlagen des Mathematikunterrichts in der Sekundarstufe (S)
H.-G. Weigand/T. Weth: Computer im Mathematikunterricht (S)
H.-G. Weigand et al.: Didaktik der Geometrie für die Sekundarstufe I (S)
A. Schulz/S. Wartha: Zahlen und Operationen am Übergang Primar-/Sekundarstufe (P/S)

Mathematik

M. Helmerich/K. Lengnink: Einführung Mathematik Primarstufe – Geometrie (P)
A. Büchter/F. Padberg: Arithmetik und Zahlentheorie (P/S)
A. Büchter/F. Padberg: Einführung in die Arithmetik (P/S)
K. Appell/J. Appell: Mengen – Zahlen – Zahlbereiche (P/S)
A. Filler: Elementare Lineare Algebra (P/S)
H. Humenberger/B. Schuppar: Mit Funktionen Zusammenhänge und Veränderungen beschreiben (P/S)
S. Krauter/C. Bescherer: Erlebnis Elementargeometrie (P/S)
H. Kütting/M. Sauer: Elementare Stochastik (P/S)
T. Leuders: Erlebnis Algebra (P/S)
T. Leuders: Erlebnis Arithmetik (P/S)
F. Padberg/A. Büchter: Elementare Zahlentheorie (P/S)
F. Padberg/R. Danckwerts/M. Stein: Zahlbereiche (P/S)
H. Albrecht: Elementare Koordinatengeometrie(S)
B. Barzel/M. Glade/M. Klinger: Algebra und Funktionen – Fachlich und Fachdidaktisch (S)
A. Büchter/H.-W. Henn: Elementare Analysis (S)
B. Schuppar: Geometrie auf der Kugel – Alltägliche Phänomene rund um Erde und Himmel (S)

B. Schuppar/H. Humenberger: Elementare Numerik für die Sekundarstufe (S)
G. Wittmann: Elementare Funktionen und ihre Anwendungen (S)
S. Bauer, Mathematisches Modellieren (S)
P: Schwerpunkt Primarstufe
S: Schwerpunkt Sekundarstufe

Literatur

Aebli, H. (1976). *Grundformen des Lehrens*. 9. stark erweiterte und umgearbeitete Auflage. Klett.

Akinwunmi, K., Deutscher, T. & Selter, C. (2014). Schriftlich Multiplizieren. In C. Selter, S. Prediger, M. Nührenbörger & S. Hußmann (Hg.), *Mathe sicher können: Diagnose- und Förderkonzept zur Sicherung mathematischer Basiskompetenzen. Natürliche Zahlen* (1. Aufl., S. 153–162). Cornelsen.

Archer, S. & Condon, C. (1999). Decimals: addressing students' misconceptions. In N. Scott (Hg.), *Mathematics across the ages* (S. 46–54). Mathematical Association of Victoria.

Ashcraft, M. H. & Moore, M. M. (2012). Cognitive processes of numerical estimation in children. *Journal of experimental child psychology*, *111*(2), 246–267.

Baturo, A. R. (1999). Place value, multiplicativity, reunitizing and effective classroom teaching of decimal numeration. In *Proceedings of the 8th South East Asian Conference on Mathematics Education: Mathematics for the 21st Century*, May 30 – June 4, 1999, Manila.

Baiker, A., & Götze, D. (2019). Distributive Zusammenhänge inhaltlich erklären können – Einblicke in eine sprachsensible Förderung von Grundschulkindern. In A. Frank, S. Krauss & K. Binder (Hrsg.), *Beiträge zum Mathematikunterricht 2019* (S. 69-72). Münster: WTM-Verlag.

Bauersfeld, H. (2002). Interaktion und Kommunikation – Verstehen und Verständigung. *Grundschule, 34*(3), 10–14.

Bauersfeld, H. (2015). Die prinzipielle Unschärfe unserer Begriffe. In T. Fritzlar & F. Käpnick (Hg.), *Schriften zur mathematischen Begabungsforschung: Bd. 4. Mathematische Begabungen: Denkansätze zu einem komplexen Themenfeld aus verschiedenen Perspektiven* (S. 105–129). WTM-Verlag.

Bayerisches Staatsministerium für Bildung und Kultus, Wissenschaft und Kunst. (2014). *LehrplanPLUS Grundschule*. https://www.km.bayern.de/epaper/LehrplanPLUS/files/assets/common/downloads/publication.pdf

Beishuizen, M. & Klein, T. (1997). Eine Aufgabe – viele Strategien. Zweitklässler lernen mit dem leeren Zahlenstrahl. *Grundschule*(3), 22–24.

Beishuizen, M. (1993). Mental strategies and aterials or models for addition and subtraction up to 100 in Dutch second grades. *Journal for Research in Mathematics Education*, *24*, 294–323.

Beishuizen, M. (1999). The empty number line a a new model. In I. Thompson (Hg.), *Issues in teaching numeracy in primary schools* (S. 157–168). Open University Press.

Benz, C. (2005). *Erfolgsquoten, Rechenmethoden, Lösungswege und Fehler von Schülerinnen und Schülern bei Aufgaben zur Addition und Subtraktion im Zahlenraum bis 100. Texte zur mathematischen Forschung und Lehre: Bd. 40*. Franzbecker.

© Der/die Herausgeber bzw. der/die Autor(en), exklusiv lizenziert durch Springer-Verlag GmbH, DE, ein Teil von Springer Nature 2021

A. Schulz und S. Wartha, *Zahlen und Operationen am Übergang Primar-/Sekundarstufe,* Mathematik Primarstufe und Sekundarstufe I + II,
https://doi.org/10.1007/978-3-662-62096-0

Benz, C. (2007). Die Entwicklung der Rechenstrategien bei Aufgaben des Typs ZE±ZE im Verlauf des zweiten Schuljahres. *Journal für Mathematikdidaktik*, *27*(1), 49–73.

Berlin-Brandenburg, R. (2015). https://bildungsserver.berlin-brandenburg.de/fileadmin/bbb/unterricht/rahmenlehrplaene/Rahmenlehrplanprojekt/amtliche_Fassung/Teil_C_Mathematik_2015_11_10_WEB.pdf

Bönig, D. (1995). *Multiplikation und Division. Empirische Untersuchungen zum Operationsverständnis bei Grundschülern.* Münster, New York: Waxmann.

Brekke, G. (1996). A decimal number is a pair of whole numbers. In L. Puig & A. Gutiérrez (Hg.), *20th Conference of the International Group for the Psychology of Mathematics Education (PME 20). Proceedings* (Vol. 2, S. 137–144).

Brueckner, L. J. (1928). Analysis of Difficulties in Decimals. *Elementary School Journal*, *29*(1), 32–41.

Büchter, A. & Leuders, T. (2014). *Mathematikaufgaben selbst entwickeln: Lernen fördern – Leistung überprüfen* (6. Aufl.). Cornelsen.

Büchter, A. & Padberg, F. (2019). *Einführung Mathematik Primarstufe – Arithmetik.* Springer Spektrum.

Carpenter, T. P., Fennema, E. & Romberg, T. A. (Hg.). (1993). *Rational Numbers: An Integration of Research.* Lawrence Erlbaum Associates.

Dahaene, S. (1997). *Number sense.* University Press.

Dahaene, S. (1999). *Der Zahlensinn oder warum wir rechnen können. Basel: Birkhäuser.*

Fischbein, E., Deri, M. & Marino, M. S. (1984). The role of implicit Models in solving problems in multiplication and division. *Journal of Research in Mathematics Education, 16*(1), 231–245.

Flegg, G. & Hay, C., Moss, B. (1985). *Nicolas Chuquet, Renaissance Mathematician A study with extensive translation of Chuquet's mathematical manuscript completed in 1484.* Springer Netherlands.

Franke, M. (2006). *Didaktik der Geometrie in der Grundschule* (2. Aufl.). Spektrum Akademischer Verlag.

Franke, M. & Reinhold, S. (2016). *Didaktik der Geometrie in der Grundschule* (3. Aufl.). *Mathematik Primarstufe und Sekundarstufe I + II.* Springer Spektrum.

Franke, M. & Ruwisch, S. (2010). *Didaktik des Sachrechnens in der Grundschule* (2. Aufl.). *Mathematik Primarstufe und Sekundarstufe I + II.* Spektrum, Akad. Verl.

Fritz, A., Ehlert, A. & Leutner, D. (2018). Arithmetische Konzepte aus kognitiv-entwicklungspsychologischer Sicht. *Journal für Mathematikdidaktik, 39*(1), 7–42.

Fromme, M. (2016). *Stellenwertverständnis im Zahlenraum bis 100: Theoretische und empirische Analysen.* https://doi.org/10.1007/978-3-658-14775-4 https://doi.org/10.1007/978-3-658-14775-4

Fuson, K. C. (1988). *Children's counting and concepts of number.* Springer.

Fuson, K. C., Wearne, D. & Hiebert, J. (1997). Children's conceptual structures for multidigit numbers and methods of multidigit addition and subtraction. *Journal of Research in Mathematics Education* (2), 130–162.

Gaidoschik, M. (2003). Zehner und Einer: Die ersten Schritte. Anregungen für die Erarbeitung von Stellenwertverständnis im Zahlenraum bis 99. In F. Lenart, N. Holzer & H. Schaupp (Hg.), *Rechenschwäche – Rechenstörung – Dyskalkulie: Erkennung, Prävention, Förderung* (S. 182–189). Leykam.

Gaidoschik, M. (2007). *Rechenschwäche vorbeugen: Das Handbuch für LehrerInnen und Eltern: 1. Schuljahr: Vom Zählen zum Rechnen.* öbv & hpt.

Gaidoschik, M. (*2008*). *Rechenschwäche – Dyskalkulie. Eine unterrichtspraktische Einführung für LehrerInnen und Eltern.* Pearson.

Gaidoschik, M. (2014). *Einmaleins verstehen, vernetzen, merken: Strategien gegen Lernschwierigkeiten* (1. Aufl.). Klett and Kallmeyer.

Gaidoschik, M. (2009). Didaktogene Faktoren bei der Verfestigung des „zählenden Rechnens". In A. Fritz, G. Ricken, S. Schmidt (Hrsg.), *Handbuch Rechenschwäche 2. Auflage* (S. 166-180). Weinheim: Beltz.

Gaidoschik, M. (2010). *Wie Kinder rechnen lernen – oder auch nicht. Eine empirische Studie zur Entwicklung von Rechenstrategien im ersten Schuljahr.* Frankfurt am Main: Peter Lang.

Kaufmann, S. & Wessolowski, S. (2006). *Rechenstörungen. Diagnose und Förderbausteine.* Seelze: Klett/Kallmeyer.

Gasteiger, H. & Paluka-Grahm, S. (2013). Strategieverwendung bei Einmaleinsaufgaben – Ergebnisse einer explorativen Interviewstudie. *Journal für Mathematik-Didaktik*, *34*(1), 1–20. https://doi.org/10.1007/s13138-012-0044-8

Gellert, A. & Steinbring, H. (2013). Students constructing meaning for the number line in small-group discussions: negotiation of essential epistemological issues of visual representations. *ZDM*, *46*, 15–27.

Gerlach, M. (2007). *Entwicklungsaspekte des Rechnenlernens: Fördermöglichkeiten bei beeinträchtigtem Erwerb mathematischer Kompetenzen im Grundschulalter.* Universität Duisburg-Essen. https://duepublico.uni-duisburg-essen.de/servlets/DerivateServlet/Derivate-19876/Diss_Gerlach.pdf

Gerster, H.-D. (1982). *Schülerfehler bei schriftlichen Rechenverfahren – Diagnose und Therapie.* Herder.

Gerster, H.-D. & Walter, R. (1973). *Mehr System im Mehrsystem-Rechnen.* Herder.

Grassmann, M. (1993). Klasse 4: 3–7 = -4 oder 3–7 nicht loesbar. Brueche und negative Zahlen bereits vor Klasse 5 im Unterricht. *Mathematik in der Schule*, *31*(3), 135–141.

Grassmann, M. (2012). Veranschaulichen von großen Zahlen. *Praxis Grundschule*, *5*, 8–18.

Grassmann, M. & Fritzlar, T. (2012). Keine Angst vor großen Zahlen – Zahlvorstellungen entwickeln. *Praxis Grundschule*(5), 4–6.

Greeno, J. G. (1991). Number sense as situated knowing in a conceptual domain. *Journal for Research in Mathematics Education*, *22*(3), Artikel 218, 170.

Häsel-Weide, U., Nührenbörger, M., Moser Opitz, E. & Wittich, C. (2013). *Ablösung vom zählenden Rechnen: Fördereinheiten für heterogene Lerngruppen.* Kallmeyer.

Hasemann, K. & Gasteiger, H. (2014). *Anfangsunterricht Mathematik* (3. Aufl.). *Mathematik Primarstufe und Sekundarstufe I + II.* Springer Spektrum. https://doi.org/10.1007/978-3-642-40774-1

Heckmann, K. (2005). Von Euro und Cent zu Stellenwerten: Zur Entwicklung des Stellenwertverständnisses. *Mathematica Didactica*, *28*(2), 71–87.

Heckmann, K. (2006). *Zum Dezimalbruchverständnis von Schülerinnen und Schülern: Theoretische Analyse und empirische Befunde.* Logos-Verl.

Heckmann, K. (2011). Ausbildung von Dezimalbruchverständnis über Sachprobleme? Eine differenzierte Analyse. *Der Mathematikunterricht*(3), 55–62.

Hefendehl-Hebeker, L., Vom Hofe, R., Büchter, A., Humenberger, H., Schulz, A. & Wartha, S. (2019). Subject-matter didactics. In H. N. Jahnke & L. Hefendehl-Hebeker (Hg.), *ICME-13 Monographs. Traditions in German-Speaking Mathematics Education Research* (S. 25–59). Springer International Publishing.

Heinze, A., Marschick, F. & Lipowsky, F. (2009). Addition and subtraction of three-digit numbers: adaptive strategy use and the influence of instruction in German third grade. *ZDM*, *41*(5), 591–604. https://doi.org/10.1007/s11858-009-0205-5

Heinze, A., Star, J. R. & Verschaffel, L. (2009). Flexible and adaptive use of strategies and representations in mathematics education. *ZDM, 41*(5), 535–540. https://doi.org/10.1007/s11858-009-0214-4

Heirdsfield, A. M. & Cooper, T. J. (2002). Flexibility and inflexibility in accurate mental addition and subtraction: two case studies. *Journal of Mathematical Behavior, 21*(1), 57–74.

Helme, S. & Stacey, K. (2000). Can minimal support for teachers make a difference to students' understanding of decimals? *Mathematics teacher education and development*(2), 105–120.

Hessisches Kultusministerium. (1995). *Rahmenplan Grundschule.* https://kultusministerium.hessen.de/sites/default/files/HKM/rahmenplan_grundschule_95.pdf

Höhtker, B. & Selter, C. (1995). Von der Hunderterkette zum leeren Zahlenstrahl. In G. N. Müller & E. Wittmann (Hg.), *Mit Kindern rechnen* (S. 122–137). Arbeitskreis Grundschule.

Höhtker, B. & Selter, C. (1999). Normal verfahren? Viertklässler reflektieren über Rechenmethoden. *Die Grundschulzeitschrift, 13*(125), 19–21.

Jensen, S. & Gasteiger, H. (2019). „Ergänzen mit Erweitern" und „Abziehen mit Entbündeln" – Ein explorative Studie zu spezifischen Fehlern und zum Verständnis des Algorithmus. *Journal für Mathematikdidaktik, 40*(2), 135–167.

Käpnick, F. (2014). *Mathematiklernen in der Grundschule.* Springer.

Kaufmann, S. (2003). *Früherkennung von Rechenstörungen in der Eingangsklasse der Grundschule und darauf abgestimmte remediale Maßnahmen.* Zugl.: Ludwigsburg, Pädag. Hochsch., Diss., 2002. *Europäische Hochschulschriften Reihe 11, Pädagogik: Bd. 880.* Lang.

Klein, A. S., Beishuizen, M. & Treffers, A. (1998). The empty number line in Dutch second grades: realistic versus gradual program design. *Journal for Research in Mathematics Education, 29*, 443–464.

KMK. (2004). *Bildungsstandards im Fach Mathematik für den Primarbereich (Jahrgangsstufe 4).* https://www.kmk.org/fileadmin/veroeffentlichungen_beschluesse/2004/2004_10_15-Bildungsstandards-Mathe-Primar.pdf

König-Wienand, A. (2003). Der Zahlenstrahl auf eigenen Wegen. *Grundschule*(3), 26–27.

Krauthausen, G. (2018). *Einführung in die Mathematikdidaktik – Grundschule* (4. Aufl.). *Mathematik Primarstufe und Sekundarstufe I + II.* Springer Spektrum. https://doi.org/10.1007/978-3-662-54692-5

Krauthausen, G. & Scherer, P. (2007). *Einführung in die Mathematikdidaktik* (3. Aufl.). Spektrum Akademischer Verlag.

Kuhnke, K. (2013). *Vorgehensweisen von Grundschulkindern beim Darstellungswechsel: Eine Untersuchung am Beispiel der Multiplikation im 2. Schuljahr.* Springer.

Kutzer, R. (1999). Überlegungen zur Unterrichtssituation im Sinne strukturorientierten Lernens. In H. Probst (Hg.), *Mit Behinderungen muss gerechnet werden: Der Marburger Beitrag zur lernprozessorientierten Diagnostik, Beratung und Förderung* (S. 15–69). Jarick Oberbiel.

Landesinstitut für Schule und Medien Berlin-Brandenburg (Hg.). (2019). *ILeA plus. Handbuch für Lehrerinnen und Lehrer. Mathematik.*

Lemaire, P. & Siegler, R. S. (1995). Four aspects of strategic change: Contributions to children's learing of multiplication. *Journal of Experimental Psychology, 124*, 83–97.

Lorenz, J. H. (1992). *Anschauung und Veranschaulichungsmittel im Mathematikunterricht: Mentales visuelles Operieren und Rechenleistung* (1. Aufl.). Hogrefe.

Lorenz, J. H. (1997). Is mental calculation just strolling around in an imaginary number space? In M. Beishuizen, Gravenmeijer K. P. E. & E.C.D.M. van Lishout (Hg.), *The role of contexts and models in the development of mathematical strategies and procedures* (S. 199–213). Freudenthal Institute.

Lorenz, J. H. (2008). *Mathematikus* ([Neubearb.], Dr. A, 2). Westermann.

Lorenz, J. H. (2010). Der leere Zahlenstrahl. Hilfe bei der Entwicklung von Zahlensinn, Zahlraumerweiterungen und Rechenstrategien. *Mathematik differenziert, 1*(2), 10–12.

Lorenz, J. H. & Radatz, H. (1993). *Handbuch des Förderns im Mathematikunterricht*. Schroedel Schulbuchverl.

Marxer, M. & Wittmann, G. (2011). Förderung des Zahlenblicks – Mit Brüchen rechnen, um ihre Eigenschaften zu verstehen. *Der Mathematikunterricht*, *57*(3), 26–36.

Marxer, M. & Wittmann, G. (2013). Auch Dezimalbrüche sind Brüche: Mit Dezimalbrüchen flexibel rechnen, um ihre Eigenschaften zu verstehen. *Praxis der Mathematik in der Schule*, *55*(52), 30–34.

Ministerium für Bildung, Familie, Frauen und Kultur des Saarlandes. (2009). *Kernlehrplan Mathematik Grundschule*.

Ministerium für Bildung, Wissenschaft, Weiterbildung und Kultur Rheinland-Pfalz. (2014). *Rahmenplan Grundschule – Teilrahmenplan Mathematik*. https://lehrplaene.bildung-rp.de

Ministerium für Kultus, Jugend und Sport Baden-Württemberg. (2016). *Bildungsplan der Grundschule – Mathematik*. https://www.bildungsplaene-bw.de/site/bildungsplan/get/documents/lsbw/export-pdf/depot-pdf/ALLG/BP2016BW_ALLG_GS_M.pdf

Ministerium für Schule und Ausbildung in Mecklenburg-Vorpommern. *Rahmenplan Grundschule Mathematik*. https://www.bildung-mv.de/eltern/schule-und-unterricht/faecher-und-rahmenplaene/rahmenplaene-an-allgemeinbildenden-schulen/mathematik/

Ministerium für Schule und Weiterbildung des Landes Nordrhein-Westfalen. (2008). *Richtlinien und Lehrpläne für die Grundschule in Nordrhein-Westfalen* (1. Aufl.). *Schule in NRW: Bd. 2012*. Ritterbach.

Mosandl, C. & Nührenbörger, M. (2014). Zahlen ordnen und vergleichen. In C. Selter, S. Prediger, M. Nührenbörger & S. Hußmann (Hg.), *Mathe sicher können: Diagnose- und Förderkonzept zur Sicherung mathematischer Basiskompetenzen. Natürliche Zahlen* (1. Aufl., S. 40–67). Cornelsen.

Mosandl, C. & Sprenger, L. (2014). Von den natürlichen Zahlen zu den Dezimalzahlen – nicht immer ein einfacher Weg! *Praxis der Mathematik in der Schule*(56), 16–21.

Moser Opitz, E. (2007). *Rechenschwäche/Dyskalkulie: Theoretische Klärungen und empirische Studien an betroffenen Schülerinnen und Schülern*. Haupt.

Moser Opitz, E. (2009). Erwerb grundlegender Konzepte in der Grundschulmathematik als Voraussetzung für das Mathematiklernen in der Sekundarstufe I. In A. Fritz (Hg.), *Pädagogik. Fördernder Mathematikunterricht in der Sekundarstufe I: Rechenschwierigkeiten erkennen und überwinden* (S. 29–45). Beltz.

Müller, G. N. & Wittmann, E. C. (1984). *Der Mathematikunterricht in der Primarstufe*. Vieweg.

Neumann, R. (1997a). *Probleme von Gesamtschülern bei ausgewählten Teilaspekten des Bruchzahlbegriffes: Eine empirische Untersuchung*. Jacobs.

Neumann, R. (1997b). Probleme von Gesamtschülern mit dem dezimalen Stellenwertaufbau. *Mathematische Unterrichtspraxis*(3), 38–46.

Neumann, R. (2000). Sind gemeine Brüche und Dezimalbrüche zwei verschiedene Arten von Zahlen oder zwei verschiedene Schreibweisen für ein und dieselben Zahlen? Ergebnisse einer empirischen Untersuchung an Hauptschülern und Gymnasialschülern. *Der Mathematikunterricht*(2), 38–49.

Niedersächsisches Kultusministerium. (2017). *Kerncurriculum für die Grundschule – Schuljahrgänge 1–4*. https://db2.nibis.de/1db/cuvo/datei/0003_gs_mathe_56.pdf

Nührenbörger, M. & Schwarzkopf, R. (2013). Gleichheiten in operativen Übungen. Entdeckungen an Pluspfeilen. *Mathematik differenziert*, *4*(1), 23–28.

Oser, F., Hascher, T. & Spychiger, M. (1999). Lernen aus Fehlern. Zur Psychologie des negativen Wissens. In W. Althof (Hg.), *Fehlerwelten: Vom Fehlermachen und Lernen aus Fehlern: Beiträge und Nachträge zu einem Interdisziplinären Symposium aus Anlaß des 60. Geburtstags von Fritz Oser* (S. 11–41). Leske + Budrich.

Padberg, F. (1991). Problembereiche bei der Behandlung von Dezimalbrüchen – eine empirische Untersuchung an Gymnasialschülern. *Der Mathematikunterricht*(2), 39–69.

Padberg, F. (2009). *Didaktik der Bruchrechnung* (4. Aufl.). Springer Spektrum.

Padberg, F. & Benz, C. (2020). *Didaktik der Arithmetik*(5. Aufl.). Springer Spektrum.

Padberg, F., Danckwerts, R. & Stein, M.(1995). *Zahlbereiche*. Springer Spektrum.

Padberg, F. & Thiemann, K. (2002). Alles noch beim Alten? Eine vergleichende Untersuchung über typische Schülerfehler beim schriftlichen Multiplizieren. *Sache – Wort – Zahl*(50), 38–45.

Padberg, F. & Wartha, S. (2017). *Didaktik der Bruchrechnung*. Springer Spektrum.

Pearn, C. A. (2007). Using Paper Folding, Fraction Walls, and Number Lines to Develop Understanding of Fractions for Students from Years 5–8. *Australian Mathematics Teacher*, *63*(4), 31–36.

Peeters, D., Degrande, T., Ebersbach, M., Verschaffel, L. & Luwel, K. (2016). Children's use of number line estimation strategies. *European Journal of Psychology of Education*, *31*, 117–134.

Peltenburg, M., van den Heuvel-Panhuizen, M. & Robitzsch, A. (2011). Special education students' use of indirect addition in solving subtraction problems up to 100 – A proof of the didactical potential of an ignored procedure. *Educational Studies in Mathematics*, *79*(3), 351–369.

Peter-Koop, A., Lüken, M. & Rottmann, T. (Hg.). (2015). *Inklusiver Mathematikunterricht in der Grundschule*. Mildenberger.

Peter-Koop, A. & Nührenbörger, M. (2008a). Größen und Messen. In G. Walter (Hg.), *Handbuch zur Implementation der Bildungsstandards Mathematk – Grundschule.* Cornelsen Scriptor.

Peter-Koop, A. & Nührenbörger, M. (2008b). Größen und Messen. In G. Walther, M. van den Heuvel-Panhuizen, D. Granzer & O. Köller (Hg.), *Bildungsstandards für die Grundschule: Mathematik konkret: Mit CD-ROM* (S. 89–117). Cornelsen.

PIK AS. (2010). *Haus 5: Themenbezogene Individualisierung – Flexibles Rechnen*. https://www.pikas.uni-dortmund.de

Postel, H. (1981). Größen- oder Operatorkonzept in der Bruchrechnung? *Mathematikunterricht*, *27*(4), 16–46.

Prediger, S. (2004). Brüche bei den Brüchen – angreifen oder umschiffen? *Mathematik lehren*(123), 10–13.

Prediger, S. (2008). The relevance of didactic categories for analysing obstacles in conceptual change: Revisiting the case of multiplication of fractions. *Learning and Instruction*, *18*(1), 3–17. https://doi.org/10.1016/j.learninstruc.2006.08.001

Prediger, S. (2011a). Vorstellungsentwicklungsprozesse initiieren und untersuchen: Einblicke in einen Forschungsansatz am Beispiel Vergleich und Gleichwertigkeit von Brüchen in der Streifentafel. *Der Mathematikunterricht*, *57*(3), 5–14.

Prediger, S. (2011b). Why Johnny Can't Apply Multiplication? Revisiting the Choice of Operations with Fractions. *International Electronic Journal of Mathematics Education*, *6*(2), 65–88.

Prediger, S. & Schink, A. (2009). „Three eights of which whole?“: Dealing with changing referent wholes as a key to the part-of-part-model for the multiplication of fractions. In M. Tzekaki, M. Kaldrimidou & H. Sakonidis (Hg.), *Proceedings of the 33rd Conference of the International Group for the Psychology of Mathematics Education* (S. 409–416). PME.

Prediger, S., Freesemann, O., Moser Opitz, E. & Hußmann, S. (2013). Unverzichtbare Verstehensgrundlage statt kurzfristiger Reparatur – Förderung bei mathematischen Lernschwierigkeiten in Klasse 5. *Praxis der Mathematik in der Schule*, *55*(51), 12–17.

Radatz, H. (1983). Untersuchungen zum Lösen eingekleideter Aufgaben. *Journal für Mathematikdidaktik*, *4*(3), 205–217.

Radatz, H., Schipper, W., Dröge, R. & Ebeling, A. (1998). *Handbuch für den Mathematikunterricht* (7. Aufl.). *Anregungen zur Unterrichtspraxis*. Schroedel.

Rathgeb-Schnierer, E. (2004). Aufgaben sortieren. *Mathematik Grundschule*(4), 10–15.

Rathgeb-Schnierer, E. (2006). *Kinder auf dem Weg zum flexiblen Rechnen: Eine Untersuchung zur Entwicklung von Rechenwegen bei Grundschulkindern auf der Grundlage offener Lernangebote und eigenständiger Lösungsansätze*. Franzbecker.

Rathgeb-Schnierer, E. (2008). Zahlenblick als Voraussetzung für flexibles Rechnen. *Grundschulmagazin*(4), 8–12.

Rathgeb-Schnierer, E. & Rechtsteiner, C. (2018). *Rechnen lernen und Flexibilität entwickeln: Grundlagen – Förderung – Beispiele. Mathematik Primarstufe und Sekundarstufe I + II*. Springer Berlin Heidelberg. https://doi.org/10.1007/978-3-662-57477-5

Rechtsteiner-Merz, C. (2011). Den Zahlenblick schulen. Flexibles Rechnen entwickeln. *Die Grundschulzeitschrift*, 248–249.

Rechtsteiner-Merz, C. (2013). *Flexibles Rechnen und Zahlenblickschulung: Entwicklung und Förderung von Rechenkompetenzen bei Erstklässlern, die Schwierigkeiten beim Rechnenlernen zeigen*. Waxmann.

Rechtsteiner-Merz, C. (2015). Einen Blick für Zahl- und Aufgabenbeziehungen entwickeln – (gerade) auch mit schwachen Kindern. *Fördermagazin Grundschule*(4), 10–15.

Resnick, L. B. (1983). A development theory of number understanding. In H. P. Ginsburg (Hg.), *The development of mathematical thinking* (S. 110–151). Academic Press.

Resnick, L. B. (1989). Developing mathematical knowledge. *American Psychologist*, *44*, 162–169.

Riley, M. S., Greeno, J. G. & Heller, J. I. (1983). Development of Children's Problem-Solving Ability in Arithmetic. In H. P. Ginsburg (Hg.), *The development of mathematical thinking* (S. 153–196). Academic Press.

Roche, A. (2005). Longer is larger – or is it? *Australian Primary Mathematics Classroom, 10*(3), 11–16.

Roche, A. (2010). Decimats: Helping Students To Make Sense Of Decimal Place Value. *Australian Primary Mathematics Classroom, 15(1), 4*–11.

Röhr, M. (1992). »Alle Teller sind 4x6« – Ein Bericht über die ganzheitliche Einführung des Einmaleins. *Die Grundschulzeitschrift*(6), 26–28.

Roos, S. (2015). „Je größer die Zahl, desto größer die Schritte". *Grundschule Mathematik*(3), 26–27.

Ross, S. H. (1989). Parts, Wholes and Place Value: A Developmental View. *Arithmetic teacher*, *36*(6), 47–51.

Rottmann, T. (2006). *Das kindliche Verständnis der Begriffe „die Hälfte" und „das Doppelte": Theoretische Grundlegung und empirische Untersuchung*. Franzbecker.

Rottmann, T. (2011). Multi-Pack – Ein operatives Übungsformat für die Multiplikation. *Mathematik differenziert*(2), 30–35.

Ruwisch, S. (2015a). Keine Zahl steht für sich allein. Von direkten und relationalen Zahlvorstellungen. *Grundschule Mathematik*, *44*(1), 40–43.

Ruwisch, S. (2015b). Wie die Zahlen im Kopf wirksam werden. Merkmale tragfähiger Zahlvorstellungen. *Grundschule Mathematik*, *44*(1), 4–5.

Sächsisches Staatsministerium für Kultus. (2019). *Lehrplan Grundschule Mathematik*. Landesamt für Schule und Bildung.

Saxe, G. B., Diakow, R. & Gearhart, M. (2013). Towards curricular coherence in integers and fractions: a study of the efficacy of a lesson sequence that uses the number line as the principal representational context. *ZDM*, *45*(3), 343–364. https://doi.org/10.1007/s11858-012-0466-2

Sayers, J., Andrews, P. & Björklund Boistrup, L. (2016). The role of conceptual subitising in the development of foundational number sense. In T. Meaney, O. Helenius, M. L. Johansson, T. Lange & A. Wernberg (Hg.), *Mathematics Education in the Early Years* (S. 371–396). Springer.

Sayers, J. & Barber, P. (2014). It is quite confusing isn't it? In U. Kortenkamp, B. Brandt, C. Benz, G. Krummheuer, S. Ladel & R. Vogel (Hg.), *Early Mathematics Learning – Selected Papers of the POEM Conference 2012* (S. 21–36). Springer.

Schäfer, J. (2005). *Rechenschwäche in der Eingangsstufe der Hauptschule: Lernstand, Einstellungen und Wahrnehmungsleistungen: Eine empirische Studie. Schriftenreihe Didaktik in Forschung und Praxis: Bd. 27.* Kovač.

Scherer, P. & Moser Opitz, E. (2010). *Fördern im Mathematikunterricht der Primarstufe. Mathematik Primar- und Sekundarstufe.* Spektrum, Akad. Verl.

Scherer, P. & Steinbring, H. (2004). Übergang von halbschriftlichen Rechenstrategien zu schriftlichen Algorithmen – Addition im Tausenderraum. In P. Scherer & D. Bönig (Hg.), *Beiträge zur Reform der Grundschule: Bd. 117. Mathematik für Kinder – Mathematik von Kindern.* Grundschulverband – Arbeitskreis Grundschule.

Schink, A. (2008). Vom Falten zum Anteil vom Anteil – Untersuchungen zu einem Zugang zur Multiplikation von Brüchen. In E. Vásárhelyi & M. Link (Hg.), *Beiträge zum Mathematikunterricht 2008* (S. 697–704). WTM.

Schink, A. (2013). *Flexibler Umgang mit Brüchen: Empirische Erhebung individueller Strukturierungen zu Teil, Anteil und Ganzem. Dortmunder Beiträge zur Entwicklung und Erforschung des Mathematikunterrichts: v. 9.* Springer.

Schink, A. & Meyer, M. (2013). Teile vom Ganzen – Brüche beziehungsreich verstehen. *Praxis der Mathematik in der Schule, 55*(52), 2–8.

Schipper, W. & Hülshoff, A. (1984). Wie anschaulich sind Veranschaulichungshilfen? *1984, 29*(10), 43–45.

Schipper, W. (2005). Übungen zur Prävention von Rechenstörungen. *Die Grundschulzeitschrift, 19*(182), 1–16.

Schipper, W. (2007). Schriftliches Rechnen als neue Chance für rechenschwache Kinder. In J. H. Lorenz & W. Schipper (Hg.), *Hendrik Radatz: Impulse für den Mathematikunterricht* (S. 118–134). Schroedel.

Schipper, W. (2009). *Handbuch für den Mathematikunterricht an Grundschulen.* Schroedel.

Schipper, W., Dröge, R. & Ebeling, A. (2000). *Handbuch für den Mathematikunterricht 4. Schuljahr.* Schroedel.

Schipper, W., Ebeling, A. & Dröge, R. (2015). *Handbuch für den Mathematikunterricht* (Druck A). Schroedel Westermann.

Schipper, W., Wartha, S. & Schroeders, N. (2011). *BIRTE 2 – Bielefelder Rechentest für das 2. Schuljahr: Handbuch zur Diagnostik und Förderung.* Schroedel.

Schmassmann, M. (2017). „Geht das hier ewig weiter?" Dezimalbrüche, Größen, Runden und der Stellenwert. In A. Fritz, S. Schmidt & G. Ricken (Hg.), *Handbuch Rechenschwäche: Lernwege, Schwierigkeiten und Hilfen bei Dyskalkulie* (3. Aufl., S. 167–185). Beltz.

Schöttler, C. (2019). *Deutung dezimaler Beziehungen: Epistemologische und partizipatorische Analysen von dyadischen Interaktionen im inklusiven Mathematikunterricht. Research.* Springer Spektrum.

Schulz, A. (2014). *Fachdidaktisches Wissen von Grundschullehrkräften: Diagnose und Förderung bei besonderen Problemen beim Rechnenlernen.* Springer.

Schulz, A. (2015). Wie kommt das Rechnen in den Kopf? Übungsmöglichkeiten zur Verinnerlichung von Handlungen. *Fördermagazin Grundschule, 37*(4), 15–21.

Schulz, A. (2016). Inverses Schreiben und Zahlendreher – Eine empirische Studie zur inversen Schreibweise zweistelliger Zahlen. In *Beiträge zum Mathematikunterricht 2016: Vorträge auf der 50. Tagung für Didaktik der Mathematik vom 07.03.2016 bis 11.03.2016 in Heidelberg* (S. 883–886). WTM – Verlag für wissenschaftliche Texte und Medien.

Schulz, A. (2017). Multiplikation verstehen – durch Anschauungsmaterial zu Grundvorstellungen. *Mathematik lehren*(201), 17–22.

Schulz, A. (2018a). Orientierung am Zahlenstrahl – Funktionen und Deutung. In P. Bender & T. Wassong (Hg.), *Beiträge zum Mathematikunterricht 2018: Vorträge zur Mathematikdidaktik und zur Schnittstelle Mathematik/Mathematikdidaktik auf der gemeinsamen Jahrestagung GDM und DMV 2018 (52. Jahrestagung der Gesellschaft für Didaktik der Mathematik)* (S. 1663–1666). WTM Verlag für wissenschaftliche Texte und Medien.

Schulz, A. (2018b). Der „Werkzeugkoffer" – Mentale Werkzeuge für die grundlegenden Rechenoperationen. *Grundschule Mathematik*(57), 4–7.

Schulz, A. & Reinold, M. (2017). Stellenwerte gemeinsam verstehen. In C. Selter (Hg.), *Guter Mathematikunterricht – Konzeptionelles und Beispiele aus dem Projekt PIKAS* (S. 49–53). Cornelsen.

Schulz, A. & Walter, D. (2017). *Stellenwerte üben – Didaktischer Kommentar für Lehrerinnen und Lehrer zu einer Übungsapp für Android-Tablets.* https://www.mathematik.tu-dortmund.de/sites/daniel-walter/download/DidaktischerKommentar_Stellenwerte.pdf

Schulz, A. & Wartha, S. (2011). Materialeinsatz im Mathematikunterricht: Risiken und Chancen. *MNU primar*, *3*(2), 49–59.

Schulz, A., Wartha, S. & Benz, C. (2019). Niveaustufe C: Bezug zum Rahmenlehrplan und Aufgabenauswahl. In Landesinstitut für Schule und Medien Berlin-Brandenburg (Hg.), *ILeA plus. Handbuch für Lehrerinnen und Lehrer. Mathematik* (S. 94–115).

Schulz, A., Wartha, S., Benz, C. & Bayer, S. (2019a). Niveaustufe C: Förderinhalte aus den Auswertungen. In Landesinstitut für Schule und Medien Berlin-Brandenburg (Hg.), *ILeA plus. Handbuch für Lehrerinnen und Lehrer. Mathematik* (S. 116–145).

Schütte, S. (2004). Rechenwegsnotation und Zahlenblick als Vehikel des Aufbaus flexibler Rechenkompetenzen. *Journal für Mathematikdidaktik*, *25*(2), 130–148.

Schütte, S. (2008). *Qualität im Mathematikunterricht der Grundschule sichern. Für eine zeitgemäße Unterrichts- und Aufgabenkultur*. Oldenbourg.

Selter, C. (1994). *Eigenproduktionen im Arithmetikunterricht der Grundschule. Grundsätzliche Überlegungen und Realisierungen in einem Unterrichtsversuch zum multiplikativen Rechnen im zweiten Schuljahr.* Deutscher Universitätsverlag.

Selter, C. (Hg.). (2017). *Guter Mathematikunterricht – Konzeptionelles und Beispiele aus dem Projekt PIKAS*. Cornelsen.

Selter, C. (2001). Addition and subtraction of three-digit numbers: German elementary children's success, methods, and strategies. *Educational Studies in Mathematics*, *47*, 145–173.

Selter, C. & Spiegel, H. (1997). *Wie Kinder rechnen*. E. Klett Grundschulverlag.

Selter, C. (1998). Building on Children's Mathematics – a Teaching Experiment in Grade Three. *Educational Studies in Mathematics*, *36*(1), 1–27. https://doi.org/10.1023/A:1003111425076

Selter, C. (2000). Vorgehensweisen von Grundschüler(innen) bei Aufgaben zur Addition und Subtraktion im Zahlenraum bis 1000. *Journal für Mathematikdidaktik*, *21*(2), 227–258.

Selter, C. (2009). Creativity, flexibility, adaptivity, and strategy use in mathematics. *ZDM Mathematics Education*, *41*, 619–625. https://doi.org/10.1007/s11858-009-0203-7

Siegler, R. S. & Thompson, C. (2014). Numerical landmarks are useful – except when they're not. *Journal of experimental child psychology*, *120*, 39–58.

Söbbeke, E. (2005). *Zur visuellen Strukturierungsfähigkeit von Grundschulkindern: Epistemologische Grundlagen und empirische Fallstudien zu kindlichen Strukturierungsprozessen mathematischer Anschauungsmittel*. Franzbecker.

Söbbeke, E. & Steenpaß, A. (2014). Deutungsaufgaben zu Anschauungsmitteln. *Mathematik differenziert*(4), 10–13.

Sprenger, L. (2018). *Zum Begriff des Dezimalbruchs*. Springer. https://doi.org/10.1007/978-3-658-19160-3

Steinbring, H. (1994). Die Verwendung strukturierter Diagramme im Arithmetikunterricht der Grundschule: Zum Unterschied zwischen empirischer und theoretischer Mehrdeutigkeit mathematischer Zeichen. *Mathematische Unterrichtspraxis*(4), 7–19.

Stern, E. (1998). *Die Entwicklung des mathematischen Verständnisses im Kindesalter*. Pabst Science Publ.

Teppo, A. & van den Heuvel-Panhuizen, M. (2014). Visual representations as objects of analysis: the number line as an example. *ZDM*, *46*(1), 45–58.

Threlfall, J. (2002). Flexible mental calculation. *Educational Studies in Mathematics*, *50*(1), 29–47.

Threlfall, J. (2009). Strategies and flexibility in mental calculation. *ZDM Mathematics Education*, *41*, 541–555. https://doi.org/10.1007/s11858-009-0195-3

Thüringer Ministerium für Bildung, Wissenschaft und Kultur. (2010). *Lehrplan für die Grundschule und die Förderschule mit Bildungsgang Grundschule – Mathematik*. https://www.schulportal-thueringen.de/media/detail?tspi=1262

Tiedemann, K. (2019). Mit Sprache kann man rechnen!*Mathematik differenziert*, *10*(3), 6–9.

Tiedemann, K. (2020). Praktiken des Beschreibens – Zu Funktionen der Sprache bei der Erarbeitung des Teilschrittverfahrens im Zahlenraum bis 100. *Journal für Mathematik-Didaktik*. Advance online publication. https://doi.org/10.1007/s13138-020-00161-4

Torbeyns, J., Smedt, B., Ghesquière, P. & Verschaffel, L. (2009). Jump or compensate? Strategy flexibility in the number domain up to 100. *ZDM*, *41*(5), 581–590. https://doi.org/10.1007/s11858-009-0187-3

Torbeyns, J., Verschaffel, L. & Ghesquière, P. (2006). The Development of Children's Adaptive Expertise in the Number Domain 20 to 100. *Cognition and Instruction*, *24*(4), 439–465. https://doi.org/10.1207/s1532690xci2404_2

Treffers, A. (2001). Numbers and numbers relationships. In M. van den Heuvel-Panhuizen (Hg.), *Children learn mathematics: A Lerning-teaching trajectory with indermediate attainment targets for calculation with whole numbers in primary school* (S. 101–120). Freudenthal Institute.

Tunç-Pekkan, Z. (2015). An analysis of elementary school children's fractional knowledge depicted with circle, rectangle, and number line representations. *Educational Studies in Mathematics*, *89*(3), 419–441. https://doi.org/10.1007/s10649-015-9606-2

Unteregge, S. & Wollenweber, T. (2018). Der Austausch macht's. Anregungen zu einer materialgestützten Einführung in die halbschriftliche Division in kooperativen Lernsituationen.(1), 42–46.

van de Walle, J. A. (2004). *Elementary and middle school mathematics: Teaching developmentally*. Pearson.

Verboom, L. (2014). Darstellen – eine vernachlässigte Kompetenz. *Grundschule Mathematik*, *41*(2), 40–43.

Vom Hofe, R. (1992). Grundvorstellungen mathematischer Inhalte als didaktisches Modell. *Journal für Mathematikdidaktik*, *13*(4), 345–364.

Vom Hofe, R. (1995). *Grundvorstellungen mathematischer Inhalte. Texte zur Didaktik der Mathematik*. Spektrum, Akad. Verl.

Vom Hofe, R. (2014). Primäre und sekundäre Grundvorstellungen. In J. Roth & J. Ames (Hg.), *Beiträge zum Mathematikunterricht 2014* (S. 1267–1270). WTM.

Wartha, S., Benz, C. & Finke, L. (2014). Rechenstrategien und Zahlvorstellungen von Fünftklässlern im Zahlenraum bis 1000. In J. Roth & J. Ames (Hg.), *Beiträge zum Mathematikunterricht 2014* (S. 1275–1278). WTM.

Wartha, S., Forcher, C., Finke, L. & Zimmermann, M. (2018). Mach den Unterschied: Wegnehmende oder unterschiedbestimmende Strategien bei Subtraktionsaufgaben bewusst auswählen. *Mathematik differenziert*(1), 22–30.

Wartha, S. (2007). Längsschnittliche Analysen zur Entwicklung des Bruchzahlbegriffs. *Journal für Mathematikdidaktik, 28*(3/4), 341–342.

Wartha, S. (2009). Zur Entwicklung des Bruchzahlbegriffs – didaktische Analysen und längsschnittliche Befunde. *Journal für Mathematikdidaktik, 29*(1), 55–79.

Wartha, S. (2014). Grundvorstellungen und schriftliche Rechenverfahren. In J. Roth & J. Ames (Hg.), *Beiträge zum Mathematikunterricht 2014* (S. 1279–1282). WTM.

Wartha, S., Hörhold, J., Kaltenbach, M. & Schu, S. (2019). *Grundvorstellungen aufbauen – Rechenprobleme überwinden*. Westermann.

Wartha, S. & Schulz, A. (2011). *Aufbau von Grundvorstellungen (nicht nur) bei besonderen Schwierigkeiten beim Rechnen.* https://www.sinus-an-grundschulen.de/fileadmin/uploads/Material_aus_SGS/Handreichung_WarthaSchulz.pdf

Wartha, S. & Schulz, A. (2012). *Rechenproblemen vorbeugen: Grundvorstellungen aufbauen: Zahlen und Rechnen bis 100* (1. Aufl.). Cornelsen.

Wartha, S., Schulz, A. & Benz, C. (2019). Niveaustufe B: Bezug zum Rahmenlehrplan und Aufgabenauswahl. In Landesinstitut für Schule und Medien Berlin-Brandenburg (Hg.), *ILeA plus. Handbuch für Lehrerinnen und Lehrer. Mathematik* (S. 44–61).

Wartha, S. & Wittmann, G. (2009). Ursachen für Lernschwierigkeiten im Bereich des Bruchzahlbegriffs und der Bruchrechnung. In A. Fritz (Hg.), *Pädagogik. Fördernder Mathematikunterricht in der Sekundarstufe I: Rechenschwierigkeiten erkennen und überwinden* (S. 73–108). Beltz.

Wendt, H., Bos, W., Selter, Ch., Köller, O., Schwippert, K. & Kasper, D. (Hrsg.) (2016). *TIMSS 2015 Mathematische und naturwissenschaftliche Kompetenzen von Grundschulkindern in Deutschland im internationalen Vergleich.* Münster: Waxmann.

Wessel, J. (2015). *Grundvorstellungen und Vorgehensweisen bei der Subtraktion: Dissertation.* Springer.

Wessel, L. (2015). *Fach- und sprachintegrierte Förderung durch Darstellungsvernetzung und Scaffolding: Ein Entwicklungsforschungsprojekt zum Anteilbegriff.* Springer Spektrum.

Wild, S. (2018). *Dezimalzahlen in der Grundschule – Theoretische Grundlagen und eine empirische Untersuchung der Lernchancen im Kontext Größen.* Pädagogische Hochschule, Karlsruhe.

Winkel, K. (2008). Auf dem Weg zur schriftlichen Multiplikation – Kinder reflektieren Zusammenhänge. *Grundschulunterricht*(1), 25–28.

Winter, H. (1984). Bruchrechnen am Streifenmuster: Ein Beispiel zum medienorientierten Leben. *Mathematik lehren*(2), 24–28.

Winter, H. (1999). *Mehr Sinnstiftung, mehr Einsicht, mehr Leistungsfähigkeit im Mathematikunterricht, dargestellt am Beispiel der Bruchrechnung.* https://www.matha.rwth-aachen.de/de/lehre/ss09/sfd/Bruchrechnen.pdf.

Wittmann, E. (1993). „Weniger ist mehr“: Anschauungsmittel im Mathematikunterricht der Grundschule. In K. P. Müller (Hg.), *Beiträge zum Mathematikunterricht* (S. 394–397). Franzbecker.

Wittmann, E. & Müller, G. N. (1996). *Handbuch produktiver Rechenübungen Bd. 2: vom halbschriftlichen zum schriftlichen Rechnen.* Klett.

Wittmann, E. C. & Müller, G. N. (2017). *Handbuch produktiver Rechenübungen. Band 1.* Klett.

Wollenweber, T. (2016). Dezimalzahlen im Kontext von Größen im Mathematikunterricht der Grundschule. In A. S. Steinweg (Hg.), *Mathemaitk Grundschule: Band 6. Inklusiver Mathematikunterricht – Mathematiklernen in ausgewählten Förderschwerpunkten: Tagungsband des AK Grundschule in der GDM 2016* (S. 85–88). University of Bamberg Press.

Wollenweber, T. (2018a). „Genauso wie 'ne Geheimschrift, die kann auch keiner lesen" – Kommazahlen im Kontext von Größen in der Grundschule. In U. Kortenkamp & A. Kuzle (Hg.), *Beiträge zum Mathematikunterricht 2017: 51. Jahrestagung der Gesellschaft für Didaktik der Mathematik* (S. 1057–1060). WTM, Verlag für wissenschaftliche Texte und Medien.

Wollenweber, T. (2018b). Den Nachkommastellen auf der Spur. Operative Erkundungen mit Gewichten an der Balkenwaage. *Fördermagazin Grundschule*(4), 15–18.

Wollring, B. (2006). Kindermuster und Pläne dazu – Lernumgebungen zur frühen geometrischen Förderung. In M. Grüßing & A. Peter-Koop (Hg.), *Die Entwicklung mathematischen Denkens in Kindergarten und Grundschule: Beobachten, fördern, dokumentieren* (S. 80–102). Mildenberger.

Wollring, B. (2015a). Kombinatorik im Grundschulunterricht. Fachsystematische und fachdidaktische Betrachtungen. *Mathematik differenziert*, 1, 6-9.

Wollring, B. (2015b). Concept Maps und Plakat-Verfahren. Herstellen kombinatorischer Muster in der Grundschule. *Mathematik differenziert*, 1, 12-17.

Zhang, X., Clements, M. A. & Ellerton, N. F. (2015). Conceptual mis(understandings) of fractions: From area models to multiple embodiments. *Mathematics Education Research Journal*, *27*(2), 233–261. https://doi.org/10.1007/s13394-014-0133-8

Zuber, J., Pixner, S., Möller, K. & Nürk, H. C. (2009). On the language specificity of basic number processing: Transcoding in a language with inversion and its relation to working memory capacity. *Journal of experimental child psychology*, *102*, 60–77

Schulbücher

Denken und Rechnen 4 (2019), ISBN: 978-3-14-126324-4
Mathematik heute 5 (2012), ISBN: 978-3-507-87751-1
Mathetiger 4 (2007), ISBN: 978-3-619-45036-7
Welt der Zahl 2 (2017), ISBN: 978-3-507-04802-7
Das Zahlenbuch 2 (2017), ISBN: 978-3-12-201750-7
Das Zahlenbuch 4 (2013), ISBN: 978-3-12-201640-1

© Der/die Herausgeber bzw. der/die Autor(en), exklusiv lizenziert durch Springer-Verlag GmbH, DE, ein Teil von Springer Nature 2021

A. Schulz und S. Wartha, *Zahlen und Operationen am Übergang Primar-/Sekundarstufe,* Mathematik Primarstufe und Sekundarstufe I + II,
https://doi.org/10.1007/978-3-662-62096-0

springer.com

Willkommen zu den Springer Alerts

Unser Neuerscheinungs-Service für Sie: aktuell | kostenlos | passgenau | flexibel

Mit dem Springer Alert-Service informieren wir Sie individuell und kostenlos über aktuelle Entwicklungen in Ihren Fachgebieten.

Jetzt anmelden!

Abonnieren Sie unseren Service und erhalten Sie per E-Mail frühzeitig Meldungen zu neuen Zeitschrifteninhalten, bevorstehenden Buchveröffentlichungen und speziellen Angeboten.

Sie können Ihr Springer Alerts-Profil individuell an Ihre Bedürfnisse anpassen. Wählen Sie aus über 500 Fachgebieten Ihre Interessensgebiete aus.

Bleiben Sie informiert mit den Springer Alerts.

Mehr Infos unter: springer.com/alert

Part of SPRINGER NATURE

A82259 | Image: © Molnia / Getty Images / iStock

Printed in the United States
by Baker & Taylor Publisher Services